西瓜、甜瓜
设施栽培

XIGUA TIANGUA SHESHI ZAIPEI

李其友◎主编

长江出版传媒　湖北科学技术出版社

《西瓜、甜瓜设施栽培》编委会

西瓜、甜瓜品种图片

武农 8 号

鄂西瓜 16 号

蜜 童

早佳（8424）

京欣 2 号

早春红玉

全家福(千岛花皇)

广西三号　　　　　　　　　　荆杂 20

洞庭 1 号

伊丽莎白

西州蜜 25 号

金辉 1 号

金凤凰

鄂甜瓜 4 号

丰甜 1 号

武农青玉

西瓜、甜瓜病虫害图片

西瓜枯萎病

西瓜蔓枯病

西瓜炭疽病

西瓜病毒病

西瓜细菌性果斑病

红蜘蛛危害

蚜虫危害

甜瓜白粉病

甜瓜病毒病

甜瓜蔓枯病

甜瓜蓟马

甜瓜枯萎病

甜瓜细菌性果腐病

甜瓜根结线虫

序

　　《西瓜、甜瓜设施栽培》出版面世了，她是武汉市农科院农科所全体科技人员辛勤劳动的结果，是科技劳动的结晶。

　　西瓜、甜瓜汁多味甜、清凉爽口，深受消费者喜爱。我国西瓜、甜瓜种植面积超过3000万亩，占世界55%，总产量占世界70%，产业规模居世界首位。近年来，我国西瓜、甜瓜优势产区逐步向南方集中，以占全国不到45%的种植面积，生产出占全国60%的总产值。西瓜、甜瓜已成为我国南方农民增收的重要产业。随着人们生活水平的提高，消费者对瓜类商品的供应提出了新的要求，即品种多样、品质优良、供应期长、能满足各类人群需要。近年来发展的设施栽培西瓜、甜瓜，可很好地满足消费者的需求，有力地推动了西瓜、甜瓜产业的发展。

　　南方地域辽阔、气候多变，因此设施形式多样、栽培方法各异。虽然关于西瓜、甜瓜栽培技术方面的书籍不少，但却鲜见专业介绍设施栽培内容的书。由于南方地区设施栽培发展较晚、栽培技术不如北方成熟，因此急需一本系统、全面介绍南方西瓜、甜瓜设施栽培的实用技术书籍。武汉市农科院农业科学研究所组织了一批理论造诣较深、实践经验丰富的专家和相关科技工作者，集二十多年从事西瓜、甜瓜育种、栽培等技术研究的成果和实践经验，并参考同行专家的有关资料，编写了此书。

　　本书顺应科学技术的发展和市场需求的变化，以高效生产高

品质的西瓜、甜瓜产品为主线，介绍了新品种、新技术、新模式、新方法，反映了最新科技成果，客观介绍了高产典型经验。在理论上贴近生产，深入浅出；在内容上系统完整，重点突出；在技术上集成创新，重视可操作性。对我国南方地区从事西瓜、甜瓜生产的农民、农业科技人员、园艺技术工作者都有一定的参考价值。

西瓜、甜瓜的生产是一个系统工程，涉及多种要素，技术上如何集成，还有大量的工作要做，希望参加编写本书的专家们，再接再厉，创造更加丰富的技术成果，为社会做出新的贡献。

武汉市农业科学技术研究院书记、院长

二零一四年九月

<<< 目　录

【第一章】
概　述

西瓜，味甘多汁，清凉解渴，是盛夏佳果；甜瓜果实香甜，营养丰富，深受广大消费者喜爱。西瓜、甜瓜是世界农业中的重要水果作物，中国的西瓜、甜瓜产量一直保持在世界第一位，2012 年西瓜播种面积 180.1 万公顷，占世界当年播种面积 60%以上，产量 7 071.3 万吨，占世界产量 70%左右；2012 年甜瓜播种面积 41 万公顷，占世界甜瓜总面积的 45%以上，产量 1 331.6 万吨，占世界产量 55%左右。西瓜、甜瓜均年消费量约占全国夏季果品市场总量的 50%以上，是夏季最重要的水果。

第一节　西瓜的生物学特性

一、西瓜生长发育时期

西瓜从种子萌发到形成新的种子经历营养生长和生殖生长的全过程，一般需要 80～130 天，可以分成发芽期、幼苗期、伸蔓期和结果期 4 个阶段。每个阶段有不同的生长中心，并有明显的临界特征。

（一） 发芽期

从播种到第 1 真叶显露的过程为发芽期。在适宜发芽温度 25～35℃ 条件下，一般需要 8～10 天。此期生长所需养分主要依靠种子储藏在子叶内的营养物质，地上部干物质重量很少。胚轴是生长中心，根系生长较快，生理活动旺盛。子叶是此期的主要光合器官，其光合及呼吸强度都高于植株旺盛生长时期真叶的强度。

（二） 幼苗期

自第 1 真叶显露到团棵（即第 4 真叶完全展开）为幼苗期。在 20～25℃ 条件下，需 25～35 天。在此期间，真叶露心至第 3 片真叶出现后，由第 1、第 2 片真叶提供幼苗生长所需的养分。根系生长较快，并有花原基分化。

（三） 伸蔓期

从团棵到主蔓上留果节位（第 2 雌花开放）为止，称伸蔓期。在 20～25℃ 适温条件下，需 18～20 天。此期的生长特点是植株由直立生长转为节间迅速伸长，叶面积增长快，根系形成基本达到高峰，吸收肥水能力增强。到此期结束时，茎蔓日伸长可达到 10～20cm，雌、雄花相继孕蕾并有花开放。

（四） 结果期

从留果节位雌花开放到果实的生理成熟为结果期。在 25～30℃ 条件下，需 28～45 天。此期可细分为 3 个时期：

1. 坐果期

从留瓜节位雌花开放到子房膨大"退毛"为止，在适宜温度条件下需 4～6 天。此期的生长发育特点是一方面茎蔓继续旺盛生长，另一方面果实开始膨大，是以营养生长为主转向以生殖生长为主的转折阶段。

2. 膨果期

从果实退毛到果实膨大定型，在 22～29℃ 温度条件下，需

15~25 天。此期的生长发育特点是果实体积迅速膨大，重量剧增，吸收肥水最多，消耗量也最大。叶片开始衰老，营养生长十分缓慢，容易感病。

3. 变瓢期

从果实定型到生理成熟，在 25~30℃ 条件下，需 7~10 天。此期的生长发育特点是种仁逐渐充实并着色，茎叶中部分营养转入果实，果实含糖量逐渐升高，果实比重下降。此期对产量影响不大，是决定西瓜品质的关键时期。

二、西瓜对环境条件的要求

西瓜生长发育的适宜环境条件是温度较高，日照充足，供水及时，空气干燥，土壤肥沃、疏松。

（一）温度

西瓜是喜温、耐热、极不耐寒、遇霜即死的作物。生长发育的适宜温度为 18~32℃，在这个范围内，温度越高，同化能力越强，生长越快。西瓜生长发育的最低温度为 10℃，最高温度为 40℃。在西瓜不同生育期对温度的要求不同，发芽期的最适宜温度为 28~30℃，最低温度为 15℃；幼苗期的最适宜温度为 22~25℃，最低温度为 10℃；伸蔓期的最适宜温度为 25~28℃，最低温度为 10℃；结果期的最适宜温度为 30~35℃，最低温度为 18℃。另外，西瓜在特定栽培条件下，对温度也有一定的适应范围，如在冬春温室或大棚内种植西瓜，夜温 8℃、昼温 38~40℃，昼夜温差在 30℃时仍能正常生长和结果。

西瓜适应大陆性气候，在适宜温度范围内，昼夜温差大的地区有利于西瓜的生长发育，特别有利于西瓜果实糖分的积累。这是因为较高的昼温同化作用较强，积累的同化产物较多；较低的夜温可以降低呼吸作用对养分的消耗，同时也有利于同化产物向

茎蔓及果实运转。然而当夜温低于 15℃时果实生长缓慢，甚至停止生长。一般而言，坐果前要求较小的昼夜温差，坐果后要求较大的昼夜温差。

（二）光照

光照的强弱及光照时间长短与同化作用有着密切的关系。西瓜对光照的反应十分敏感，在阳光充足的条件下，幼苗胚轴短粗，子叶浓绿肥厚，株型紧凑，节间和叶柄较短，茎蔓粗，叶片大而浓绿。在连续阴雨、光照不足条件下，幼苗子叶黄化，失去制造养分的功能而僵化死亡。植株节间和叶柄较长，叶狭长形，叶片薄而色淡，机械组织不发达，易发生病害，影响养分的积累和果实的生长，果实含糖量显著降低。

西瓜是需光较强的作物，要求每天光照时数为 10～12 小时，日照 8 小时以下不利于西瓜的生长发育。光饱和点幼苗期为 80 000lux 左右，结果期为 100 000lux 以上，光补偿点为 6400lux。因此，在生产中应减少遮荫，改善瓜田光照条件。

（三）水分

西瓜全生育期需水量很大，由于西瓜拥有深而强大的根系，因此具有很强的耐旱性。西瓜开花结果期对水分最敏感，此期缺水，子房发育受阻，影响坐果。西瓜果实膨大期是西瓜需水临界期，此期缺水，容易使果实变小，产量降低。

（四）土壤

西瓜根系有明显的好气性，只有团粒结构良好的土壤才能有足够的氧气供西瓜正常生长发育。西瓜对土壤的适应性很广，沙土、壤土均可种植，但以河岸冲积土和耕作层深厚的沙质壤土为最适宜。西瓜适宜的土壤 pH 值为 5～7，较耐盐碱，但在土壤含盐量达 0.2%以上时，不能生长。在酸性强的土壤上种植西瓜容易发生枯萎病。

（五）养分

西瓜是需肥水较多的作物，所吸收的矿物质养分以氮、磷、钾为最多。西瓜生长前期吸收氮多、钾少、磷更少，以后钾逐渐增加，到退毛期氮和钾的吸收量接近，到膨大期和变瓤期吸收的钾大于氮。西瓜全生育期吸收氮、磷、钾的比例约为 3.28∶1∶4.33。不同生育期对氮、磷、钾三要素的需要量比例不同，发芽期吸收量最少，结果期吸肥量最多，约占总吸肥量的 85%。

第二节 甜瓜的生物学特性

一、甜瓜生长发育时期

甜瓜生育周期与西瓜相似，但生育期差异相差很大，薄皮甜瓜早熟品种 65～70 天，而厚皮甜瓜的迟熟品种有的可达 150 天。

（一）发芽期

从播种到第 1 片真叶出现，在正常条件下，这一阶段需 10 天左右。这一时期幼苗主要依靠种子内贮存的养分生长，绝对生长量很小，以子叶面积的扩大、下胚轴的伸长和根的生长为主。

（二）幼苗期

第 1 片真叶出现到第 5 片真叶出现为幼苗期，历时 25 天左右。这一时期幼苗生长量较小，以叶的生长为主，茎呈短缩状，植株直立。幼苗植株地上部虽然生长缓慢，但此阶段是幼苗花芽分化、苗体形成的关键时期。第 1 片真叶出现，花芽分化即已开始，到第 5 片真叶出现时，主蔓分化出 20 多节。

（三）伸蔓期

第 5 片真叶出现到第 1 雄花开放为伸蔓期，历时 20～25 天。

这一时期生长量逐渐增加，以营养器官的生长占优势。根系迅速向水平和垂直方向扩展，吸收量不断增加。同时，侧蔓不断发生，迅速伸长，根、茎、叶旺盛生长，吸收功能与光合作用的增强促使植株进入旺盛生长阶段。

（四）结果期

第 1 雌花开放到果实成熟为结果期。这一时期的长短由于生育期不同存在很大不同，早、中、晚熟品种之间有显著差异。早熟的薄皮甜瓜结果期仅 20 多天，而晚熟的厚皮甜瓜结果期可长达 70～85 天。这一时期植株以果实生长为中心，根据生长的特点又可划分为前期、中期和后期。

1. 结果前期

从雌花开放到果实开始膨大，历时 7～9 天。是植株以营养生长为主向生殖生长为主的过渡时期，果实生长优势逐渐形成，但营养生长势仍较强。这一时期植株的营养状况不仅关系到能否及时坐果，而且对果实的发育也有很大影响。

2. 结果中期

从果实迅速膨大到果实定型，这一时期的长短因品种熟性和果实最终大小而异。早熟小果型品种 13～16 天，中熟品种 15～23 天，晚熟大果型品种 19～26 天，甚至更长。这一时期果实的生长是全株的中心，根、茎、叶的生长量显著减少，果肉细胞迅速膨大，光合产物主要向果实运输，全株质量的增长主要是果实的增长，而水、肥、光照等条件的好坏可显著影响果实膨大的程度和物质积累的多少。因此，结果中期是决定果实最终产量的关键时期。

3. 结果后期

果实停止膨大到成熟为结果后期，早熟品种 14～20 天，中晚熟品种在 20 天以上。这一时期植株根、茎、叶的生长趋于停止，后期最主要的变化是果实内部贮藏物质的转化。良好的温度、光照和水分管理是提高品质的关键。

二、甜瓜对环境条件的要求

（一）温度

甜瓜对环境的温度条件要求与西瓜基本相同，但有一定的差异。发芽期适宜温度为 25～35℃，多数品种 15℃以下不能发芽。幼苗期适宜温度为 20～25℃，10℃停止生长，在 7.4℃发生冷害。开花期适宜温度为 20℃，最低温度 18℃。结果期对温度要求最严格，以昼温 27～30℃、夜温 15～18℃、昼夜温差 13℃以上为宜，因此必须安排在最适宜的季节或环境里。结果之前，特别是幼苗期较耐低温，因此，春季栽培，在保护地内提前育苗虽然温度较低，但不影响后期的开花结果。薄皮甜瓜耐低温的能力较厚皮甜瓜强，厚皮甜瓜较薄皮甜瓜的适温范围略宽一些。茎、叶生长时期适宜的昼夜温差为 10～13℃，结果期为 12～15℃。结果期以前对昼夜温差的适应范围较宽，结果期要求严格。昼夜温差大，品质优良，产量高；昼夜温差过小，品质和产量降低，特别是对品质的影响更大。设施栽培甜瓜，可以人为控制温度，能保证结果期有较大的昼夜温差，因此能生产出比露地更优质的甜瓜。

（二）湿度

1. 空气湿度

甜瓜生长发育的适宜空气相对湿度为 50%～60%，薄皮甜瓜可适应更高的相对湿度。在保护地内，空气相对湿度白天 60%、夜间 70%～80%，甜瓜生长发育良好。但空气湿度长时期在 80%以上，会影响甜瓜光合作用及水分、矿质营养代谢，而且容易发生病害。甜瓜不同生育时期，植株对空气湿度的适应性有所不同。开花坐果前，对较高或较低的空气湿度适应能力较强。开花坐果期对空气湿度反应比较敏感。开花时，若空气湿度过低，雌蕊柱

头黏液少、容易干枯，影响花粉的附着和吸水萌发；若空气湿度过高，花粉则容易吸水破裂。空气湿度还影响网纹的发生，坐果后15天左右网纹发生时，湿度过高过低都有不良影响。

2. 土壤湿度

不同生育期，甜瓜对土壤湿度有不同要求。播种、定植要求高湿；坐果之前的营养生长阶段要求土壤最大持水量60%～70%；果实迅速膨大至果实停止膨大要求土壤最大持水量80%～85%；果实停止膨大至采收的成熟期要求55%的低湿。

结果前期、中期，果实细胞急剧膨大，为促进果实迅速、充分膨大，必须使土壤中有充足的水分，否则将影响产量；果实停止膨大后，主要是营养物质的积累和内部物质的转化，水分过多会降低果实品质，并易造成裂果，降低贮运性，因此应控制土壤水分。

（三）光照

甜瓜要求充足而强烈的光照。甜瓜正常的生长发育期间要求每天12小时以上的光照。秋冬季保护地甜瓜的单果重、产量、品质不如春茬，其主要原因之一就是果实发育期间日照时间短、光照强度低。甜瓜对光照强度要求高，喜强光，不耐荫，光饱和点为55 000～60 000lux，光补偿点为4 000lux。光照强度不足会严重影响幼苗器官的分化和植株的生长发育，影响产量品质。薄皮甜瓜光补偿点较低，较耐弱光，因此在各地广泛栽培。厚皮甜瓜对光照时数、光照强度的要求比薄皮甜瓜严格，对栽培地区与栽培条件的要求较苛刻。

（四）土壤

最适宜甜瓜生长发育的土壤是土层深厚、有机质丰富、肥沃而通气性良好的壤土或沙质壤土。沙质壤土增温快，更有利于早熟。以土壤固相、气相、液相各占1/3的土壤为宜。适于甜瓜根系生长的土壤pH值为6.0～6.8。过于偏酸的土壤有利于枯萎病等病原物的生存和枯萎病发生，因此须用施石灰或其他方法改良。甜瓜耐盐性强，在葫芦科中是仅次于南瓜的耐盐作物。甜瓜属忌氯植物，对氯离子忍耐力弱。

第三节 西瓜、甜瓜设施栽培现状及趋势

一、我国西瓜、甜瓜设施栽培现状

与露地栽培相比，设施栽培因其具有防寒保温或降温防雨等功能，人工创造适宜西瓜、甜瓜生长发育的小气候环境，减少自然季节对作物正常生长的影响，具有春季提早栽培、夏季避雨遮阳、秋季延后和冬季保温等特点，大幅提高了西瓜、甜瓜生产的经济效益。我国西瓜、甜瓜设施生产从 20 世纪 80 年代由地膜、小拱棚栽培开始发展；20 世纪 90 年代初日光温室栽培在河北、山东出现并壮大，是我国设施生产的创举；20 世纪 90 年代中期西瓜、甜瓜设施栽培面积超过 10 万公顷，主要类型有日光温室、塑料大（中）棚和小拱棚等。近年来日光温室和塑料大棚在华北、华东的基础上逐步扩大到西北、东北、华中、华南等地，面积超过 70 万公顷。

随着园艺设施的发展，西瓜、甜瓜设施栽培技术、种植模式也在不断的深入研究和推广。集约化育苗、轻简化设施栽培、无公害病虫害防治、嫁接苗防病害、水肥灌溉一体化、高效栽培模式等涉及西瓜、甜瓜生产全过程的专项技术研究取得了较多的成果，栽培技术研究与市场需求及消费观念紧密结合，极大的推动了西瓜、甜瓜的品质和产量的提高，提高了种植的经济效益。

（一）集约化育苗技术

育苗是西瓜、甜瓜栽培的重要环节，"苗好三分收"，培育优

质壮苗为瓜类生产提供了良好的基础。与传统育苗相比，集约化育苗以穴盘育苗为基础，在育苗设施、育苗技术、环境控制、种苗产品的全程信息溯源管理等方面具有极大的优势。采用集约化、大规模高效培育健壮瓜苗，实现了西瓜、甜瓜生产标准化、品种优良化、管理科学化、营销体系化的发展，对种苗集约化生产的关键技术、通气保肥保水的育苗基质、水肥一体化的自动灌溉技术、嫁接育苗以及防治病害技术进行了集成，实现了种苗生产的商业化和产业化。

（二）轻简化栽培技术

轻简化栽培是施肥、灌溉、病虫害防治和其他田间管理措施相结合的综合栽培技术，在西瓜、甜瓜设施栽培中通过嫁接育苗技术、地膜覆盖技术、水肥一体化膜下滴灌技术、留蔓整枝技术、熊蜂辅助授粉技术、植株化学调控技术、实施机械化等一套生产管理技术，简化栽培程序、降低劳动强度、提高劳动效率，实现了西瓜、甜瓜的高效生产。在西瓜栽培方面主要针对无子和小果型西瓜及精品西瓜开展了早熟、优质、设施无公害防控病虫害研究；甜瓜则主要针对厚皮甜瓜开展温室和大棚的高产、高效种植研究，形成了一系列适于推广的技术体系。

（三）高效栽培模式

设施栽培利于春季提早栽培和秋季延后栽培，延长了西瓜、甜瓜栽培季节。采用长季节栽培技术，西瓜生育期可以从传统的120天延伸到270天左右；西瓜生产从传统的1种1收发展到1种4～5收，上市期从传统的7月集中供应发展到5～10月可连续供应，提高了生产效益。在一年之中，利用轮作套种栽培模式合理安排不同的茬口，提高了设施的利用率，如大棚毛豆套种西瓜高效栽培模式、西瓜－苦瓜、西瓜－藜蒿、西瓜－花椰菜－生菜、西瓜－草莓等栽培模式，充分利用了园艺设施，提高了生产经济效益。此外，针对都市农业的发展，城郊型观光采摘西瓜、甜瓜的经营模式也开始兴起。

二、西瓜、甜瓜设施栽培发展趋势

随着消费者生活水平的提高，西瓜、甜瓜设施栽培的规模不断扩大，品种和质量向着优质、高档次、中小型精品化发展。小型西瓜在我国的栽培技术研究中已取得了长足进步，并且种植规模不断扩大，市场前景广阔，经济效益可观。但是，为了规避小型西瓜早春栽培生产投入大、天气因素影响大的风险，进一步挖掘小型西瓜的生产潜力及经济价值将是一个重点发展方向。围绕市场多样化需求，今后早熟中小果型优质厚皮甜瓜品种、优质薄皮甜瓜品种将在生产中有较快增加。栽培方式将逐步建立以安全、高效为目标的西瓜、甜瓜规范栽培技术体系，重点是设施栽培技术、无公害病虫害防治技术和平衡营养施肥技术等。在设施栽培中，抗性强、亲和共生性好、对果实品质影响很小的西瓜、甜瓜嫁接砧木品种也是重点需求。大棚甜瓜长季节栽培技术具有广阔的前景，如宁波市将长季节甜瓜栽培分为大棚特早熟避台长季节栽培和大棚越夏长季节栽培两种类型，甜瓜长季节栽培的产值超过 22.5 万元/公顷，具有极高的经济效益。

西瓜、甜瓜设施栽培中随着栽培方式的不断更新变化，也存在一些不足之处。目前设施栽培适应性广的品种不足，品种选育滞后于市场消费的需求。迄今为止已建立不同生态地区与栽培方式下西瓜、甜瓜轻简化、规模化栽培制度，引进和筛选出了适合西瓜、甜瓜轻简化栽培的有关设施与设备，但是高效规范的轻简化栽培技术还很滞后，单一农户种植规模小，机械化程度低，瓜农种植效益不高，都是制约西瓜、甜瓜园艺设施高效生产的因素，在今后的生产中有待进一步完善和提高。

【第二章】
西瓜、甜瓜栽培设施简介

第一节　常用育苗设施

传统的西瓜、甜瓜育苗多进行冷床育苗，由于受自然气候条件影响较大，培育的瓜苗生长不一致，育苗过程存在抵抗自然灾害能力较弱、特别是春季育苗质量难以得到保障，给西瓜、甜瓜生产造成极大的不确定性。设施育苗根系发育健壮，减少种苗的病虫害，节约用种，可以缩短田间幼苗生育期，便于合理安排茬口，极大提高西瓜、甜瓜种植的经济效益。西瓜、甜瓜育苗设施可以分为塑料大（中）棚、小拱棚、日光温室和连栋温室等不同类型，常用调节育苗环境的设施有调节温度设施、调节气体及湿度设施、调节光照设施、灌溉和施肥设施。

一、冬春季育苗设施

（一）电热温床

电热温床是把小拱棚以及大棚和温室中的栽培床，做成育苗用的平畦，然后在育苗床内铺设电加温线。电加温线埋入土层深度一般为10cm左右，如果用穴盘育苗，则以埋入土中 1~2cm 为宜。电热线加温是利用电流通过电阻大的导体，将电能变成热能而使床土增温。电热温床由于用土壤电热线加温，因而具有升温快、地温高、温度均匀等特点，它通过控温仪实现床温的自动控制。电热加温的设备主要有电热加温线、控温仪、继电器、电闸盒、配电盘等。其中，电热加温线和控温仪是主要设备，当前生产电热加温线和控温仪的厂家各异，可根据需要选用。

　　电热温床结构一般苗床宽 1.3 ~ 1.5m，长度依需要而定，床底深 15 ~ 20cm。铺设电热线时，先在育苗床表土下 15cm 深处铺设两层隔热层，如麦糠、碎稻草等，厚 5 ~ 10cm，以阻止热量向下传导。在隔热层上撒一些沙子或床土，经踏实平整后，再铺上电热线。铺线前准备长 20 ~ 25cm 的短木棍，按设计的线距，把小棍插到苗床两头，地上露出 6 ~ 7cm，然后从温床的一边开始，来回往返把线挂在小木棍上，线要拉紧、平直，线的两头留在苗床的同一端，作为接头连接电源和控温仪，苗床电热线布线示意图见图2-1。最后在电热线上面铺上床土，床土厚 2 ~ 5cm。电热线的功率及铺设密度，根据当地气候条件、育苗季节等不同来选定。一般播种床的功率密度为 80 ~ 100W/m²，具体选择参考表 2-1。电热线间距一般中间稍稀，两边稍密，以使温度均匀，根据苗床面积和电热线长度计算布线条数和线距。布线条数 =（电热线长 –2 × 苗床宽）÷ 苗床长（取偶数），线距 = 苗床宽 ÷（布线条数 +1），所铺电热线要将全线埋入土中，具体布线间距可参考表 2-2。

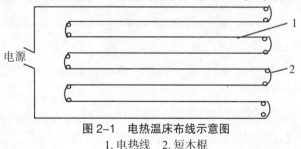

图 2-1　电热温床布线示意图
1. 电热线　2. 短木棍

表 2-1 电热温床功率密度选用参考值 (W/m²)

设置地温 (℃)	基础地温(℃)			
	9 ~ 11	12 ~ 14	15 ~ 16	17 ~ 18
18 ~ 19	110	95	80	----
20 ~ 21	120	105	90	80
22 ~ 23	130	115	100	60
24 ~ 25	140	125	110	100

表 2-2 不同电热线规格和设定功率的平均布线间距 (cm)

设定功率密度 (W/m²)	电热线规格			
	每条长 60m 400W	每条长 80m 600W	每条长 100m 800W	每条长 120m 1000W
70	9.5	10.7	11.4	11.9
80	8.3	9.4	10.0	10.4
90	7.4	8.3	8.9	9.3
100	6.7	7.5	8.0	8.3
110	6.1	6.8	7.3	7.6
120	5.6	6.3	6.7	6.9
130	5.1	5.8	6.2	6.4
140	4.8	5.4	5.7	6.0

铺设电热线应注意的事项：

（1）电热线使用时，绝不能剪短或截断使用，也严禁成圈状在空气中通电使用。

（2）铺线时电热线发热段不能交叠、打结，以免接触处绝缘层过热融化，只允许在引出线上打结固定。

（3）在单相电路中使用电加温线时，只能并联，不能串联使用，且总功率不应超过 2 000W。

（4）控温仪应安装过于控制盒内，置阴凉干燥安全处；感温探头插入苗床土层，其引线最长不得超 10m，控温仪使用前应核对调整零点，然后设定所需温度值，按生产厂家说明书安装操作。

（二）连栋温室

随着产业链分工的细化，西瓜、甜瓜的育苗特别是早春育苗逐渐向集约化育苗发展，利用集约化进行嫁接育苗在克服西甜瓜连作障碍上发挥出越来越重要的作用。集约化育苗最重要的设施是连栋温室，它可以用人工调控环境中的温、光、水、气等因子。依照温室覆盖材料不同，可分为玻璃温室和塑料 PC 板温室，依据屋顶形状可分为单屋面、双屋面和拱圆形。在我国北方主要半拱圆形日光温室为主，南方用于设施育苗的大型温室以拱圆形连接屋面温室较为普遍。

连栋温室的配套设施含自然通风系统、加热系统、幕帘系统、降温系统、补光系统、灌溉施肥系统、补气系统和计算机自控系统等几个部分。自然透风系统是温室通风换气、调节室温的主要方式，一般采用顶窗通风、侧窗通风和顶侧窗通风三种方式。加热系统与通风系统结合，可为温室内西瓜、甜瓜幼苗生长创造适宜的温度和湿度条件。目前冬季加热方式多采用集中供热、分区控制方式，主要有热水管道加热和热风加热两种方式。幕帘系统中幕帘的安装位置可以分为内遮阳保温幕和外遮阳幕。内遮阳保温幕采用铝箔条和镀铝膜与聚酯线编织而成，具有保温节能、遮阳降温、防水滴、减少土壤蒸发和作物蒸腾从而节约灌溉用水的功效。这种密闭型的膜，可用于白天温室遮阳降温和夜间保温。夜间因其能隔断红外长光波阻止热量散失，故具有保温的效果。在晴朗冬夜盖膜的不加温温室比不盖膜的温室平均增温 3～4℃，

最多高达 7℃，可节能降耗 20%～40%。而白天覆盖铝箔可反射光能 95%以上，具有良好的降温作用。外遮阳系统利用遮光率为 70%或 50%的透气黑色网幕或缀铝膜覆盖于离通风顶上 30～50cm 处，比不覆盖的温室降低 4～7℃，同时也可防止瓜苗灼伤，提高品质和质量。降温系统常用的有湿帘降温和微雾降温。灌溉和施肥系统包括水供给设施、水处理设施、灌溉和施肥设施，管道系统和灌水器。常见灌溉系统有滴灌系统和适于基质袋培的滴箭系统。大型温室处于相对封闭环境，二氧化碳浓度白天低于外界，为增强光合作用，需补充二氧化碳，进行气体施肥。大型温室多采用二氧化碳发生器，将煤油或天然气等碳氢化合物通过充分燃烧产生二氧化碳。通常 1L 燃油可产生 1.27m³ 的二氧化碳气体；此外也可将二氧化碳的贮气罐或贮液罐安放于温室内，直接输送二氧化碳到温室中，通过电磁阀、鼓风机和管道输向各个部位。现代温室环境自动控制的技术，可测量温室内的气候和土壤参数，并对温室内配置的设备进行优化而实行自动控制，如开窗、加温、光照、喷灌施肥和环流通气等，利用物联网技术将采集到的各种技术参数传输到数据库，对幼苗进行动态优化管理。

工厂化育苗除了育苗温室外，还有播种车间、催芽室和计算机管理控制等辅助设施，从播种到种苗运输常用到的设备有种子处理设备、精量播种设备、基质消毒设备、灌溉和施肥设备、种苗转移车及种苗储运等设备，用以保证种苗培育的机械化，达到提高功效的目的。

二、夏季育苗设施

(一) 遮阳网

俗称冷凉纱，国内产品多以聚乙烯、聚丙烯等为原料编织而成轻量、耐老化的网状农用塑料覆盖材料，具有遮光、降温、防雨防旱保墒等功能，是夏季高温季节育苗的主要设施，具有简易实用、低成本、轻便、管理省工省力等特点，可反复使用。

遮阳网依颜色分为黑色和银灰色，也有绿色、白色和黑白相间等品种，一般黑色网效果比银灰色效果好，适宜酷暑季节使用。银灰色网透光性好，有避蚜虫和预防病毒病危害的作用。依遮光率可分为 35% ~ 50%、50% ~ 65%、65% ~ 80%、≥80% 等四种规格，最常用的是 35% ~ 65% 的黑网和 65% 的银灰网。遮阳网型号是以一个密区（25mm）中纬向的扁丝条数来度量产品编号的，如 SZW-8 表示密区由 8 根编丝编织而成，数字越大，网孔越小，遮光率越大，常用的型号有 SZW-8、SZW-10、SZW-12、SZW-14 及 SZW-16 等 5 种型号。遮阳网的宽度有 90cm、150cm、180cm、200cm、220cm、250cm 和 400cm 等几种，生产上使用较多的为 SZW-12 和 SZW-14 两种型号。其宽度以 180 ~ 250cm，颜色以黑色和银灰色为主，重量为 45 ~ 49g/m²，使用寿命一般为 3 ~ 5 年。

遮阳网的功能在夏季育苗中，遮光降温遮光率可达 25% ~ 75%，炎夏覆盖地表温度可降 4 ~ 6℃，最大值可降 12℃ 以上；地上 30cm 气温降 1℃ 左右；地上 5cm 地温下降 3 ~ 5℃，作地表浮面覆盖时可降地温 6 ~ 10℃，地面降温效果明显。此外，遮阳网保墒抗旱也很明显，土壤水分蒸发量可比露地减少 60% 以上。因遮阳网机械强度较高，可避免暴雨、冰雹对西甜瓜幼苗的机械损伤，也可以防土壤板结后出现倒苗、死苗现象。用遮阳网和棚膜双层覆盖育苗，既防暴雨袭击和雨后死苗，又抵御了雨涝后持续高温伏旱。在使用方式上，通常塑料大棚只保留天幕薄膜，四周薄膜全部拆除，在天幕上再盖遮阳网，称一网一膜覆盖，在薄膜下进行穴盘育苗。

（二）防虫网

防虫网是一种新型的覆盖材料，采用聚乙烯（EP）为原料，

经拉丝编织而成，通常为白色，形似窗纱，具有抗拉强度大，抗紫外线、耐腐蚀、耐老化等性能。目前我国生产的防虫网幅宽有1m、1.2m、1.5m等规格。网格的大小有20目、24目、30目、40目、60目、80目等规格，使用寿命一般在3年以上。防虫网在应用时，应根据主要的防治对象加以选择。一般害虫选择40~60目规格的防虫网即可。防虫网覆盖方式分完全覆盖和局部覆盖两种。完全覆盖是将防虫网完全封闭地覆盖于瓜苗的表面，或拱棚的棚架上，局部覆盖只在大棚和日光温室的通风口、通风窗、门等部位覆盖防虫网，在不影响设施性能的情况下达到防虫效果。

防虫网覆盖前应进行化学除虫和土壤消毒等，杀死残留在空气和土壤中的病菌和害虫，切断其传播途径，以提高防虫网的防虫效果。在选用防虫网时应注意采用适宜的网目，注意空间高度，结合遮阳网覆盖，防止网内土温、气温高于网外，造成热害死苗。

第二节　常用栽培设施

为了提高西瓜、甜瓜种植的经济效益，常采用园艺设施栽培，以达到春季提早、夏季避雨、秋季延后和冬季保温的目的。西瓜、甜瓜栽培设施根据温度性能可以分为保温加温设施和防暑降温设施。保温加温设施包括各种大小拱棚、温室、温床等；防暑降温设施有荫棚和遮阳覆盖设施等。栽培设施根据骨架材料可以分为竹木结构设施、混凝土结构设施、钢结构设施和混合结构设施。根据建筑形式可以分为单栋设施和连栋设施。单栋设施用于小规模的生产，包括各种温室，塑料大棚，各种简易覆盖设施等；连栋温室是将多个双层面温室在屋檐处连接起来，去掉连接处的侧墙。连栋温室土地利用率高，内部空间大，便于机械作业和立体栽培，适合工厂化生产。

西瓜、甜瓜常用的栽培设施有塑料拱棚、连栋温室、日光温室。塑料拱棚是将塑料薄膜覆盖于拱形支架上形成的设施栽培空间，依其结构形式和占地面积可以分为小拱棚、塑料中棚、塑料大棚和连栋棚。西瓜、甜瓜在北方的设施栽培主要以日光温室为主，而南方则以塑料拱棚为主。

一、小拱棚

小棚一般高 1m 左右，跨度 1.5～3m，长度 10～30m。拱架主要是用细竹竿、毛竹片、直径 6～8mm 钢筋、轻型扁钢等能够弯成拱形的材料做成骨架，上覆盖 0.05～0.1mm 厚薄膜，外用压杆或压膜线等固定薄膜。小拱棚结构简单、容易建造，在生产中应用形式多样，图 2-2 是小拱棚的示意图。

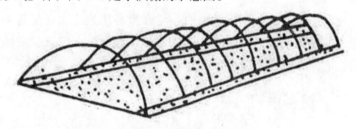

图 2-2　拱圆小拱棚

（一）小拱棚的温度

小拱棚内的热源来自太阳，所以棚内气温随外界气温的变化而变化，并受薄膜特性、是否有外覆盖的影响，在没有外覆盖的条件下，温度变化较为剧烈。小拱棚晴天增温效果显著，阴雨雪天增温效果差。单层覆膜条件下，小拱棚增温能力只有 3～6℃，晴天最大增温能力可达 15～20℃，阴天棚内温度仅比露地提高 1～3℃，因此在冬春小拱棚需加盖草帘防寒。小拱棚内地温变化与气温变化相似，但不如气温剧烈，一般棚内地温比露地高 5～6℃。

（二）小拱棚的湿度

由于塑料薄膜的气密性较强，因此，在密闭的情况下，地面蒸发和瓜类蒸腾所散失的水汽不能逸出棚外，造成棚内高湿。一般棚内相对湿度可达 70%～100%，白天通风时棚内相对湿度可保持在40%～60%，夜间密闭时可达到90%以上。棚内相对湿度的变化是随着外界天气的变化而变化，晴天湿度低，阴雪天湿度升高。

（三）小拱棚的光照

小拱棚内光照差异较小，一般上层的光强比下层为高，距地面 10～40cm 处差异比较明显，近地面处差异不大。小棚内的光照状况，取决定于薄膜的种类、新旧程度，也和薄膜吸尘、结露有关。新薄膜的透光率可达 80%以上，使用几个月以后，由于各种原因使透光率减少到 40%～50%。不同部位光量分布不同，南北向通光率相差达 7%左右。

小拱棚在西瓜、甜瓜种植时主要在早春单独使用或是与塑料大棚进行搭配使用，在塑料大棚内建小拱棚进行三膜覆盖或四膜覆盖栽培，以提早定植瓜苗，达到西瓜、甜瓜提早上市目的。

二、塑料中棚

塑料中棚的面积和空间比小拱棚大，是小拱棚和塑料大棚的中间类型。常用的中棚主要为拱圆形结构，一般跨度为 3～6m。在跨度 6m 时，以高度 2.0～2.3m、肩高 1.1～1.5m 为宜；在跨度4.5m 时，以高度 1.7～1.8m 为宜；在跨度 3m 时，以高度 1.5m 为宜；中棚长度可根据需要及地块长度确定。另外，根据中棚跨度大小和拱架材料的强度，来确定是否设立立柱。以竹木或钢筋做骨架时，需设立柱，以钢管做拱架则不需设立柱。按材料的不同，拱架可分为竹片结构以及钢架结构。由于塑料中棚较小拱棚的空间大，其性能也优于小拱棚，主要用于西瓜、甜瓜的春季早熟和秋季延后栽培。

三、塑料大棚

塑料薄膜大棚是用塑料薄膜覆盖的一种大型拱棚。它和温室相比，具有结构简单、建造和拆装方便、一次性投资较少等优点；与中小拱棚相比，又具有坚固耐用、使用寿命长、棚体空间大、作业方便及利于瓜类生长、便于环境调控等优点。目前，塑料大棚在冬春主要采用多层膜覆盖的方式进行，如大棚内加小拱棚，小拱棚上再加保温覆盖物等保温措施，促进瓜苗加快生长，提早结果。

（一）塑料大棚的类型

目前生产中应用的大棚，按棚顶形状可以分为拱圆形和屋脊形，拱圆形应用更为广泛。按骨架材料分为竹木结构、钢架混凝土结构、钢架结构等。按连接方式又可分为单栋大棚、双连栋大棚及多连栋大棚（图2-3）。单栋大棚一般棚高 $2 \sim 3$m，宽 $8 \sim 15$m，长 $30 \sim 60$m，占地 $333.5 \sim 667$m^2。

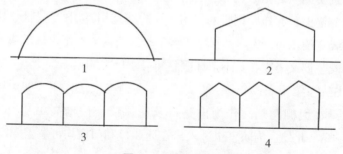

图2-3 塑料大棚的类型

1. 落地拱式单栋大棚　　2. 屋脊形单栋大棚　　3-4. 连栋大棚

（二）塑料大棚的结构

塑料大棚的骨架由立柱、拱杆（拱架）、拉杆（纵梁）、压杆（压膜线）等部件组成，俗称"三杆一柱"。另外，为了便于出入，在棚的一端或两端设立棚门，其他形式都是在此基础上演化而来。

1. 立柱

采用竹杆、木柱、钢筋等材料构成，是大棚的主要支柱，起支撑拱杆和棚面的作用，纵横成直线排列，直接支撑拱架和纵梁。立柱要垂直，基部设立柱脚石，以防大棚下沉或被拔起，埋置深度为 40～50cm 左右。竹木结构的塑料大棚大多设立柱，钢筋结构的塑料大棚跨度为 8m、10m、12m 时，也需要设立中间立柱。

2. 拱杆

拱杆是塑料大棚的骨架，决定大棚的形状和空间构成，还起支撑棚膜的作用。拱杆横向固定在立柱上，两端插入地下，呈自然拱形，间柱为 1.0～1.2m 左右。

3. 拉杆

纵向连接拱杆和立柱、固定压杆、使整个骨架成为一个整体，距立柱顶端 30～40cm，紧密固定在立柱上。

4. 压膜线

位于棚膜之上、两根拱架中间，两端固定在大棚两侧埋在土中的地锚上，起压紧棚膜的作用。压膜线选用专用的塑料压膜线。压膜线宽约 1cm，为扁平状厚塑料带；带边内镶有细金属丝或尼龙丝，既坚韧又坚固，且不损坏棚膜，易于压平绷紧。

5. 门窗

设在大棚两端，作为出路口及通风口。门框高 1.7～2m, 宽 0.8～1m。此外，为防害虫进入，在通风口和门窗均可覆盖 40～60 目的纱网。

6. 棚膜

可用 0.1～0.12mm 厚的聚乙烯（PE）、聚氯乙烯（PVC）薄膜或 0.08～0.1mm 的醋酸乙烯（EVA）薄膜，根据通风口的位置确定膜宽。目前生产上多使用无滴膜、耐低温防老化膜等多功能膜作为覆盖材料。

（三）塑料大棚的性能

1. 温度变化

大棚有明显的增温效果，这是由于地面接受太阳辐射，而地面有效辐射受到覆盖物阻隔而使气温升高，导致"温室效应"。同时，地面热量也向地中传导，使土壤贮热。大棚的温度常受外界条件的影响，存在着明显的日变化和季节性变化。

（1）温度的日变化。大棚内气温的日变化比外界气温剧烈，棚内昼夜温差因天气状况而异，晴天温差大，阴天温差小。晴天温差可达到 30～35℃，阴天为 15℃左右。晴天棚内最低气温出现在日出之前，比最低土温出现的时间早 2 小时左右，日出后 1～2 小时棚温迅速升高，7～10 时气温回升最快，在不通风的情况下平均每小时升温 5～8℃。大棚内每日最高温出现在 12～13 时；15 时前后棚温开始下降，平均每小时下降 5℃左右。夜间气温下降缓慢，平均每小时降温 1℃左右。

大棚的增温能力在早春低温时期，通常棚温只比露地高 3～6℃，阴天时的增温值仅 2℃左右。一般增温值为 8～10℃，外界气温升高时增温值可达 20℃以上。大棚内仍存在有低温霜冻和高温危害的危险。例如，外界气温在 -4℃～-2℃时棚内会出现轻霜冻；外界气温 -5℃～-8℃或棚内出现 -3℃～-2℃时会造成冻害。塑料大棚在夜间有时会出现棚温低于外界温度的"逆温现象"，是由于大气的"温室效应"所致。大气逆辐射使近地面空气层增温，而大棚内由于塑料薄膜的阻隔，使大气逆辐射射热无法进入棚内，而棚内热量却大量向外界散失，造成了棚温稍低于外界温度的逆温现象。

（2）温度的分布。大棚内不同部位的温度状况有差异，每日上午日出后，大棚东侧首先接受太阳光的辐射，棚东侧的温度较西侧高。中午太阳由棚顶部入射，高温区在棚的上部和南端；下午主要是棚的西侧受光，高温区又出现在棚的西部。大棚内垂直

方向上的温也不相同，白天棚顶部的温度高于底部 3~4℃；夜间相反，棚下部的温度高于上部 1~2℃。大棚四周接近棚边缘位置的温度，在一天之内均比中央部分要低。大棚的地温与气温相比，低温比较稳定，且地温的变化滞后于气温。从地温的日变化看，晴天上午太阳出来后，地表温度迅速升高，14 时左右达到最高值，15 时后温度开始下降。随着土层深度的增加，日最高地温出现的时间逐渐延后，一般距地表 5cm 深处的日最高地温出现在 15 时左右，距地表 10cm 深处的日最高地温出现在 17 时左右。从大棚内地温的季节变化看，在 4 月中、下旬的增温效果最大，可比露地高 3~8℃。夏、秋季因有作物遮光，棚内外地温基本相等或棚内温度稍低于露地。秋、冬季节则棚内地温又略高于露地 2~3℃，10 月份土壤增温效果减小，仍可维持 10~20℃的地温。

2. 湿度变化

在密闭的情况下，塑料大棚内空气相对湿度的一般变化规律是：棚温升高，相对湿度降低；棚温降低，相对湿度升高；晴天、风天时相对湿度降低，阴天、雨（雪）天时，相对湿度增大。大棚内空气相对湿度也存在着季节变化和日变化，早晨日出前棚内相对湿度高达 100%，随着日出后棚内温度的升高，空气相对湿度逐渐下降，12~13 时为一天中气相对湿度最低时刻，在密闭大棚内达 70%~80%的通风条件下，可降到 50%~60%，午后随着气温逐渐降低，空气相对湿度又逐渐增加，午夜可达到 100%。

3. 光照变化

塑料大棚内光照状况与天气、季节及昼夜改变有关，还与大棚的方位、结构、建筑材料、覆盖方式、薄膜洁净和老化程度等因素有关。一般南北延长的大棚，其光照强度由冬到夏光照不断增强，透光率升高，而夏到冬棚内光照则不断减弱，透光率也降低。

4. 大棚内的气体

大棚是半封闭系统，因此其内部的空气组成与外界有许多不同，其中最突出的不同点表现为两个方面：一是作物光合作用重要原料二氧化碳浓度的变化规律与棚外不同；二是有害气体如氨、二氧化氮、乙烯、氯气等的产生多于棚外。通常大气中的二氧化碳平均浓度大约为 0.33ml/L 空气，而白天植物光合作用吸收量为 $4 \sim 5g/ (m^2 \cdot h)$。因此，在无风情况下，作物群体内部的二氧化碳浓度常常低于平均浓度。特别是在半封闭的大棚内，如果不进行通风换气或增施二氧化碳，就会使作物处于长期的饥饿状态，从而严重地影响作物的光合作用。由于大棚是半封闭系统，如果施肥不当或应用的农用塑料制品不合格，就会积累有毒气体。大棚中常见的有毒气体主要有氨、二氧化氮、乙烯、氯气等，在这些有毒气体中，氨、二氧化氮产生原因主要是一次性施用大量的有机肥、铵态氮肥或尿素，尤其是在土壤表面施用大量的未腐熟有机肥或尿素。

（四）各种常见的塑料大棚

1. 竹木结构大棚

是塑料大棚初期的一种类型，一般大棚跨度为 $8 \sim 12m$，长度 $40 \sim 60m$，中脊高 2.4 ~ 2.6m，两侧肩高 1.1 ~ 1.3m。有 4 ~ 6 排立柱，横向柱间距 2 ~ 3m，柱顶用竹竿连成拱架；纵向间距为 1 ~ 1.2m。其优点是取材方便，造价低廉；缺点是棚内立柱多，遮光严重，作业不方便，立柱基部易朽烂，抗风雪性能力较差。随着经济的发展，这种类型结构的大棚逐渐被取代。

2. 悬梁吊柱竹木拱架大棚

是竹木结构大棚的改进型，减少了竹木大棚棚内立柱，在拉杆上设置小吊柱，用小吊柱代替部分立柱。小吊柱用 20cm 长、4cm 粗的木杆，两端钻孔，穿过细铁丝，下端拧在拉杆上，大大改

善了棚内的光环境，具有较强的抗风载雪能力，造价较低。

3. 无柱钢架大棚

一般跨度为 10～12m，脊高 2.5～2.7m，每隔 1m 设一道梁架，架上弦用 16 号、下弦用 14 号的钢筋，拉花用 12 号钢筋焊接而成，梁架下弦处用 5 道 16 号钢筋做纵向拉梁，拉梁上用 14 号钢筋焊接两个斜向小立柱支撑在拱架上，以防拱架扭曲。此种大棚无支柱，透光性好，作业方便，有利于设置内保温，抗风载雪能力强，可由专门厂家生产成装配式以便于拆卸，与竹木大棚相比，一次性投资较大，在生产中广泛使用。

4. 装配式钢管结构大棚

大棚跨度一般为 6～8m，脊高 2.5～3m，长 30～50m。管径 25mm，管壁厚 1.2～1.5mm 的薄壁钢管制作成拱杆、拉杆、立杆（两端棚头用）。用卡具、套管连接棚杆组装成棚体，覆盖薄膜用卡膜槽固定。此种棚架属于国家定型产品，规格统一，组装拆卸方便，盖膜方便。棚内空间较大，无立柱，两侧附有手动式卷膜器，作业方便，在南方瓜果类设施栽培中普遍采用，各种产品规格见表 2-3。

表 2-3　GP、PGP 系列装配式钢管大棚主要技术参数

型　号	宽度（m）	高度（m）	长度（m）	肩高（m）	拱间距（m）	拱架管径（mm）
GP-C 2.525	2.5	2	10.6	1	0.65	Φ2×1.2
GP-C 425	4	2.1	20	1.2	0.65	Φ25×1.2
GP-C 525	5	2.2	32.5	1	0.65	Φ25×1.2
GP-C 625	6	2.5	30	1.2	0.65	Φ2×1.2
GP-C 7.525	7.5	2.6	44.4	1	0.6	Φ2×1.2
GP-C 825	8	2.8	42	1.3	0.55	Φ2×1.2

续表

型 号	宽度（m）	高度（m）	长度（m）	肩高（m）	拱间距（m）	拱架管径（mm）
GP-C 1025	10	3	51	0.8	0.5	$\Phi 2 \times 1.2$
PCP5.0-1	5	2.1	30	1.2	0.5	$\Phi 2 \times 1.2$
PGP5.5-1	5.5	2.5	30-60	1.5	0.5	$\Phi 2 \times 1.2$
PCP7 .0-1	7	2.7	50	1.4	0.5	$\Phi 2 \times 1.2$
PGP8.0-1	8	2.8	42	1.3	0.5	$\Phi 2 \times 1.2$

第三节 常用灌溉设施

一、膜下灌溉

膜下灌溉是近年来新发展的一种在地膜下面通过滴灌或喷灌进行浇灌的新技术，其优点是省水、节能、省力，土壤不易板结，施肥、浇水等能一次完成，便于实现灌水、施肥自动化。采用膜下灌溉能降低保护地设施内的空气湿度，有利于防止病虫害的发生。膜下灌溉在我国目前西瓜、甜瓜设施栽培中应用较为普遍。

膜下灌溉方法是首先确定好畦的宽度，然后在畦面上铺上喷灌带（软滴灌带为无毒聚乙烯薄膜管），直径一般为 20～40mm，在管壁上每隔 15～40cm 开有两排直径为 0.6～1.0mm 的小孔，铺设时将小孔朝上，顺着畦长方向把管放好，管长与畦同长。为了保证供水均匀，一般要求管长不超过 60m。在畦面上铺设滴灌带的根数应与栽培方式相配套。

将滴灌带的一头用细铁丝封死，另一端连接在水源主管道上，以备灌水。此外，应在进水管道上安装一阀门以备用。管道安好

后，畦上覆盖地膜进行西瓜、甜瓜栽培，灌水时打开水源即可进行灌溉。如需施肥、药水灌根时，可将肥料或农药配制成一定浓度的母液，然后用水泵通过阀门与水一起输送至作物根系附近。

软滴灌带一般使用压力较低，水压为 $0.25 \sim 3.00 kg/cm^2$，每个水孔出水速度为每分钟 $0.03 \sim 1.8 L/$ 分钟。如果压力过高容易造成管壁破裂，在使用过程中应适当注意。膜下灌溉也有不足之处，为了保证灌溉均匀，一般应将软管长度控制在 25m 以内；此外对水质要求较高，水孔有时出现堵塞，容易造成灌水不均匀等。

二、滴灌

微量灌溉是一种按瓜类需水要求，对水加压和水质处理后通过低压管道系统及安装在末级特制灌水器，将水和化肥以微小的流量，准确、及时地输送到根系最集中的土壤区域进行精量灌溉的方法。其优点是节水、节能，对各种地形和土壤适应性强，能提高产量，便于达到自动灌溉等。滴灌是将加压水（有时混入可溶性化肥或农药），经过滤后，通过管道输送到滴头，以水滴（或渗流、小股射流等）形式，适时适量地向作物根系供应水分和养分的浇灌方法。滴灌具有部分湿润土体，瓜类行间仍保持干燥，经常不断并缓慢浸润根层及输水、配水运行压力低的特点，是一种机械化、自动化的灌水技术，也是一种高度控制土壤水分、营养、含盐量及病虫等条件的农业新技术。

（一）滴灌系统的组成及设备

1. 滴灌系统的组成

由水源、首部枢纽、输水和配水管网及滴头四大部分组成。水源中河水、湖水、自来水、地下水等均可作为水源，要求水质、水量符合要求。首部枢纽包括水泵、化肥罐、过滤器、控制及测量设备等，其作用是从水源抽水加压，经过滤后按时按量输送至管网。采用高位水池供水的小型滴灌系统，可将化肥直接融入池中，如果用有压水作水源（水塔、自来水等）则可省去水泵和动力。输水和配水管网，包括干管、支管、毛管等管路连接管件和控制设备见图2-4。其作用是将压力水或化肥溶液输送并均匀地分配到滴头。滴头的作用是使毛管中压力水流经过细小流道或孔眼，使能量损失而减压成水滴或微细流，均匀地分配于作物根区土壤，是滴灌系统的关键部分。

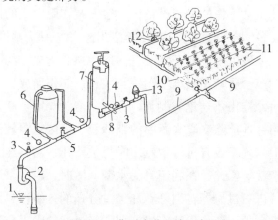

图2-4　典型滴灌系统示意图

1. 水源　2. 水泵　3. 阀门　4. 压力表　5. 调压阀　6. 化肥罐
7. 过滤器(筛网式)　8. 冲洗管　9. 干管　10. 支管　11. 毛管
12. 滴头　13. 进排气阀

2. 滴灌系统的主要设备

（1）滴头。为滴灌系统的心脏。一般要求滴头流量低，流速均匀而稳定，不因微小的水头压力差而明显地变化；结构简单，不易堵塞，便于装卸造价低，坚固耐用。根据田间的施水特点，滴头有线源滴头、点源滴头两大类。线源滴头，也称滴灌带，主要有微孔毛管和薄膜双壁管，供水时呈直条形湿润土壤，使用压力低且毛管和滴头合成一体，造价低。微孔毛管的管壁上有许多微细孔眼，管中压力水从孔中向外渗出。据有关资料介绍，内径

为 14.4mm 的微孔毛管，每米有微孔 3 300 个，工作压力为 140～70kPa，当水压为 35kPa 时，每米管段的流量为 0.8L/h。薄膜双壁管分为两个管腔，内管腔起普通毛管作用，内管腔内的压力水经内管壁上孔减压后流入外管腔，再由外管壁上孔眼消能后施入土壤。对于株行距较大的瓜类，一般宜采用点源滴头。点源滴头的种类，常见有长流道滴头和孔口式滴头。

（2）过滤器。过滤器是清除水流中各种有机物和无机物，保证滴灌系统正常工作的关键设备，一般安装在肥料罐的后面。过滤器类型较多，应根据水质情况正确选用。第一种为筛网过滤器，结构简单，一般由承压外壳和缠有滤网的内心构成。滤网由尼龙丝、不锈钢或含磷紫铜（可抑制藻类生长）制作而成，一般滴灌系统的主过滤器由不锈钢丝制作，孔径一般为 70～200 目。筛网过滤器能很好地清除滴灌水源中的细沙粒。灌区水源较清时使用效果好，但当藻类或有机污物较多时易被堵死，需要经常人工清洗或反冲清洗。因此，在利用露天水源滴灌时，应在泵底部装一过滤网。沙砾石过滤器将细砾石和经过分选的各级沙料放在一个圆柱形的池子中，便构成沙石过滤器，经过滤的水再穿过包裹着150 目滤网的穿孔集水管集中水流，然后经过出水管送入滴灌管路系统。第二种过滤器为离心式过滤器，通过水流在过滤罐内旋转运动时产生的离心力，把水中比重较大的泥沙颗粒抛出，以达过滤水流的目的。此外还有泡沫过滤器，采用塑料管和泡沫聚氨甲酸醋为过滤料，这种过滤器造价低，宜在水质干净时采用，或作为最终过滤器用。

（3）施肥装置。随水施肥是滴灌系统的重要功能。当直接从专用蓄水池中取水时，可将化肥溶于蓄水池再通过水泵随灌溉水一起送入管道系统。当直接从自来水、人畜饮水蓄水池或水井取水时，则需加设施肥装置。通过施肥装置将化肥溶解后注入管道系统随水滴入土壤中。向管道系统注入化肥的方法有三种：压差原理法，泵注法和文丘里法。压差式施肥罐的进水管和出水管与主管相连，在主管上位于进、出水管相连的中间设调压阀。当调压阀稍一关闭，两边即形成压差，一部分水流经过水管进入化肥罐，溶解罐内化肥，然后化肥液又通过出水管进入主管。压差式施肥罐结构简单，造价较低，不需外加动力设备。其不足是溶液浓度变化大，添加化肥频繁且较麻烦。泵注法使用活塞泵或隔膜泵向滴灌系统注入肥料，其优点是肥液浓度稳定，施肥质量好，效率高；缺点是另加注入泵造价很高。文丘里注入器结构简单，造价低廉，使用方便，非常适用于小型滴灌系统。将文丘里注入器直接装在主管路上造成的损失较大，一般应采取并联方法与主管路连接。为了保证滴灌系统运行正常并防止水源污染，使用时应注意注入装置一定要设在水源与过滤器之间，以免未溶解的化肥或农药、或其他杂质进入滴灌系统，造成堵塞；施肥、施药后必须用清水把残留在系统内的肥液或农药冲洗干净，以防止设备被腐蚀；水源与注入装置之间一定要安装逆止阀，以防肥被或农药进入水源，造成污染。

（4）管道与连接件。管道与连接件用于组成输水、配水网。塑料管是滴灌系统的主要用管，主要有聚乙烯管、聚氯乙烯管和聚丙烯管。将各级管路连接成一个整体的部件为管件。主要管件有接头、三通、弯头、螺纹接头、旁通及堵头等。

（5）控制、测量与保护装置。这些装置为滴灌系统的正常运行所必需。控制装置为各类阀门，如控制阀、安全阀、进排气阀、冲洗阀等。保护装置有流量调节器、压力调节器和水阻管等。计量装置包括压力表和水表。

（二）滴灌系统的运行管理

1. 滴灌的水管理

以土壤水分的消长作为控制指标进行滴灌，使土壤水分处于

适宜的范围，是较为有效的方法。测定土壤水分的方法很多，以"张力计"法较为普遍。旱地土壤有效水的范围是从田间持水量到萎蔫系数之间的含水量，水分所受到的吸力为 30～150kPa，张力计的读数为 100kPa 时开始灌水，灌到 30kPa 时停止。合理滴灌的指标还应根据不同发育阶段对土壤水分的要求，以及气候、土壤条件做适当调整。

2. 滴灌系统的日常管理

滴灌系统的日常管理内容包括：根据作物的需要，张力计读数开启和关闭滴灌系统；必要时由滴灌系统施加可溶性化肥、农药；预防滴头堵塞，对过滤器进行冲洗，对管路进行冲洗；规范运行操作，防止水锈的发生。

3. 滴灌施肥

是供给作物营养物质的最简便的方法，一般将称好的肥料先装入一容器内加水溶解，然后将肥料溶液倒入水池（箱），经过一定的时间肥料液扩散均匀后再开启滴灌系统随水施肥。为保证施肥均匀，应采用低度、少施、勤施的方法，池（箱）中最大浓度不宜超过 500mg/L。

三、微喷灌

微喷灌是通过低压管道系统，以小流量将水喷洒到土壤表面进行灌溉的方法。它是滴灌和喷灌的基础上逐步形成的一种新的灌水技术。微喷灌时，水流以较大的速度由微头的喷嘴喷出，在空气的作用下形成细小的水滴落到土壤表面，湿润土壤。由于微喷头流孔口直径和出流流速（或工作压力）都比滴灌滴头大，从而大大减少了堵塞。

（一）微喷灌系统的组成和设备

微喷灌系统的组成微喷灌系统由水源中心、管网系统和微喷头组成。水源应为符合农田灌溉水质要求的地上水或地下水。控制中心是微喷系统的首部枢纽，其作用是从水源取水送入管道系统，并根据微喷灌的要求对水、水质和压力进行控制。控制中心主要包括水泵、动力机、过滤器、化肥罐、阀门、压力表、水表等设备。

微喷灌设备包括微喷头、管道、管件、过滤装置及施肥装置。微喷头是微喷灌系统中的主要部件，它直接关系到喷洒质量和整个系统运行是否可靠。微喷灌之所以既不同于喷灌又不同于滴灌，除了工作压力等因素外，还在于微喷头的结构性能与喷灌的喷头和滴灌的滴头都不同。按有微喷头的结构形式及工作原理进行分类，一般分为即旋转式、离心式、折射式和缝隙式。最常用的主要有折射式和旋转式两种。折射式没有旋转部件，一般又称固定式微喷头；旋转式有旋转或称运动部件，又称射流式微喷头。微喷头的工作压力一般为 50～300kPa，射流孔径为 0.2～2.2mm，喷水量一般小于 240L/h。设备其余部分与滴灌设施相同。

（二）微喷灌的管理

1. 用水管理

微喷灌的用水管理主要是执行制定的灌溉制度，其用水的估算方式为：667m² 用水定额（m³）＝土壤容重（t/m³）×O×计划湿润深度（m）×667m²，式中 O 为土壤适宜含水量的上下限。其中计划湿润深度：苗期为 0.3～0.4m，随作物生长逐渐加深，最深不超过 0.8～1.0m。具体的灌水时间和灌水量应根据西瓜、甜瓜不同生育时期的需水特性及环境条件，尤其是土壤含水量确定，也可采用张力计来控制微喷灌的时间和量。

微喷灌一般在大棚中较少用，在特殊的干旱年份，西瓜处于授粉高峰期，夜间采用微喷灌，改善大棚的湿度条件，以促进授粉。

2. 施肥管理

在微喷灌过程中施肥具有方便、均匀的特点，容易与西瓜、

甜瓜各生育阶段对养分的需求相协调；易于调整对作物所需养分的供应，有效利用和节省肥料；施用液体肥料更方便，且能有效地控制施肥量。有的化肥会腐蚀管道中的易腐蚀部件，施肥时应加以注意。微喷灌系统大部分采用压差化肥罐，用这种方法施肥的缺点是肥液浓度随时间不断变化。因此，以轮灌方式逐个向各轮灌区施肥，要控制好施肥量，正确掌握灌区内的施肥放度。另外，喷洒施肥结束后，应立即喷清水冲洗管道、微喷头及作物叶面，以防产生化学沉淀，造成系统堵塞及喷洒作物叶片被烧伤。

【第三章】
西瓜、甜瓜育苗技术

　　西瓜喜高温干燥气候，种子适宜萌发的温度为 25~30℃，最低发芽温度为 15℃，生长适宜温度为 18~32℃。气温低于 15℃时生长缓慢，10℃时生长停滞，低于 5℃时会有冻害。苗期的生长温度白天 25~30℃，夜间 16~18℃最适。幼苗根系生长发育的最佳温度为 18~25℃，最低温度为 10℃。甜瓜为喜温瓜类，整个生育期温度为 25~35℃，在发芽期厚皮类型需要适温 25~35℃，薄皮类型需要 25~30℃，温度低于 15℃则不发芽。西瓜、甜瓜的育苗主要是利用设施栽培条件，尽可能满足种子从萌发到壮苗出圃的生长条件，提高优质种苗的比例，达到早生、快发的目的。目前在生产中西瓜、甜瓜的育苗类型主要有常规育苗、嫁接育苗和工厂化育苗等几种方式。

第一节　西瓜、甜瓜常规育苗技术

一、冬春育苗技术

南方地区冬春由于温度低、日照时间短、光照强度不足、对

育苗不利，容易形成烂种、沤根、僵苗、冻害等瓜苗灾害，造成育苗失败。采用设施育苗技术有利于保障育苗的效率，培育壮苗。对冬春育苗的设施的要求主要是进行防寒保温，满足西瓜、甜瓜幼苗生长的温度需求；此外，还应该有利于苗床换气和调节空气湿度。

（一）育苗基质的准备

育苗基质是幼苗生长的支撑物和主要营养来源，其质量好坏直接影响是否能培育壮苗，对育苗基质总的要求是质地疏松、肥沃、不携带病虫害等，能够促进根系发育和保障幼苗生长所需营养，pH 值在 6.5 ~ 7.0 之间。

1. 营养土

为了满足要求，营养土一般应隔年准备，经过前一年的夏炕、冬凌和充分腐熟，每亩西瓜需要 300 ~ 400kg 营养土。配制营养土的主要原料有稻田土、果园土、河泥、塘泥、湖泥、火土灰、草木灰、人粪尿、猪牛羊马粪或鸡鸭鹅粪，以及陈墙土、锯木屑、过磷酸钙、少量尿素、硫酸钾等化肥。禁止使用 5 ~ 6 年内曾种过瓜类作物的田园土，以防土壤中的枯萎病菌传染。下面提供 300kg 营养土的 6 种配方以供配制时，按当地实际肥源情况进行选配参考。

（1）用 170kg 火土灰（荒草地或田梗、土路边，连薄土带草一起铲起，晒干后堆集烧成），加 25kg 猪牛马粪，95kg 稻田土，10kg 鲜人粪尿，混合拌匀堆沤，薄膜密闭 80 天左右。

（2）用火土灰 180kg，加稻田土或园土（均要干土）100kg，0.2kg 尿素，0.8kg 复合肥，猪粪 19kg，混合拌匀堆沤，薄膜密闭 80 天左右。

（3）稻田或旱地干表层土 260kg，加入鸡鸭粪 11kg，人粪尿 18kg，过磷酸钙 1kg，草木灰 10kg，拌匀堆沤，薄膜密闭 80 天左右。

（4）稻田或干园土 240kg，加草木灰或火土灰 30kg，人粪尿 13kg，猪牛粪 16kg，过磷酸钙 1kg，混合拌匀堆枢，薄膜密闭 80

天左右。

（5）未种过瓜类的园土 120kg，腐熟堆厩肥 180kg，加 0.5% 的复合肥和 0.5% 的过磷酸钙，充分混合拌匀后过筛，消毒后用塑料薄膜密封 7 天左右即可现用。

（6）未种过瓜类的菜园土 120kg，塘泥（耙碎）60kg，腐熟堆厩肥 90kg，糠灰 30kg，加 2%～3% 的过磷酸钙，充分混合拌匀后过筛，消毒后用塑料薄膜密封 7 天左右即可现用。

为了预防苗期病虫害，要进行营养土消毒，每 1000kg 土用 200～250ml 的福尔马林原液，配成 100 倍液，结合翻土，将药液均匀混拌入土内，盖塑料薄膜密闭 3～5 天后揭膜堆，药味散尽后播种，可灭除床土中的病原菌。使用多菌灵时浓度为 8～10g/m² 苗床药剂，与 4kg 左右细土拌匀，2/3 撒于畦面，1/3 盖种子。

2. 其他育苗基质

育苗还可以用草炭土、椰糠、珍珠岩、黄沙等配制成育苗基质，其配方为草炭土∶珍珠岩∶黄沙∶生物有机肥 =6∶2∶1∶1 或者腐熟椰糠∶炭化谷壳∶黄沙∶生物有机肥 =6∶2∶1∶1。配制时以 0.5kg/m³ 营养土的量加入三元复合肥（氮－磷－钾为 15-15-15）增加营养，添加 0.1kg 的 25% 多菌灵用于消毒。

（二）苗床准备

目前长江流域冬春多采用塑料大棚育苗，在棚内架设塑料小拱棚。在小拱棚内育苗需要在小拱棚内铺设地热线，地热线的准备见第二章。

在选好的床址上挖深约 25cm、宽 1m 的长方形床池，长度一般 10～15m。在池底铺 5～10cm 厚的麦秸、稻草或草木灰作隔热层，浇水踏实后铺一层 2cm 厚的薄土，布线后铺一层细砂，起到匀热的作用。根据苗床面积确定电热线的功率，一般苗床需要电热线功率密度 80～100W/m²。

（三）播种

1. 种子处理

播种前进行种子处理可以实现出早苗、出齐苗，并减少苗期病害，常用的处理方法主要有：

（1）选种、晒种。播种前进行种子筛选，要求子粒大小均匀、饱满、无霉变、无残破的种子。在浸种前晒 1～2 天，以提高种子发芽率。

（2）种子消毒。一是采用温汤消毒，常温水浸种 10 分钟，然后再用 55～60℃热水浸种并不断搅拌，保持水温 15～20 分钟。二是药剂处理可用福尔马林 100 倍液浸种 30 分钟，或用 50% 多菌灵可湿性粉剂 500 倍液浸种 60 分钟，或用 50% 代森铵水剂 500 倍液浸种 30～60 分钟。

2. 浸种

温汤浸种消毒后，可以继续浸泡 4～6 小时。药剂浸种后，将种子在清水中反复冲洗，洗去表面的黏液后继续浸种 5～6 小时。无子西瓜催芽前需要嗑种以提高发芽率。

3. 催芽

西瓜种子发芽需要一定的温度，有子西瓜发芽最适温度为 28～30℃，无子西瓜则为 30～35℃；薄皮甜瓜为 28～30℃，厚皮甜瓜为 30～35℃。催芽时采用恒温箱催芽最为安全，催芽时将温度调制种子发芽的最适温度，把浸泡的种子甩干水分，平摊在拧干的湿纱布上，厚度不超过 1.5cm，盖上 1～2 层湿纱布，然后用塑料布包裹。处理好的种子放入恒温箱催芽，一般 24～36 小时即可出芽。如果没有电热箱设备，也可以用电热毯包裹催芽，但要插入温度计，及时调控温度。

4. 播种

催芽后种子出芽芽长 0.2～0.3cm 即可播种。播种前一天对苗床进行处理，用多菌灵或百菌清等 600 倍液浇透营养钵或育苗穴盘。播种时种子平放，胚根向下，然后覆盖一层疏松的湿润细土，厚度 1 ~ 1.5cm。覆土不可过深或过浅，过深不易出苗，过浅容易出现种壳"戴帽"现象，影响子叶的展开。播种后不可浇水，保持土面疏松；覆土后在苗床覆盖一层地膜，最后盖上小拱棚，注意将棚膜盖严压实以保温保湿。

(四) 苗床管理

苗床管理主要做好"二保、二控、二防"，即出苗前保湿、保温促出苗，防高温烧苗；出苗后控温、控湿，防高脚苗和防猝倒病产生。

1. 温度管理

子叶出土前以保温为主，白天保持在 30 ~ 35℃，晚上 18℃以上，温度超过 35℃要注意揭开小拱棚两头通风，70%种子顶土时揭去地膜。出苗到真叶展开期适当降温，白天 20 ~ 25℃，夜间 15 ~ 18℃；如果此期间苗床温度过高，则下胚轴迅速伸长，极易徒长形成"高脚苗"。真叶展开后下胚轴不会过度伸长，苗床温度可以适当升高，白天 25 ~ 30℃，定植前 7 天逐步揭膜炼苗。调节温度主要通过通风与保温防寒来进行。外温低时，采取小通风、断续通风、晚通风、早关棚。外温高时要提前通风，通风量适量加大；特别在晴天中午，如通风量过小，造成温度骤增，瓜苗叶片由于蒸腾过大遭受热害而成片倒伏，这时可适当喷水或遮盖帘使其逐渐恢复。如连续降水，气温较高，必须于下雨间隙适当通风，防止幼苗徒长。另外，久雨初晴时，切忌大揭大通，因床内幼苗长期不见光照，气温又低，根系吸收能力弱，如果一时蒸腾量加大，就会引起萎蔫以至死亡。总之，通风原则是外温高时大通，外温低时小通，一天内从早到晚的通风量是由小到大、由大到小，切不可突然揭开又骤然闭上。

2. 湿度管理

出苗前严格控制浇水，真叶展开前一般不浇水。真叶展开后，如果旱象严重时适当浇水，应在晴天上午进行，前期浇水量不宜太多，后期随瓜苗长大逐渐增加浇水量。定植前少浇水，可以控制幼苗生长。

3. 光照管理

西瓜、甜瓜幼苗，一般在 20000~30000lux 的照度下可基本满足培育壮苗的要求。长江流域早春大多为低温寡照天气，容易造成徒长，需要采取补光措施。补光灯可用 100W 白炽灯悬吊于苗床上 80cm 处，按 60W/m² 的标准设置补光灯。早春补光时段为每天 8 时至 16 时。

4. 养分管理

西瓜、甜瓜苗期较短，通常不追肥，若是早春阴雨天过多，造成出苗慢、幼苗生长缓慢、幼苗瘦弱、真叶小而不舒展时，可叶面喷施 0.2%尿素溶液或 0.2%磷酸二氢钾溶液作根外追肥。

5. 炼苗出圃

瓜苗在定植前 7 天左右，需要进行的适度低温、控水处理，即炼苗，其目的是增强瓜苗对外界不良环境的适应能力，且有利于花芽分化，通常采用通风降温和减少土壤湿度进行瓜苗锻炼。白天苗床温度降至 20℃左右，在确保瓜苗不受寒害的限度内。尽可能地降低夜间的温度。瓜苗出圃时壮苗标准：瓜苗健壮无病害；下胚轴粗壮，子叶完整、平展、肥厚；3~4 片真叶，叶色浓绿，叶柄短而粗壮；株高 15cm 左右；根系舒展、白嫩，侧根较多。

6. 苗期容易出现的问题

（1）高脚苗。主要是地膜揭膜过迟或出苗后到真叶展开前光照不足、苗床温度过高以及瓜苗"戴帽"引起，表现为生长势弱，移栽后缓苗期长，容易感染病害。防治措施为合理调节温度和光照。苗床温度采取分段管理，适时通风、降湿，增加光照，避免温度过高，降低夜温，加大昼夜温差并及时进行人工"脱帽"。

（2）伤风苗。俗称"闪苗"，主要由于通风过猛所引起的，因苗床内外温度、湿度差异大，猛然进行大量通风，使苗床内湿度、温度骤然下降，叶片失水过重，导致细胞受害而干枯。预防措施为通风口开在背风处，通风由小到大，逐渐通风降温。

（3）烧苗。苗床温度过高，揭膜通风不及时，造成温度过高，幼苗失水过多而萎蔫；或者是营养土中使用了未腐熟的有机肥所造成的危害。

（4）猝倒病。主要是因为基质或种子消毒不彻底，苗床温度较低（10～15℃）、湿度过大而引起，特别是在连日阴雨并伴随降温时导致幼苗成片倒伏死亡。防治措施：一是苗床应选在地势高、排水良好的向阳地段；二是种子、苗床要严格消毒；三是控制苗床湿度，防止湿度过高引起病害。一旦苗床发病，应及时清除病苗及邻近床土，用75%百菌清可湿性粉剂500倍液或铜氨合剂400倍液喷施防治，喷药后撒上干细土或草木灰降低苗床湿度。

二、夏秋育苗技术

南方地区夏季高温、日照时间长，需要借助一定的育苗设施遮荫、避雨保障种苗生长发育的适宜条件。夏秋育苗病虫害发生十分严重，需要及时进行防治。夜间温度高，昼夜温差小，瓜苗易徒长；高温和强烈光照不利于大多数种苗的花芽分化。育苗设施主要是加强降温、避雨、遮荫作用，满足瓜苗生长的温度需求。西瓜、甜瓜夏秋育苗的基本技术与冬春育苗大致相同，主要不同在于利用不同的设施保证幼苗正常生长需要的适宜温度、湿度条件。

（一）苗床准备

目前南方地区夏秋多采用遮阳网和塑料膜覆盖育苗。在小拱棚内育苗，管理方便，成本低。育苗床应该选择排水良好的田块，

通风要好，苗畦上搭盖 1.2m 以上的小拱棚和遮阳网，可遮阳避雨。在苗床上铺厚度为 8~10cm 的营养土，然后耙平，播种前浇水以降低温度。

（二）苗床管理

夏秋苗床管理主要注意以下几个方面：

1. 温度管理

调节温度主要是通过遮阳网进行降温，温度过高时 11 时至 15 时覆盖遮阳网进行降温，15 时后揭开遮阳网调节温度。

2. 水肥管理

幼苗生长所需水分主要是从苗床土中吸收，苗床土中的水分含量影响到土壤的通透性和肥料的分解。苗床土缺水，正常生理受到干扰，易使幼苗老化。如果苗床土湿度过高，较高温度条件下瓜苗易徒长。夏季水分蒸发快，应小水勤浇，以保持上层基质湿润，这样利于出苗；出苗后不能水分过大，否则易形成徒长苗。出苗到第 1 片真叶长出期间，水分过多易倒伏，瓜苗缺水又易出现老化苗。为了抑制徒长，夏季育苗适当增加基质中肥料的浓度，幼苗在 2 叶 1 心时喷 1 到 2 次叶面肥磷酸二氢钾 500 倍液以减缓徒长。

高温高湿的气候条件容易诱发病虫害，为了有效防要注意勤施药，每隔 5~7 天喷药 1 次，抑制病虫害发生。

第二节　西瓜、甜瓜嫁接育苗技术

嫁接就是将一种植物的枝或芽接到另一带根的植株上，使枝或芽接受另一植株提供的营养而生长发育，这个枝或苗称作接穗，承受接穗的植株称为砧木。西瓜、甜瓜生产采用嫁接栽培可以有效避免土壤连作障碍，防止枯萎病危害，促进瓜苗健壮生长。目前西瓜、甜瓜嫁接主要采用插接、靠接、劈接等方法。

一、砧木的选择

砧木的选择是嫁接育苗的前提，关系到育苗的质量，并影响瓜类后期的产量和品质。砧木选择应注意以下原则：

（一）与接穗亲和力强

与接穗亲和力强是选择砧木的首要条件，以保证嫁接后能够成活，植株生长正常。一般而言，亲缘关系越近，亲和力越强，但是，亲和力强弱也有与亲缘关系远近不一致的情况。

（二）抗病虫能力强

减少病虫危害是嫁接栽培的主要目的之一，因此，选择砧木时，首先应考虑针对何种病虫害、病虫害的发生程度以及病原菌和害虫的类群，尤其对某些土传病虫害应免疫或高抗，同时兼顾其他优势以及与接穗的抗性互补。

（三）逆境适应能力强

优良砧木应具有耐旱、耐涝、耐热、耐寒、耐盐碱、耐贫瘠等特点，从而提高嫁接植株的逆境适应能力。不同砧木存在抗性差异，必须考虑栽培地的气候和土壤条件，达到最佳的效果。

（四）良好的生长特性

砧木应具有良好的生长特性，根系发达、适应性强，吸收肥水能力强，长势旺盛，嫁接后能显著促进接穗的生长发育和开花结实，不会发生生理性异常。

（五）对接穗品质无不良影响，便于大量繁殖

二、常见西瓜、甜瓜砧木及其特点

（一）西瓜砧木

西瓜嫁接砧木主要有葫芦、南瓜、冬瓜和共砧，生产常用的

为葫芦和南瓜。

1. 葫芦

包括瓠瓜，是理想的西瓜砧木。其嫁接亲和力强，共生亲和性好，耐低温、干旱，抗枯萎病，对根结线虫、黄守瓜有一定耐性，根系发达，长势稳定，对品质影响小。缺点是易染炭疽病和葫芦枯萎病，种皮较厚，吸水困难，种子萌发较慢。主要品种有日本育成系列砧木品种，如相生、协力等品种，我国育成的优良砧木品种有华砧1号、华砧2号、超丰F1、京欣砧1号等。

2. 南瓜

中国南瓜根系发达，吸肥力强，抗炭疽病、枯萎病和急性凋萎病，低温下生长好，嫁接苗长势旺盛，丰产。但亲和性和抗枯萎病能力因种类和品种而异，常产生一定比例的共生不亲和株，不抗白粉病，尤其是利用长势旺盛的南瓜作砧木，容易导致果实品质变劣。常用的中国南瓜有白菊座、金刚、壮士等。杂种南瓜如新土佐、青研砧木1号等，嫁接和共生亲和力强，低温伸长性好，根系发达，长势强，抗枯萎和急性凋萎，耐高温、低温，早熟丰产，对品质无明显影响，但它与多倍体西瓜嫁接时常表现不亲和或亲和性差。黑籽南瓜亲和性不稳定，有时对品质影响较大。美洲南瓜中的金丝瓜与西瓜嫁接亲和性好，低温伸长性强，抗枯萎和急性凋萎，品质稳定，但耐旱性稍差。印度南瓜嫁接西瓜根系发生长势强，抗早衰，易坐果和提高产量，但瓜皮较厚。

3. 冬瓜

嫁接亲和性较好，抗枯萎和急性凋萎，根系发达，吸收力强，耐旱，耐高温，结果稳定，畸形果少。不足之处在于胚轴较细，嫁接操作不便，嫁接苗低温下长势弱，初期生长慢，开花坐果晚，不适合早熟栽培。

4. 共砧

主要是野生西瓜。亲和力强，成活率高，生长性能好，适应性较强，抗线虫和葫芦枯萎病，结果稳定，不影响原有西瓜的品质。它对西瓜枯萎病耐受力较强，前期长势不如其他类型砧木，低温下生长慢，嫁接操作不便。常见砧木品种有日本的强刚、鬼台，美国的圣奥力克和我国的西域砧、勇士等。

（二）甜瓜砧木

以南瓜为砧木有利于提高接穗抗性，促进生长，提高产量。但采用共砧嫁接亲和性好，对果实品质无不良影响。

1. 南瓜

耐热，抗甜瓜枯萎病，根系吸收能力强，低温下生长好，增产潜力较大。不同品种的嫁接亲和力以及对品质的影响不同，以杂种南瓜较适宜。日本研究表明，甜瓜以中国南瓜和杂种南瓜为砧木嫁接，网纹甜瓜宜选用杂种南瓜或共砧。

2. 冬瓜

嫁接亲和力强，喜温，耐热，抗枯萎病，根系发达，吸收能力强，土壤适应力广，长势稳定，不易徒长，果实品质较好。但不耐低温，定植初期生长缓慢，结果晚，适于高温季节栽培。

3. 共砧

高抗枯萎病的甜瓜品种或专用砧木。嫁接和共生亲和性好，抗枯萎病能力、低温伸长特性和长势强于自根苗，结果稳定，对品质无不良影响，适于发病较轻的土壤栽培；绿宝石、大井等砧木适于温室甜瓜，园研1号、健脚等可作大棚甜瓜专用砧木。

三、嫁接方法

（一）插接法

又称顶插法，此法操作简单、工序少、嫁接速度较快，有利

于培育壮苗，是西瓜、甜瓜嫁接苗生产最常用的方法。对砧木和接穗要求较高，必须是适期嫁接。

嫁接时接穗子叶平展，砧木子叶展平、第 1 片真叶显露至初展为嫁接适宜时期。嫁接时首先喷湿接穗、砧木内基质，取出接穗苗；砧木在操作台上，用竹签剔除其真叶和生长点。去除真叶和生长点要求干净彻底，减少再次萌发，并注意不要损伤子叶。左手轻拿子叶节，右手持一根宽度与接穗下胚轴粗细相近、前端削尖略扁的光滑竹签，紧贴砧木一片子叶基部内侧向另一片子叶下方斜插，深度 0.5～0.8cm，竹签尖端在子叶节下 0.3～0.5cm 处出现，但不要穿破胚轴表皮，以手指能感觉到其尖端压力为度。插孔时要避开砧木胚轴的中心空腔，插入迅速准确，竹签暂不拔出。然后用左手拇指和无名指将接穗两片子叶合拢捏住，食指和中指夹住其根部，右手持刀片在子叶节以下 0.5cm 处呈 30 度角向前斜切、切口长度 0.5～0.8cm。接着从背面再切一刀，角度小于前者，以划破胚轴表皮、切除根部为目的，使下胚轴呈不对称楔形。切削接穗时速度要快，刀口要平、直，并且切口方向与子叶伸展方向平行。拔出砧木上的竹签，将削好的接穗插入砧木小孔中，使两者密接。砧木、接穗叶伸展方向呈"十"字形，以利于见光。插入接穗后用手稍晃动，以感觉比较紧实、不晃动为宜。

插接时，用竹签剔除其真叶和生长点后亦可向下直插，接穗胚轴两侧削口可稍长。直插嫁接容易成活，但往往接穗易由髓腔向下，易生不定根，影响嫁接效果。插接法砧木苗无须取出，减少嫁接苗栽植和嫁接夹使用等工序，也不用断茎去根；嫁接速度快，操作方便，省工省力；嫁接部位紧靠子叶节，细胞分裂旺盛，维管束集中，愈合速度快，接口牢固，砧穗不易脱裂折断，成活率高；接口位置高，不易再度污染和感染，防病效果好。但插接对嫁接操作熟练程度、嫁接苗龄、成活期管理水平要求严格，技术不熟练时嫁接成活率低，后期生长不良。

（二）靠接法

又称舌接法，也是目前使用较多的方法。嫁接适期为砧木子叶全展，第 1 片真叶显露；接穗第 1 片真叶始露至半展。嫁接过早，幼苗太小操作不方便；嫁接过晚，成活率低。砧穗幼苗下胚轴长度 5～6cm 利于操作。

嫁接时首先将砧木苗和接穗苗的基质喷湿，从育苗盘中挖出后用湿布覆盖防止萎蔫。取接穗时在子叶下部 1～1.5cm 处呈 15～20 度角向上斜切一刀，深度达胚轴直径 3/5～2/3；去除砧木生长点和真叶，在其子叶节下向 0.5～1cm 处呈 20～30 度角向下斜切一刀，深度达胚轴直径 1/2，砧木、接穗切口长度 0.66～0.8cm。最后将砧木和接穗的切口相互靠插在一起，用专用嫁接夹固定或用塑料条带绑缚。将砧穗复合体栽入基质，保持两者根茎距离，以利于成活后断茎去根。靠接苗易管理，成活率高，生长整齐，操作容易。但此法嫁接速度慢，接口需要固定物，并且增加了成活后断茎去根工序，接口位置低，易受土壤污染和发生不定根，幼苗搬运和田间管理时接口部位易脱离。

（三）劈接法

多数接穗苗的茎比较粗壮、几乎与砧木苗茎粗相同时，应采用劈接法，目前生产上使用较少。采用此法砧木苗龄稍大，嫁接时取健壮的砧木苗，去除生长点，在茎轴一侧用刀片子上而下切 1～1.5cm 切口，注意不能伤及子叶，不能两侧都切。接穗削成楔状，斜面长 1～1.5cm。将接穗插入切口，用 0.3cm 的塑料带绑扎，将整个伤口绑住；也可以用专用嫁接夹进行固定，以防水分蒸发。

（四）嫁接时应注意的问题

嫁接苗的成活率除受砧穗亲和力影响外，操作技术是重要的

决定因素。嫁接时应注意以下问题：

1. 切口保持清洁整齐

要选择锋利的刀片，确保一刀成形，保持刀口的清洁整齐，做到嫁接切面紧贴，利于养分和水分运输，促进接口愈合和成活。

2. 砧木和接穗的茎粗相配

一般要求砧木和接穗粗细基本一致，便于相互切面紧密结合和愈合。插接法，接穗比砧木稍微细一点，靠接法则需要砧木和接穗茎粗基本一致。

3. 选择合适的嫁接部位

靠接时选择苗茎上部 1/3 处光滑整洁部位嫁接，便于移栽成活。

4. 接口处保持清洁

接口处保持清洁，避免泥土和其他杂物混入，不利于伤口愈合，影响嫁接成活率。

四、砧木和接穗的准备

（一）播期和苗龄

接穗通常为生产主栽品种，根据栽培季节和方式、气候和土壤条件、市场需求和消费特点等选择，应具有高产、优质、多抗、便于嫁接等特点。由于嫁接后需要通过 7～10 天的愈合期，刚成活的幼苗生长缓慢。因此，嫁接育苗的苗龄应比常规育苗长，接穗的播期也应比常规育苗提前。西瓜、甜瓜嫁接对砧穗苗龄要求严格，为了使两者同时达到适宜的大小，需要根据其发芽和前期生长特性、嫁接方法、苗期环境条件等合理安排播期。常见西瓜、甜瓜瓜类嫁接育苗砧穗播种时间参考表 3-1。

表 3-1　西瓜、甜瓜嫁接育苗砧穗播种时间

接穗	砧木	砧木播种时间(与接穗相比)		
		靠接法	插接法	劈接法
西瓜	葫芦	晚播 5~7 天	早播 5~7 天	早播 5~7 天
甜瓜	南瓜	晚播 3~4 天	早播 3~4 天	早播 3~4 天

（二）播种及播种后的管理

考虑嫁接成活率因素，一般接穗的播种量应比计划用苗数增加 10%~20%，砧木的播种量又要比接穗增加 10%~20%。砧木和接穗播前种子处理同常规方法。有些砧木的种子由于休眠性强或种皮厚、透气透水性差、发芽困难，需要采取一些特殊处理以提高发芽率。如黑籽南瓜休眠性强，催芽前需用一定浓度的赤霉毒素溶液浸泡，以打破休眠；葫芦种皮较厚，吸水困难，种子萌发慢，出芽不整齐，可用高温烫种和高低温交替催芽法。

种子催芽露白后及时播种，创造适宜的温度、湿度条件，促进出苗。幼苗出土后应加强管理，培育适龄壮苗。嫁接前 1~2 天，适当降温炼苗，并喷药防病，为嫁接做好准备。

五、嫁接苗的管理

（一）愈合期管理

西瓜、甜瓜嫁接愈合一般需要 8~10 天，嫁接苗愈合的好坏、成活率高低与嫁接后的环境条件和管理直接相关。高温、高湿、中等强度光照条件愈合较快，因此嫁接完成后，应立即将幼苗转入小拱棚，创造良好的环境条件，促进接口愈合和嫁接成活。

1. 光照管理

嫁接的接口愈合过程中，应尽量避免阳光直射，减少幼苗失水萎蔫，一般需遮光 8~10 天。第 1 天完全遮光，第 2 天到 3 天

早晚见光，要注意见散射光，避免黄化；3 天后逐渐增加见光时间，适当通风；7 天后在中午强光下临时遮光；待接穗新叶长出后，去除遮阳网，进行常规管理。

2. 温度管理

嫁接后保持较常规育苗稍高的温度可以加快愈合。西瓜、甜瓜嫁接苗愈合适温为白天 25～28℃，夜间 18～22℃。为保证嫁接期的适宜温度，低温季节育苗要配备增温和保温设备，高温季节育苗应采取降温措施。特别是嫁接后 3～4 天内，温度应控制在适宜范围，8～10 天叶片恢复生长后进入正常管理。

3. 湿度管理

嫁接愈合成活期应保持较高的空气湿度，将接穗水分蒸腾减少到最低限度，若环境湿度低会导致接穗蒸腾强烈而萎蔫，影响成活。幼苗嫁接完成后应立即将基质浇透水，将幼苗移入拱棚内，用塑料薄膜覆盖，喷雾保湿。前 3 天相对湿度接近饱和状态。4～5 天结合通风适当降低湿度，成活后转入正常管理。基质含水量控制在最大持水量的 75%～80% 为宜。喷雾时配合喷洒杀菌剂，可以提高幼苗抗病性，减少病原菌侵染，促进伤口愈合。

4. 通气管理

嫁接后的前 3 天一般不通风，保温保湿；3 天后视幼苗生长状况，选择温暖且空气湿度较高的傍晚和清晨每天通风 1～2 次，此后通风量逐渐加大，时间逐渐延长；10 天左右幼苗成活后，进入常规管理。

（二）成活后管理

嫁接苗成活后的管理与常规育苗基本相同，但结合嫁接苗自身的特点，需要做好幼苗分级、断根（靠接等方法）、去萌蘖、去嫁接夹等工作，从而保证嫁接的质量。

1. 去萌蘖

砧木嫁接时去掉其生长点和真叶，但幼苗生长过程中会有萌蘖发生，在较高温度和湿度条件下生长迅速，与接穗争夺养分，影响愈合成活速度和幼苗生长发育；另一方面会影响接穗的果实品质，失去商品价值。因此，从通风开始就及时检查和清除所有砧木发生的萌芽，保证接穗顺利生长。

2. 断根

嫁接育苗主要利用砧木的根系，采用靠接等嫁接的幼苗仍保留接穗的完整根系，待其成活以后要在靠近接口部位下方将接穗胚轴或茎剪断，一般下午进行较好。刚刚断根的嫁接苗若中午出现萎蔫可临时遮阳。断根前一天最好先用手将穗胚轴或茎的下部捏几下，破坏其维管束，这样断根之后更容易缓苗。断根部位尽量上靠接口处，以防止与土壤接触重生不定根引起病原菌侵染失去嫁接防病意义。为避免切断的两部分重新结合，可将接穗带根下胚轴再切去一段或直接拔除。断根后 2 ~ 4 天去掉嫁接夹等束缚物，对于接口处生出的不定根及时检查去除。

3. 其他

幼苗成活后及时检查，除去未成活的嫁接苗。成活嫁接苗分级管理。对成活稍差的幼苗以促为主，成活好的幼苗进入正常管理。随幼苗生长逐渐拉大苗间距，避免相互遮阳。

第三节　西瓜、甜瓜集约化育苗技术

集约化育苗以穴盘育苗为基础，实行标准化、大规模生产，生产的瓜类种苗具有生长健壮，根系发达，无病虫害、移栽早发、抗灾害能力强等优点。与传统育苗相比，集约化育苗在育苗技术、环境控制上差异较大，实现了瓜类种苗的商业化生产，在种苗的

生产中占据重要地位。集约化育苗在种子的处理上与传统育苗基本相同，期差异之处在于苗床的准备和苗床的管理。

一、育苗基质

（一）育苗基质选配原则

育苗基质为幼苗提供稳定协调的水、气、肥及根际环境的介质，除支持、固定植株外，还能临时贮存养分和水分。集约化育苗用基质替代土壤，方便操作，对于基质的选择，应遵循以下原则：

（1）保肥能力强，能供给根系发育所需养分，并避免养分流失；

（2）保水能力好，避免根系水分快速蒸发干燥；

（3）透气性好；

（4）不易分解，利于根系穿透，能支撑植物；

（5）比重小，便于运输。

常用西瓜、甜瓜育苗基质为混合基质，由草炭土、蛭石和珍珠岩按一定的比例混合而成。

（二）育苗基质的配制

配制的育苗基质应具有良好的物理性质，容重小于或等于1，总孔隙度大于60%，气水比1∶2～4，其化学特性要求EC值0.55～0.75，pH5.5～6.8。一般按照草炭土∶珍珠岩＋碳酸钙∶有机肥＝6∶2∶1准备基质。基质的配比，在夏季蛭石与珍珠岩的比例20%左右，冬季为25%～30%。基质配比混合各种成分时，避免将基质搅碎，影响水分吸收。初始基质的相对含水量湿度为60%～65%，形态标准为手握成形，可以捏出水滴，上抛即散。

（三）育苗基质的消毒

育苗基质常用蒸汽消毒和化学药剂消毒。蒸汽消毒是将基质装于箱内，用通气管通入蒸汽进行密闭消毒，一般70～90℃条件15～30分钟即可。化学药剂使用福尔马林40倍液喷洒，按20～

$40L/m^3$ 比例将基质混匀，用塑料薄膜覆盖 24 小时以上，使用前自然风吹 15 天左右，消除药物残留。

（四）育苗穴盘选择

一般塑料穴盘的尺寸为 54cm×28cm。由于穴盘育苗的根系是被限制在单个穴孔中，瓜苗之间相互遮荫，苗易徒长较弱。合理的选择穴盘，可以避免弱苗生长。西瓜、甜瓜苗多采用 50 孔、72 孔穴盘。

二、苗床管理

1. 温度管理

温室大棚的温度管理遵循"三高三低"原则，即白天温度高，晚上温度低；晴天温度高，雨天温度低；移苗后温度高，移苗前温度低。温室的温度在育苗期生长温度不低于 15℃，注意保持昼夜温差在 8～10℃左右，防止夜间温度过高而形成徒长苗。西瓜幼苗期白天温度 25～30℃，夜晚 18～20℃；成苗期白天 21～27℃，夜晚 16～20℃。甜瓜幼苗期白天 25～28℃，夜晚 17～20℃；成苗期白天 21～24℃，夜晚 15～19℃。

2. 湿度管理

湿度管理是育苗成败的关键，根据育苗期间基质的含水量和空气的相对湿度进行水分管理。每天浇水时间在上午 10 时左右完成，保障下午种苗叶片干燥。下午浇水过晚，叶片积水，易使棚内相对湿度升高，容易产生病害。每次浇水至穴孔有水流出为止，根据天气来判断浇水量的多少，晴天多浇水，阴雨天少浇水或不浇水。水分控制保持见干见湿，待基质发白但苗叶片未失水再浇水。注意水分的均匀管理，常因边际效应或人工洒水的不均匀，会使同盘中的种苗长势不一，应及时调整穴盘的位置促使幼苗生长均匀。

3. 养分管理

对种苗的的施肥采取"薄肥勤施"的原则，施肥前与施肥后定期检查基质的 pH、EC 值。苗期控制基质 pH 值 6.2，EC 值 0.8 左右。在子叶展开前，主要以补水或浇水为主，不需补施肥料；子叶平展至真叶阶段，开始施肥，肥料前期一般三元复合肥（氮 – 磷 – 钾）14–10–14 肥料与 20–10–20 肥料交替使用，浓度为 800 ~ 1500 倍液。后期施用含磷钾高的三元复合肥（氮 – 磷 – 钾）9–15–15 或 17–5–17，浓度控制在 600 ~ 800 倍液。根据苗情长势，可以喷施尿素、磷酸二氢钾溶液等叶面肥料。

4. 光照管理

光照条件直接影响瓜苗的素质，瓜苗干物质 90% ~ 95% 来自于光合作用。由于冬春低温寡照的气候特点，使室内的光照减弱，在阴雨天时间长时，还应及时补光。当种苗长大后会叶片相互拥挤，需及时疏盘，拉开每盘之间的距离。

5. 种苗分级

种苗在生长过程中，为了方便管理，常进行两次种苗处理。第一次处理时间在 2 片真叶展平时，将穴盘中没发芽的基质挑除，去除双株苗或多株苗，确保一穴一苗。第二次移苗分级，是在种苗封盘时（出圃前 10 天左右），剔除大小不一致种苗，同时移苗将空缺的穴孔补齐。

6. 炼苗

种苗在移出温室之前必须进行炼苗，以适用定植地点的环境。如果幼苗定植于没有加热设施的塑料大棚内，应提前 3 ~ 5 天降温、通风、炼苗；定植于露地无保护设施的幼苗，必须严格做好炼苗工作，定植前 7 ~ 10 天逐渐降温，使温室内的温度逐渐与露地相近，防止幼苗定植时因不适应环境而发生冻害。低温锻炼适宜温度为：白天 18 ~ 20℃，晚上 10 ~ 12℃。

三、出圃运输

幼苗移出育苗温室前 1～2 天应施一次肥水，并进行杀菌、杀虫剂的喷洒，做到带肥、带药出圃。目前主要采用带盘装箱的出圃方式。装箱时注意每盘苗放好后封箱，箱上标明客户、品种、装箱人员的字样，并详细记录好每一箱的种苗情况，以便后查。

【第四章】
西瓜、甜瓜设施栽培品种介绍

第一节 西瓜设施栽培品种介绍

西瓜品种按生育期的长短分为早熟、中熟、晚熟；按果型的大小分为大果型、中果型和小果型；按果皮的颜色分为黑皮、绿皮、黄皮、白皮等；按果实的形状分为圆形、高圆形、短椭圆形、长椭圆形等；按瓜瓤的色泽分为红色、黄色、橙色、白色等。西瓜设施栽培较露地栽培条件特殊，一般要求耐低温弱光、品质优、上市早，应根据市场需求和实际情况选择品种。

一、有子西瓜

（一）小果型有子西瓜

1. 早春红玉

日本米可多公司育成。杂交一代极早熟，外观长椭圆型，绿底条纹清晰，瓤色鲜红肉质脆嫩爽口，中心糖含量 12% 以上；皮厚 0.4 ~ 0.5cm，单瓜重 2.0 ~ 2.5kg，坐果后 25 天成熟；植株长势稳健，抗病性强，早春低温弱光下雌花的形成及着生性好，但开花后遇长时间低温多雨花粉发育不良，也存在坐果难，或瓜型出现变化等问题；外观美丽、商品性好，每667m²产2 000kg以上。适于早春或延秋设施栽培。

2. 极品春玉王

极早熟，果实椭圆形，果皮翠绿底覆墨绿清晰细花条带，外形美观。皮薄，果肉浓粉红色，肉质松脆，细嫩无渣，中心糖含量13%左右，中糖和边糖梯度小，商品性好；平均单瓜重3kg；开花至成熟26～28天；极易坐果且连续坐果能力强，耐低温弱光性较强，适于早春设施栽培。

3. 万福来

先正达公司育成。早熟，果实长椭圆形，果形整齐，果皮绿色底覆深绿色条纹，果肉桃红色，肉质细腻，口感佳；果实中心糖含量12%，梯度小；果皮厚0.5～0.8cm，平均单瓜重2kg左右。适合于春、秋两季栽培，一般春季每667m²产2 000kg以上，秋季每667m²产1500kg左右。

4. 拿比特

杭州三雄种苗有限公司从国外引进。早熟，果实椭圆形，花皮，果形整齐；皮薄，红瓤，肉质脆嫩，果实中心糖含量12%以上；单果重约2kg；连续结果性好，一般每667m²产2 000kg，适宜作早春设施栽培和秋延后栽培。

5. 红小玉

日本南都种苗株式会社育成。极早熟，果实圆形，果皮底色深绿，条纹清晰，皮薄，仅0.3cm；果肉桃红色，果实中心糖含量13%，果肉细嫩、纤维少，种子少；单瓜重2kg左右，雌花开放到果实成熟期约25天，全生育期80天左右；植株生长势旺盛，抗病耐湿，坐果性好，可连续结果，单株结果3～5个瓜。每667m²产量爬地栽培为1 200～2 500kg，立架栽培为2 500～3 000kg。适于保

护地栽培和长季节栽培。

6. 黄小玉

日本南都种苗株式会社育成。极早熟、黄瓤小果型礼品西瓜，果实高圆形，果皮浓绿色，具暗黑色粗条纹，皮厚 0.3cm；果肉亮浓黄色、肉质脆沙，果实中心糖含量 13%；单瓜重 2kg，耐贮运，雌花开放至果实成熟约 30 天，全生育期 85 天左右；生长势适中，坐果性极强，单株结果 3 ~ 5 个瓜，适合于温室大棚早熟栽培。

7. 黑美人

台湾农友种苗股份有限公司育成。早熟品种，果实长椭圆形，果皮黑绿色，外观美丽；果肉大红，肉质细嫩脆爽，果实中心糖含量 13%；单瓜重 2 ~ 3kg，雌花开放至果实成熟 30 天；生长强健，抗病、耐湿、耐高温，坐果能力强，果皮薄而韧，耐贮运，适合春季设施及秋后栽培。

8. 特小凤

农友种苗股份有限公司育成。极早熟，果实高圆型，外观小巧优美，果形整齐；肉色晶黄，肉质细嫩脆爽，甜而多汁，纤维少；果实中心糖含量 12% 左右，中糖、边糖梯度小，品质优良，种子极少；果皮极薄，果皮韧度差，不耐贮运；单瓜重 1.5 ~ 2kg；植株生长稳健，易坐果，不耐裂，一般，每 667m² 产 1 500 ~ 3 000kg。适于春秋两季栽培。

9. 甜妞

合肥丰乐种业股份有限公司育成。极早熟，果实椭圆形，绿皮覆细网条，外观美丽；果肉黄色，瓤质细脆，果实中心糖含量 12%，汁多味甜，口感佳，品质优；平均单瓜重 1.8kg，全生育期 85 天左右，果实发育期约 27 天；植株长势稳健偏弱，极易坐果，果皮硬，皮厚 0.6cm，耐贮运，可连续坐果和 1 株多果，每 667m² 产量 2 500kg，产量高而稳。适宜早春和夏秋季节设施栽培。

10. 鄂西瓜 14 号

武汉市农业科学研究所育成。早熟，果实高圆形，果皮绿色，上覆深绿色锯齿形条带，皮厚 0.4～0.5cm；果肉黄色，果实中心糖含量 12% 左右，瓤质细嫩、品质优良；单瓜重 1.5～2kg。适于南方早春设施栽培。

11. 京阑

北京市农林科学院蔬菜研究中心育成。极早熟黄瓤小果型西瓜杂种一代，果皮翠绿覆盖细窄条；果肉黄色鲜艳，酥脆爽口，入口即化，果实中心糖含量 12% 以上，品质优良；发育期 23～25天，单瓜重 2kg 左右，皮薄，皮厚 0.3～0.4cm。前期低温弱光下生长快，极易坐果，可同时坐 2～3 个果，可连续坐果；适于保护地或露地进行多层覆盖提早栽培或延秋栽培。

12. 小天使

合肥丰乐种业股份有限公司选育。极早熟，果实椭圆形，果皮鲜绿色表皮覆盖绿色细条带；果肉红色，中心糖含量 13%，平均单瓜重 2.5kg；全生育期 80 天左右，雌花开放到果实成熟 24 天；植株长势稳健，分枝偏强，低温生长性好，高温条件下坐果能力亦强。易坐果，单株坐果 3～4 个，可连续坐果。适宜大棚设施栽培。

13. 花仙子

江苏正大种子有限公司从泰国正大集团引进的杂交一代。果实高圆至椭圆形，表皮绿色覆墨绿窄条纹；果肉鲜红，少子，中心糖含量 12% 左右且梯度小，口感细腻爽脆，品质优，单瓜重 2.8kg 左右；全生育期 100 天左右，雌花开放至果实成熟 30 天左右；生长势和抗病性中等，易坐果，耐贮运，每 667m² 产量 3 000kg 左右。适于南方地区设施栽培。

（二）中果型有子西瓜

1. 早佳（8424）

新疆维吾尔自治区农业科学院园艺研究所和新疆维吾尔自治区葡萄瓜果开发研究中心共同育成。早熟品种，果实高圆形，果皮绿色有深绿锯齿形条纹，外形美观；果肉红色，肉质脆嫩，口感极佳，果实中心糖含量11%~12%，边缘9%左右；平均单瓜重3~4kg，雌花开放至果实成熟28天左右；耐低温弱光照，植株生长健壮，抗逆性较强，易坐果，采收期长，较耐贮运，产量高，一般每667m²产量3 000kg。适合南方地区春秋两季设施栽培。

2. 京欣1号

北京市农林科学院蔬菜研究中心育成。早熟品种，果实圆形，果皮绿色，上有薄薄的白色蜡粉，有明显绿色条带15~17条；果皮厚度1cm，果肉桃红色，纤维极少，果实中心糖含量11%~12%，平均单果重5~6kg，最大可达18kg；全生育期90~95天，雌花开放至果实成熟28~30天；第一雌花节位6~7节，雌花间隔5~6节，较抗炭疽病，在低温弱光条件下容易坐果，适用于温室、大中小棚、露地地膜覆盖栽培等多种栽培形式。

3. 京欣2号

北京市农林科学院蔬菜研究中心育成。中早熟品种，果实圆形，绿底墨绿条纹、有蜡粉，瓜瓤红色，果肉脆嫩、口感好，黑色光子；果实中心糖含量11.5%；全生育期88~90天，雌花开放至果实成熟30天；生长势中等，早春低温下坐果性能好，坐果整齐，膨瓜速度快，耐裂性较好；较耐重茬，较耐炭疽病；平均单瓜重5kg，一般每667m²产3 000kg左右。适于全国各地设施与露地早熟栽培。

4. 早抗丽佳

合肥丰乐种业股份有限公司育成。早熟，果实圆形，果皮翠绿色上覆墨绿条带；瓤色鲜红，肉质细脆，果实中心糖含量12%左右，口感好，风味佳；单瓜重5~7kg，雌花开放至果实成熟30

天左右，植株长势稳健，在一定的低温弱光环境下，雄花散粉良好，雌花发育正常，易坐果，果皮厚而坚韧，耐贮运，适合于南方地区设施早熟栽培。

5. 鄂西瓜 16 号

武汉市农业科学研究所育成。早中熟，果实圆形，皮厚 1cm 左右，果皮为浅绿色上有锯齿波状条带，外形美观；果肉红色，瓤质脆爽，汁多味甜，口感风味好。果实中心糖含量 11.5%，梯度小；平均单瓜重 4kg，全生育期 100 天，雌花开放至果实成熟天数 30~32 天；植株生长旺盛，耐湿性、耐旱性强，抗病性较强，每 667m² 产量为 2 500kg 左右，适合南方地区设施栽培种植。

6. 抗病早冠龙

山西省运城市种子公司育成。早熟，果实椭圆形，果皮深绿，果形整齐美观；果肉鲜红，果实中心糖含量 13%；一般单瓜重 9kg，最大 32kg，果实发育期 30 天左右；雌花多，坐果能力强，较耐枯萎病，三年重茬基本不死苗，长势强健，不早衰，易采收二茬瓜，每 667m² 产量 5 000kg 左右，适宜全国设施及露地栽培。

7. 荆杂 20

湖北省荆州农业科学院选育。果实圆形，绿底覆深绿色齿条纹；果肉粉红色，肉质细脆，汁多爽口，果实中心糖含量 12% 左右；皮厚约 1.2cm，不易裂果，不易空心，耐储藏；雌花开放至果实成熟 32 天左右；植株长势强，分枝力强，易坐果，耐湿耐旱；每 667m² 产量 4 000kg 左右。适宜南方地区设施春夏两季栽培。

8. 全家福（千岛花皇）

菲律宾昂达种苗公司选育，通过湖北省审定。中熟偏早，果实圆球形，花皮，皮较薄；红肉，瓤质沙脆，汁多味甜，纤维少，果实中心糖含量 12% 左右；平均单瓜重 5kg 左右，耐裂性较强；全生育期 90 天左右，雌花开放至果实成熟 30 天左右；生长势中

等偏强，分枝力中等，坐果性好，抗病性中等，耐湿性较强；每667m² 产量 3 000kg 左右。适合春秋两季设施栽培。

9. 郑杂七号

中国农科院郑州果树研究所瓜类研究室育成。中早熟品种，果实高圆形，淡绿果皮覆深绿中齿带；红瓤黑子，果实中心糖含量 11% 左右；平均单果重 4.3kg，全生育期 85 天左右，雌花开放至果实成熟 30 ~ 32 天；植株长势稳健，节间紧凑，易坐果，主蔓第一雌花着生于 5 ~ 7 节，以后每隔 5 ~ 6 节再现一朵雌花，耐湿，抗病性强。适合南方地区春秋两季保护地早熟栽培。

二、无子西瓜

1. 小神童

上海盛东种苗有限公司育成。早熟，圆果形，绿皮网纹，皮极薄；果肉黄色，质地脆甜爽口，纤维少，品质佳，中心糖含量在 11% 左右；单瓜重 2.5 ~ 3kg，秋季栽培 1.5 ~ 2.5kg；雌花开放至果实成熟 25 天左右；坐果性强，皮薄易裂果。适于设施栽培。

2. 蜜童

先正达种子有限公司育成。早熟小果型无子西瓜，果实高圆形，果皮绿色、覆墨绿条纹，果型美观，皮厚 0.8cm；果肉鲜红色，口感脆爽，果实中心糖含量 12% ~ 12.5%，梯度小；雌花开放至果实成熟 25 ~ 30 天，平均单果重 2.5 ~ 3.0kg，每株可坐 3 ~ 4个果，能多批采收。植株长势中等，耐湿性较强，适应性广，抗病毒病、枯萎病能力较强；易坐果，耐空心、不易裂果，每 667m² 产量 2 500 ~ 3 000kg，较耐贮运。适于设施爬地或立架栽培。

3. 京玲

北京市农林科学院蔬菜研究中心育成。早熟小果型无子西瓜杂种一代。果实圆形，果皮绿色覆细齿条，有蜡粉，皮厚 0.8cm；

果肉红色，中心糖含量 10.7%，梯度小，着色瘪子无或少，白色瘪子少且小；单瓜重，1.5 ~ 2.5kg，雌花开放至果实成熟 26 天；植株生长势较强，适于设施爬地或立架栽培。

4. 黑蜜 5 号

中国农科院郑州果树研究所育成。中熟，果实圆球形，果皮墨绿色、上覆暗宽条带；果肉大红色，果实中心糖含量 11% 左右；单瓜重 6 ~ 7kg，每 667m² 产量 4 000 ~ 5 000kg；植株生长势中等，抗逆性强，易坐果，第一次果采收后一般茎叶仍可保持健壮，无衰老现象，通常可结二次瓜。适合南方地区设施栽培。

5. 黑冠蜜 6 号

武汉庆发禾盛种业有限责任公司育成。中晚熟西瓜品种，果实圆球形，果皮黑色，上覆白色蜡粉；红瓤，中心糖含量 11% ~ 12%；皮厚 1.3cm，较耐贮运；平均单果重 4kg，全生育期 100 天左右，雌花开放至果实成熟 34 天左右；植株生长势较强，耐湿性、耐旱性较强。适合南方地区设施栽培。

6. 鄂西瓜 9 号

武汉市农业科学研究所育成。中晚熟，果实圆形，果皮绿色、上覆深绿色条纹；果肉鲜红色，肉质脆、口感好，果实中心糖含量 11.5% 左右，无子性好，白色秕子少而小，无着色子；单瓜重 6 ~ 7kg；雌花开放至果实成熟 32 ~ 34 天；植株生长稳健，适合南方地区露地及设施栽培。

7. 鄂西瓜 12 号

湖北省农业科学院经济作物研究所育成。中晚熟黑皮大果型无子西瓜，果实圆形，果肉鲜红，糖度高，单瓜重 7 ~ 10kg；雌花开放至果实成熟 30 ~ 35 天；耐储运，适于南方地区露地及设施栽培。

8. 洞庭 1 号

湖南省岳阳市西甜瓜研究所育成。中晚熟，果实圆球形，果

皮墨绿色、上覆蜡粉，外观美丽；果肉红色，果实中心糖含量 11.5%左右；果皮硬，耐贮运；单瓜重 5～8kg，每 667m² 产量 3 500kg 左右；雌花开放至果实成熟 32～34 天；植株生长势强，抗病性较强，耐湿热。适于南方地区露地及设施栽培。

9. 雪峰蜜红无子

湖南省瓜类研究所选育。中晚熟，果实圆球形；果皮浅绿底覆深绿色虎纹状条带，果皮厚度 1.2cm；果肉鲜红，不易空心，中心糖含量 12%左右；单瓜重 5kg 左右；雌花开放至果实成熟 33～34 天；抗逆性强，每 667m² 产量 4 000kg 左右。适宜湖南、湖北等南方地区种植。

10. 广西 3 号

广西壮族自治区农科院园艺研究所选育。中早熟，果实高圆形，果皮深绿色，布有约 16～18 条清晰的深绿色宽条带花纹；果肉深红，肉质细密，不空心，无籽性状好，白秕子细而少，果实中心糖含量 12%左右；单瓜重 6～8kg，皮厚 1.2cm，耐贮运；春季生育期 115 天左右，秋季 85 天左右，雌花开放至果实成熟 30 天左右；植株长势中等，苗期生长较缓，倒蔓后生长极快，不易徒长，耐热、耐湿性强，较耐弱光低温，抗逆性较好，每 667m² 产量 4 000kg 左右。适宜南方地区春季早熟种植。

11. 暑宝

北京市农业技术推广站育成。中晚熟，果实高圆形，大而整齐，无畸形果，商品性好；果皮底色墨绿，上有 16～17 条暗条纹，富有蜡粉；瓤红色，质地细，纤维少，汁多脆爽，风味好，果实中心糖含量 11%～12%；皮厚 1.1cm 左右，韧性好，耐贮运；单瓜重 6～8kg，每 667m² 产量 4 000kg 左右；全生育期 105 天左右，雌花开放至果实成熟约 33～35 天；植株长势中等，抗枯萎病，抗逆性好，易坐果。

第二节 甜瓜设施栽培品种介绍

甜瓜在我国南北各地均有广泛种植，根据栽培的生态特性我国将甜瓜分为厚皮甜瓜和薄皮甜瓜两类。厚皮甜瓜生长发育要求温暖干燥、昼夜温差大、日照充足等条件，我国新疆、甘肃是厚皮甜瓜的老产区。厚皮甜瓜皮厚，耐运输，近几年来出现的名优新品种，市场价格较高。薄皮甜瓜喜温暖湿润气候，较耐湿抗病，适应性强，在我国，除无霜期短、海拔 3 000 米以上的高寒地区外，南北各地广泛种植。薄皮甜瓜皮薄，不耐运输，一般地产地销。随着经济发展和人民生活水平的提高，对品质优、风味好的甜瓜品种需求日益增长。随着育种技术的推进，厚薄皮杂交型品种也相继问世，并成为南方栽培中大面积推广的品种。

一、厚皮甜瓜

（一）光皮类型

1. 伊丽莎白

日本引进的特早熟品种。果实发育期约 30 天。果实圆球形，果皮为黄色，肉厚 3cm 左右，果实中心糖含量为 15% 左右，单果重 0.8 ~ 1.0kg。适应性广，易坐果，对白粉病抗性较差。适合全国各地早春大棚立架和爬地栽培。

2. 玉金香

甘肃省河西瓜菜研究所选育。全生育期 85 ~ 100 天，果实发育期 36 天左右。该品种果实为圆或高圆形，果皮初为绿色，成熟后呈白色或乳黄色，偶有网纹，果肉为白色或浅黄绿色，肉细汁多，香味浓。单果重 1.1kg 左右，肉厚 3.3cm，果实中心糖

含量 14.5% 左右。植株生长势和抗逆性较强，易坐果，每 667m² 产量 1 700kg 左右。

3. 西博洛托

日本引进的早熟品种。果实发育期约 40 天。果实圆而光滑，白皮白肉，具香味，中心糖含量为 16% ~ 18%，单果重 1.0kg 左右。植株长势前弱后强，子蔓结瓜为主，结 2 ~ 3 次瓜的能力强，抗病性强。适合南方地区早春大棚立架和爬地栽培。

4. 景甜 1 号

黑龙江省景丰农业集团育成的品种。果实长圆形，白绿色皮，肉厚 4cm 左右，含糖量高，单果重 1.0kg。抗病性强。晚熟，每 667m² 产 2 500kg 左右。

5. 金辉 1 号

上海市农业科学院园艺研究所培育。果实发育期 42 天左右。果实椭圆形，表面光滑金黄色，果肉桔红色，肉厚 4.0cm，单果重 1.5 ~ 2.0kg，果实中心糖含量 15% 以上。抗病、高产、耐贮藏，适合大棚无土栽培。

（二）网纹类型

1. 西州蜜 25 号

新疆葡萄瓜果研究所育成。果实发育期 50 天左右。果实椭圆，浅麻绿，网纹细密全，单果重 1.5 ~ 2.4kg。果肉桔红色，肉质细、松、脆，爽口，风味品质佳，中心含糖量可达 17% ~ 18%。植株生长势强，叶色深绿，叶片中等大小。抗白粉病和蚜虫，适合早春、秋季大棚栽培。

2. 长香玉

台湾农友种苗股份有限公司培育。全生育期 95 天，果实发育期 40 天左右。果实椭圆形，灰绿色底，细白网纹，肉橙红色，肉质脆甜有香味，中心糖含量 16% ~ 18%，单果重 2.0 ~ 3.0kg，不易脱蒂，不易裂果。适合早春大棚立架和爬地栽培。

3. 蜜世界

台湾农友种苗股份有限公司培育。果实高圆形，单果重 1.4～2.0kg，果皮表面光滑，偶尔会发生稀疏细网纹，果皮色玉白带微绿，果肉色淡绿，质柔软细致，果实中心糖含量 14%～16%，果肉不易发酵，果蒂也不易脱落，贮运力特强，贮放数天后食用质量风味最佳。低温结果力较强，抗蔓割病，适合大棚冬、春无土栽培。

4. 昭君一号（L9904）

新疆双全种苗公司培育。全生育期 90 天左右，果实发育期 40 天左右，生长势较旺，果实卵圆或椭圆形，果面金黄覆少量绿斑，中密网纹，果肉桔红，酥脆爽口，果实中心糖含量 15% 左右，平均单果重 4.0kg 左右，较耐裂，抗病性较强，适合大棚无土栽培。

5. 金蜜六号

三亚市南繁科学技术研究院和新疆宝丰种苗公司联合选育。全生育期 90 天左右，单果重 4.0～5.0kg。植株生长势较强，果实短椭圆形，金黄底上覆墨绿色斑点，中粗网纹密布全瓜，肉质较脆、风味佳，中心糖含量 13% 以上，较耐霜霉病、抗白粉病。本品种在低温下膨果速度好于其他品种，是海南省近年生产中产量和综合效益最好的品种之一，适合大棚无土栽培。

6. 金凤凰

新疆农业科学院哈密瓜研究中心选育。全生育期 85 天左右，果实发育期 45 天。平均单果重 2.5kg 以上。果实长卵形，皮色金黄，全网纹，外观诱人，肉色浅桔，内外均美，质地细松脆，蜜甜、微香，中心糖含量 15%。适合大棚无土栽培，是本世纪初哈密瓜南移或东移成功的品种，并成为海南省三亚农业支柱产业。

7. 情网

日本引进的甜瓜品种。果实发育期 50～55 天，植株生长势

强。果实高圆形，果肉浓灰绿色，网纹中密。坐果性好，商品率高。果肉红色，中心糖含量16%，品质佳，收获后贮藏性极好。单果重约1.5kg，适宜大棚栽培，每667m²产2 500～3 000kg。抗白粉病能力较强，较耐贮运，适应性广。

8. 金海密

新疆双全种苗公司选育。全生育期90天左右，果实发育期45天。单果重2.0～3.0kg。果形长卵，皮色黄，密网纹，肉色桔红，肉质细脆、甜、微香，果实中心糖含量14%以上。植株生长势中等偏强，结果性强，整齐一致，抗病性较强，适应性较广的品种，适合大棚无土栽培，每667m²产2 500～3 000kg。

二、薄皮甜瓜

1. 日本甜宝

日本引进的甜瓜品种。果实发育期35天左右。果实端整，微扁圆形，皮绿白色，成熟时有黄晕，果脐明显，单果重0.5kg左右，中心糖含量16%，香甜可口，品质优。植株生长势强，抗病性强，每667m²产4 000～5 000kg。

2. 武农青玉

武汉市农业科学研究所选育。全生育期85～90天，果皮淡绿色，成熟转淡黄色，糖度高，肉质脆，味佳，单果重0.45kg，最大可达1.5kg。长势强，抗病、抗逆性强，不易裂果，耐贮运。适应南方多湿地区种植，露地、保护地均可。

3. 翠玉

中国农业科学院郑州果树研究所选育。果实成熟期26～30天，果实梨形，果皮灰绿色，果面光滑有腊粉，果重约0.7kg，大果可达1.0kg以上；肉色绿，厚2.9cm左右；果实中心糖含量14%～16%，肉质嫩脆爽口，香味浓郁，产量及品质稳定，是目前各地薄皮甜瓜市场的主栽品种之一。

4. 丰甜 1 号

合肥丰乐种业股份有限公司选育。早熟厚、薄皮杂交品种，全生育期 80 天左右，果实成熟期 28 天。子、孙蔓均可坐果，以孙蔓坐果为主。单果重为 1.0kg，果实椭圆形，果皮金黄色，有 10 条银白色棱沟，白肉，厚约 2.8cm，果腔小，中心糖含量 14%，肉质清香细嫩，脆甜爽口，不绵软。每株结果 3～4 个，每 667m² 产 2 500kg。该品种高产稳产，易坐果，植株生长势中等，抗病、抗逆性强，商品率高。适合早熟及延秋栽培。

【第五章】
西瓜设施栽培技术

　　西瓜在我国南北各地均有广泛种植，主要有露地和保护地两种栽培方式。在春季低温阴雨、湿度过大、病害危害较重的南方地区，或市场需要周年供应、而气候条件又不能满足西瓜全年生产的地区，集中发展保护地栽培十分必要。近年来，保护地栽培西瓜因品质好、春季提前上市、秋季延后上市，既可满足消费者对高品质西瓜反季节消费的需求，又可提高瓜农的收益而发展迅速，社会、经济效益十分显著。

　　随着西瓜保护地栽培面积的增长，我国南方地区的早春大棚栽培、小拱棚双膜覆盖栽培、长季节栽培、无土栽培等设施栽培技术逐渐成熟。

第一节　早春大棚西瓜栽培技术

　　西瓜是一种种植周期短、效益好、产量高的经济作物。早春大棚的种植使西瓜播种期和成熟期大大提前，比露地栽培的西瓜上市提前 30～40 天，加上产量高、品质好，价格较普通西瓜高出

1 倍以上，可为种植户带来可观的收益。由于经济效益显著，近年来南方各地早春大棚西瓜栽培面积不断增加，早春大棚西瓜栽培技术也逐步完善，已初步达到标准化、模式化和规范化种植。

一、品种选择

为实现提前上市，应选择市场畅销、优质丰产的早熟或中早熟品种，要求品种具有耐低温、耐弱光、抗病性强、生长管理简便、含糖量高、品质优良、商品性好、耐储运等特性。中果型品种可选择早佳（8424）、京欣 2 号、鄂西瓜 16 号等，小果型品种可选择早春红玉、小天使、万福来、特小凤、甜妞等。

二、整地施肥

（一）瓜地的选择

瓜地的选择应结合地势、土壤、茬口综合考虑。

南方地区早春多雨，防涝排水是首要问题，所以应选择地势较高、排灌方便的地块。春播西瓜生长前期气温较低，为了护苗保苗，应选择背风向阳、小气候好的地块。早熟设施栽培更应选择背面有房屋、树木、山坡等屏障物的向阳暖地。

土质影响西瓜品质。砂质壤土种植西瓜最为适宜。沙地虽排水好、通透性好、地温昼夜温差大、利于糖分积累，但西瓜属需肥较大的作物，而沙地一般肥力较差，所以不宜选择沙层厚的地块，除非以足够的农家肥做底肥。黏性土壤种瓜成熟晚、果实大、产量高，但发苗慢，易徒长感病，因此最好在根部附近铺一层沙土，以改良土壤。

西瓜是土传性病害严重的作物，因此在选地时首选水稻田，其次选择 5 年以上未种植瓜类的旱地，如果必需在重茬地种植，最好选用嫁接苗。

(二) 整地施肥

1. 整地

西瓜是深根作物，瓜田要尽量进行多次深翻，使耕作层深厚、墒情足、通透性好、肥力足，为西瓜丰产提供良好的根部环境。大棚西瓜种植密度大、产量高，要求精细整地、施足底肥。墒情较差的沙地要深翻，以改善土质和冬季蓄水。如果是冬闲地，应在秋冬季节进行深翻，充分冻垡。

2. 施肥作畦

(1) 施肥。定植前15天左右施肥，根据土壤肥力的不同，底肥一般为有机肥结合复合肥施用（见表5-1），在定植行开槽深施后覆土。

(2) 作畦起垄。种植西瓜必须做畦，以便及时排灌。南方地区在西瓜生长前期雨水多，后期则往往易干旱，所以做畦应"以排为主、排灌结合"，一般做成高畦和排灌兼用的系统。为节约设施栽培中所用的地膜、棚膜等材料，瓜畦一般做成宽畦，大小行定植。具体方法如下：

爬地栽培：棚内做2~3畦，畦面宽2.0~3.0m（如图5-1）；立架栽培：棚内可做4~5畦，畦面宽2.0m，每畦双行立架，每棚种植8~10行，也可做8~10畦，畦面宽1.0m，每畦单行立架，每棚种植8~10行。而后在瓜畦中央或一边做20~30cm高的瓜垄，整平整细畦面，喷洒除草剂（如图5-2）。

围沟宽40cm、深50cm，畦沟宽30cm、深30cm，棚间沟宽30cm、深40cm，使三沟配套，沟沟相通，遇雨及时排除，做到雨住沟干。

定植前7~10天铺好滴灌带及地膜，滴灌龙头尽量安排于大棚中间位置（避免棚两头因水压过低或过高而影响滴灌效果），滴灌带与定植行平行且相距30cm，使滴灌孔与西瓜植株基本平行，全畦面覆盖地膜以增加地温和降低大棚内湿度。

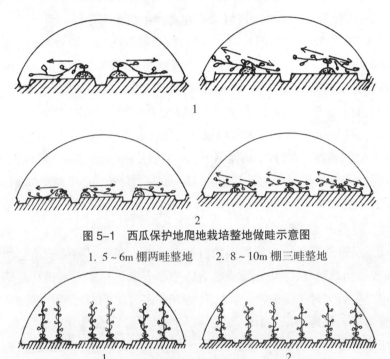

图5-1　西瓜保护地爬地栽培整地做畦示意图

1. 5～6m 棚两畦整地　　2. 8～10m 棚三畦整地

图5-2　西瓜保护地立架栽培整地做畦示意图

1. 三畦双行做畦整地　　2. 六畦单行做畦整地

三、适时定植

（一）定植时间

自根苗2叶1心时定植，嫁接苗在嫁接后25～30天、瓜苗有3～4片真叶即可定植。

西瓜根的发育低温极限为10℃，根毛约13～14℃，为保证定植后能顺利缓苗，要求当10cm土层处地温稳定在13℃以上、棚内最低温度稳定在10℃以上时才可以定植。选择有连续几天晴好天气的上午定植，尽量在下午3时前完成，以利于根系的生长。

（二）定植密度

爬地栽培：早熟栽培可采用在瓜垄中央单行定植（又称"一条龙"）或双行三角形定植。单行定植株距25cm，每667m²定植600株左右。双行三角形定植，瓜苗栽在各距瓜畦中央15cm处，株距因品种不同而不同（早熟品种株距45cm，每667m²定植650株左右；早中熟品种株距50cm，每667m²定植600株左右）。

立架栽培：瓜垄中央采用双行三角形定植，瓜苗栽在各距中央15cm处，株距因品种不同而不同（小果型品种株距45cm，每667m²定植1700株左右；中果型品种株距50cm，每667m²定植1500株左右）。

（三）定植方法

定植前根据定植株距要求打好定植孔，定植时剔除病苗、弱苗，选取健壮苗，从穴盘或塑料钵中小心取出，放入定植孔，扶正并填满土封住定植穴，最后浇足70%多菌灵1000倍液和0.2%的磷酸二氢钾溶液，作为定根水，待水下渗后表面覆一层细土。在墒情不足的情况下，也可采用"坐水栽"的方法：定植前根据定植株距要求打好定植孔、浇足70%多菌灵1000倍液和0.2%的磷酸二氢钾水溶液（灌水量视墒情而定），待水完全下渗后定植，移栽方法同上，这样可使根部土壤保持适宜的湿度，利于定植苗成活。定植完后覆盖好小拱棚，以保温促缓苗。

（四）定植应注意的问题

（1）按瓜苗大小分区定植。大棚中部温度高，应将小苗定植在中部，利于瓜苗的生长；将大苗和壮苗定植于温度相对较低的边部，以促进瓜苗的整齐度。

（2）应注意运苗、起苗、栽苗过程的轻拿轻放，尽量避免伤及瓜苗根系，影响定植成活率。

四、田间管理

根据西瓜的生育期和天气情况采取分段变温控湿的管理办法。

（一）缓苗期管理

在定植后到成活前要闭棚 1 周，棚内白天气温保持在 25 ~ 35℃、夜间 15℃左右，空气相对湿度白天 50% ~ 60%、夜间 75% ~ 80%，高温高湿促进成活。缓苗期一般不浇水，少通风，只在中午气温超过 35℃时进行短时间通风降温。

（二）伸蔓期管理

1. 温度、湿度管理

从团棵到开花前这段时间，白天气温保持在 24 ~ 30℃、夜间 18 ~ 20℃；空气相对湿度白天维持在 50% ~ 60%、夜间 80% 左右。根据棚内温湿度情况，适时进行通风降温降湿。阴天时在棚内温度允许的情况下，中午前后进行通风换气。

2. 整枝压蔓

西瓜的腋芽萌发力很强，容易发侧枝，如果不进行整枝，则分枝过多消耗大量养分，加上肥力不足会造成产量降低、品质下降等问题。整枝方式很多，一般采用 2 蔓整枝和 3 蔓整枝（见图 5-3）。当瓜坐住以后，植株养分会向果实集中运输，此时瓜蔓已经满园，植株管理比较困难，可停止整枝。具体方法：

爬地栽培：当蔓伸长至 50cm 左右时开始压蔓，每隔 4 ~ 5 节，用土块压在瓜蔓上，以固定瓜蔓。采用 2 蔓或 3 蔓整枝，中果型西瓜保留主蔓，选留近根处健壮侧蔓 1 条或 2 条，其余摘除；小果型西瓜具 4 ~ 5 片真叶时摘心，留基部 2 条或 3 条健壮侧蔓，其余侧蔓全部摘除，从侧蔓长出的孙蔓，分数次及时摘除，直至坐果为止，坐果后一般不再进行整枝。

立架栽培：2 蔓整枝，当主蔓长至 30 ~ 50cm、侧蔓明显时，保

留主蔓、选留 1 条健壮侧蔓，其余全部去除。吊蔓在植株长至 50cm 左右时进行，将瓜蔓向一侧进行盘条后，再以"S"形缠绕式用尼龙绳吊起，以后每隔 5 片叶引 1 次蔓，每条茎蔓引蔓 5 次即可。当瓜坐稳后摘除生长点，不再整枝。

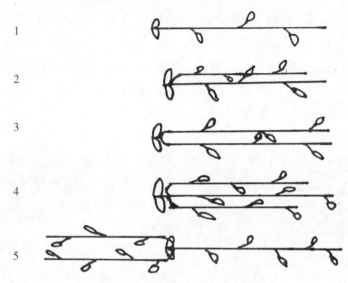

图5-3　西瓜常见整枝方式示意图

1. 单蔓整枝　　　2～3. 2 蔓整枝　　　4～5. 3 蔓整枝

（三）坐果期管理

1. 温度、湿度管理

从开花到瓜长至鸡蛋大小时，应增强光照，根据天气季节变化，棚内温度白天维持在 30℃左右、夜间 20～15℃，否则容易出现畸形果。空气相对湿度白天 50%～60%、夜间不超过 80%。

2. 授粉留瓜

西瓜雌花开放后，开始人工授粉。一般摘除第一朵雌花，从第 2 雌花开始授粉，授粉宜在上午 6～9 时进行，授粉后系不同颜色线或是挂牌做好日期标记。

坐果后及时摘除低节位或果形不正、带病受伤的幼果，保证正常节位果实的发育。中果型西瓜，一般每株保留 1 个生长正常的瓜，小果型西瓜保留 2～3 个瓜。植株生长势较强时，坐果节位可低些；植株生长势弱时，功能叶面积小，若过早留果会造成果实偏小、产量低，应选择第 2 至第 3 雌花坐果。

（四）膨瓜期管理

当西瓜处于膨大期时，外界气温已升高，为了避免棚内温度过高，应适时通风降温，将棚内温度白天控制在 35℃以下、夜间保持在 18℃左右。要注意均衡供水，每 10 天左右滴灌 1 次，滴灌量为每 667m² 250kg 左右。方法是打开滴灌管，等水浸湿至主根茎时，停止滴灌，第二天早晨看到整个根际现湿即可。在收获前 10 天左右停止灌水，以免降低品质。

爬地栽培坐果后 20 天左右进行翻瓜，一般翻瓜 1～2 次，使果面着色一致，提高果实的商品性。立架栽培坐果后在瓜长到 0.5kg 时及时吊瓜，防止脱落。

（五）肥水管理

西瓜对土壤的适应性较广，pH 值在 5～7 之间都可以正常生长。西瓜整个生育期对氮磷钾三要素的需求中，钾最多，其次为氮，磷最少。对养分的需求，结果期达到高峰，此时要保证三种养分的供应，尤其是氮、钾的供应，此时钾的供应对果实膨大和品质均有较大的作用。施肥原则是前期重施有机肥、轻施提苗肥、重施膨瓜肥，以保证西瓜各阶段的正常生长，促进果实膨大。具体施肥方法和用量见表 5-1 和表 5-2。

1. 适时追肥

大棚内温度高、湿度大，利于土壤中微生物的繁殖，土壤养分转化快，前期养分供应充足，后期易脱肥。因此，西瓜的滴灌追肥应在施足底肥的基础上进行，具体方法如下：

西瓜、甜瓜
设施栽培》》》
Protected Cultivation of Watermelon and Melon

（1）缓苗后至伸蔓时，为促进西瓜茎蔓生长，结合浇水施高氮型滴灌专用肥（如氮－磷－钾为22-13-17的三元复合肥），施肥浓度为2.5kg/m³，施肥量3~4kg/667m²。

（2）伸蔓至开花滴灌追肥，施肥浓度同上，每次施肥量5~7kg/667m²，5天左右1施肥次。

（3）果实膨大至鸡蛋大小时，再滴灌高钾型或高氮高钾型滴灌专用肥3~4次，施肥量、施肥浓度、间隔时间同上。

表5-1　西瓜爬地栽培平衡施肥表

肥力等级	目标产量（kg/667m²）	底肥施用量（kg/667m²）				追肥量（kg/667m²）3~4次		
		有机肥	尿素	磷铵	硫酸钾	尿素	磷铵	硫酸钾
低肥力	2 500 ~ 3 500	500	6	20	5	9	0	8
			或 15-15-15 的三元复合肥 30					
中肥力	3 500 ~ 4 500	400	5	15	5	8	0	6
			或 15-15-15 的三元复合肥 25					
高肥力	4 500 ~ 5 500	300	5	12	4	8	0	5
			或 15-15-15 的三元复合肥 20					

注：1. 全生育期追肥3~4次，第一次在根瓜收获后，以后每半月追施1次。

　　2. 本表由武汉禾丰瑞科技发展有限公司推荐。

表 5-2　西瓜立架栽培平衡施肥表

肥力等级	目标产量（kg/667m²）	底肥推荐（kg/667m²）				追肥推荐（kg/667m²）3～4 次		
		有机肥	尿素	磷铵	硫酸钾	尿素	磷铵	硫酸钾
低肥力	1 000～1 500	500	6	20	5	9	0	8
			或 15-15-15 的三元复合肥 22					
中肥力	1 500～2 000	400	5	15	5	8	0	6
			或 15-15-15 的三元复合肥 18					
高肥力	2 000～2 500	300	5	12	4	8	0	5
			或 15-15-15 的三元复合肥 16					

注：1. 全生育期追肥 3～4 次，第一次在根瓜收获后，以后每半月追施 1 次。

2. 本表由武汉禾丰瑞科技发展有限公司推荐。

2. 合理灌水

西瓜不耐湿，湿度过高容易引发各种病害。灌水最好选在连续晴天的上午进行，以 10 时左右为宜，灌水后应注意通风排湿，土壤持水量保持在 55%～75% 为宜，防止遇到雨雪、大风等恶劣天气导致地温下降。在连续阴雨天之后骤晴的前 2 天也不宜灌水，而应先提高棚温和地温，使植株基本恢复正常后再灌水。

在缓苗后瓜苗长至 6～8 片叶时，应进行小水灌溉，以防瓜苗旺长，之后如果土壤墒情较好且保水力好，至坐果前不用灌水，促进根系深扎及早坐果；如果土壤墒情不好且保水较差，则应在主蔓 30～40cm 时灌 1 次轻水，防止坐果期缺水。在坐果后进入膨瓜期应进行大肥大水的灌施，促进果实迅速膨大，果实定型后停止灌水，以保证西瓜品质。

（六）病虫害防治

1. 主要病虫害

大棚西瓜易发生的病害主要有枯萎病、炭疽病、疫病、病毒病、根结线虫病等。大棚西瓜虫害主要有蚜虫、白粉虱、蓟马、红蜘蛛等。

2. 防治方法

病虫害防治应以预防为主，采用农业防治、化学防治相结合的综合防治措施。

农业防治措施包括：选用抗病品种；严格实行轮作制度，轮作周期旱地5年以上、水旱轮作3年以上，但发生过枯萎病的田块要求10年以上；种植前清除田间杂草，减少虫源和病源；定植前7~10天扣棚，采用40~50℃高温闷棚2~3天杀死病原菌，通风后定植；增施熟腐有机肥，控氮、增磷、补钾及各种微量元素，促进植株生长，提高植株抗逆能力；开好内外三沟，降低田间湿度；发现病株、病叶及时摘除，并带出棚外集中烧毁；嫁接换根；对种子和苗床土壤消毒等。

化学防治：可用菊酯类、杀螨剂、多菌灵、代森锰锌、百菌清、甲霜灵、退菌特、杀毒矾、疫霜灵、粉锈宁、农用链霉素、黄腐酸盐等杀虫杀菌剂合理混用、交替轮换使用，每7~10天喷雾1次。具体方法参照本书第七章。

五、适时采收

西瓜采收期，瓜农往往忙于销售，而忽视合理采收来保证西瓜的品质，生瓜、半生不熟的瓜经常成为市场销售中矛盾的焦点。如果采收的西瓜成熟度不够，尽管运销的过程中西瓜还会产生后熟，但品质却大受影响，品质不好的西瓜不但影响生产者的形象，更不利于来年的销售。因此，西瓜除了采用良种、良法进行生产外，适时采收也是建立信誉、树立品牌的一项关键技术。

（一）鉴定西瓜成熟度的几种方法

1. 依据西瓜品种熟性

西瓜一般分早、中、晚熟三个类型，种子生产商在包装上一般都注明了成熟期，可以参照成熟期作为采收的依据。但是由于每年的气候温度有时相差较大，有效积温会使西瓜成熟期提前或延迟，所以还要根据每年天气的实际变化来推算采收期。西瓜雌花一般同天开放后再间隔几天又同天开放，因此西瓜的成熟是批量的，所以可以在种子包装上注明的成熟期前几天，根据授粉时的标记时间，摘 1 个西瓜进行成熟度检验。

2. 观察形态特征

（1）果皮，成熟的西瓜果皮表面花纹清晰并富有光泽，与地面接触的果皮呈老黄色；

（2）果柄，果柄上的绒毛大部分消失，略有收缩；

（3）卷须，坐果节位前面两节的卷须枯萎；

（4）手摸指弹，发出清脆声音为生瓜，发出浊音为熟瓜；

（5）果蒂内凹也可作为一个判断标准。

无子西瓜果皮较厚而坚硬，很难用手摸指弹听声音的传统方法鉴别，最好采用标记法和抽样检测法来鉴定成熟度。

（二）采收时间和方法

（1）采收西瓜的时间以上午或傍晚最好，因为西瓜夜间冷凉后散发了大部分田间热，采收后不至于因瓜内温度过高和呼吸作用加强而引起质量下降和不利于贮运。

（2）雨后或灌水后 3 天内不要采收，防止西瓜吸水过多"返生"而导致糖分降低。

（3）采收西瓜时用剪刀从瓜柄与瓜蔓的连接处剪下，不要从果柄基部采摘，采收时保留果柄，既作为新鲜瓜的标志又可延长

贮存期。

（4）在采收、搬运等过程中要轻摘轻放，防止挤压造成西瓜内部损伤而使西瓜果肉变质而失去食用价值。

（5）根据不同品种的成熟天数以及运输贮藏需要决定采收的成熟度：运程期在 10 天以上者采七到八成熟的瓜；运程期在 7 天内，采收八到九成熟的瓜；运程期在 5 天之内者采收九成熟的瓜。

第二节　西瓜长季节栽培技术

在大力提倡发展高效农业的背景下，南方地区设施栽培发展迅速，种植结构呈现出多样化，西瓜种植面积也不断扩大，但栽培方式主要以早春定植收获两批、第二年即换地块为主。因此，对于西瓜这种重茬病害特别明显的作物而言，实行长季节栽培成为提高其土地年产出率的关键。通过各项配套技术的应用，西瓜长季节栽培能将西瓜生育期延长到 270 天以上，收获批次达 4～5 批，每 667m² 产量可达 6 000kg 以上，产值超过万元。

西瓜长季节栽培设施有装配式镀锌钢架大棚、简易钢架大棚和竹架中棚三类：

装配式镀锌钢架大棚是定型生产的骨架，结构强度高、防腐性能好、节省钢材、中间无支柱，适于西瓜栽培。一般长 50～60m、宽 8m、高 1.8～2.5m，一次性投资较高，但坚固耐用，可多年使用。

简易钢架中棚一般长 20～30m、宽 4～6m、高 1.8～2m，具有结构简单、用材省、造价低、可以自行加工。

竹架中棚用木材、毛竹或竹篾做拱架，一般长 20～30m、宽 4～6m、高 1.8～2m，其特点是简便易行、成本较低，竹片保存好可用 2 年以上，南方地区使用比较广泛。竹架中棚也能保证生产的西瓜品质好、采收期长，产品市场价格稳定、高产高效，既可将西瓜上市日期提早 20 天左右，又可弥补冷棚西瓜建造上投资大、拆建费工、产量偏低等缺点，是南方西瓜保护地生产中经济高效的栽培模式。

一、品种选择

西瓜品种较多，选择适宜的品种不仅能丰产丰收，还能在市场上抢占先机，增加收益。根据市场的需求，西瓜长季节栽培宜选择早熟、高产、优质、抗病、耐低温弱光、耐热、再生能力强的品种，以早春低温弱光条件下较易坐果，且"一种多收"、外观漂亮、品质优良的中小型红瓤西瓜为好（黄瓤西瓜会因秋季高温而糖度下降甚至出现酸味），可选用的优良品种如早佳（8424）、早抗丽佳、京欣 2 号、京欣 4 号、红小玉、黑美人、鄂西瓜 16 号、全家福、拿比特等。

由于小果型西瓜品种栽培过程中易早衰，长季节栽培可采用嫁接苗。试验结果表明，适合长季节栽培的砧木品种应具备耐热性强，抗西瓜枯萎病及其他病害，与接穗西瓜亲和力强，嫁接成活率高，植株能正常生长结果，对果实品质无不良影响，嫁接操作便利等性状。这些性状的表现因砧木种类、品种不同差异较大。

西瓜本砧耐热性及亲和力强、品质好，但抗西瓜枯萎病不彻底，生产上很少推广应用。葫芦砧木耐寒，抗西瓜枯萎病，嫁接亲和力及共生亲和力强，且不影响果实的糖度、质地、色泽和风味，目前应用很广。但葫芦砧木耐热性不及西瓜本砧和南瓜砧木，越夏时，其栽培管理要比其他砧木更加精细，尤其是温度调控要更加严格。而同为葫芦砧木，品种不同耐热性也有明显差异，常用的葫芦砧木耐热性强弱依次为八月蒲、神通力、京欣砧 1 号、葫芦砧 1 号。目前，较适合南方地区设施西瓜长季节栽培的嫁接砧木有神通力、京

欣砧 1 号等，理想的专用砧木还有待进一步筛选。

二、整地施肥

（一）施足底肥

选择地势高、平坦干燥、避风向阳、排水好、运输方便，且 5 年以上未种植瓜类作物的田块。冬前对土壤深翻冻垡，充分风化，促使土壤理化性得到提高。每 667m² 施充分腐熟的农家肥 3 000kg 左右或优质有机肥 300kg，配合施入复合肥 30kg、过磷酸钙 40kg、硫酸钾 20kg，将肥料均匀撒在地表，而后进行深翻。

（二）整地作畦

做畦时，中棚平畦宽 6m，中间开沟（沟宽 30cm，深 15cm），形成 2 个瓜畦；大棚平畦宽 8m，中间开沟（沟宽 30cm，深 15cm），形成 3 个瓜畦，而后开好"三沟"（见图 5-1）。注意大棚的外围沟系要深，排水要畅通。由于长季节栽培的西瓜植株不像常规春季栽培的西瓜在 6 月底前采收完一批或二批瓜后即罢园，因此它无法避开梅雨季节和夏季，如不及时排除田间积水，地下水位较高或淹水造成根系窒息或死亡。

定植前一个月要搭建好瓜棚，并于定植前 7 天铺好滴灌带，盖上地膜，提温保墒。搭建大棚最好选用防雾型无滴膜，这种新型农膜不仅具备普通无滴膜的透光、保温、防老化及无滴功能，而且能使靠近棚膜的空气中的水汽吸附到膜的表面，形成水膜向下流淌，从而防止和消除棚内的雾气，降低了空气相对湿度，并增加了光照强度。其作用一是解决了塑料温室、大棚内雾气迷漫问题，增加了温室大棚内的光照时间和光照强度，消雾型无滴膜比普通无滴膜在发生雾气时光照强度高 20%～25%，可提高温室大棚的气温和地温 1～2℃；二是降低了温室大棚内的空气湿度，由于消雾剂的作用，大棚膜的无滴性能大大增加，棚内空气中水分较快被消雾剂吸附、排除，空气湿度较普通无滴膜低 10%～12%；三是发生病害轻，喷药次数和用药量减少，由于消雾型无滴膜降低了空气湿度，大大减轻了病害，特别是高湿度下空气传播侵染的叶面真菌病害（如霜霉病、白粉病等）对植物的危害，减少喷药次数和用量；四是有利于保护地西瓜的开花授粉，提高坐果率和果实品质。

三、适时定植

（一）定植时间

大中棚西瓜的播期要根据育苗的设施条件、定植时间来确定。一般选在 2 月中旬，当棚内 10cm 地温稳定在 13℃以上，棚内气温在 10℃以上、凌晨最低温不低于 8℃时定植。定植时要抢晴天进行。

（二）定植密度

研究表明，自根西瓜和嫁接西瓜的早期产量随着密度的增加而提高，每 667m² 定植 600 株的早期产量最高；总产量则随着密度的增加而降低，每 667m² 定植 600 株的总产量最低，定植 200～250 株的总产量最高。同一种植密度，留蔓数不同其产量表现不同，667m² 定植 600 株、采用 3 蔓整枝、保留生长枝蔓（主、侧蔓）1800 条，比 2 蔓整枝、保留枝蔓 1200 条的早期产量高，但总产量反而降低。因此，西瓜长季节栽培宜采用 667m² 定植 200～250 株的密度，株距 0.8～1m，并采取 3 蔓整枝。

（三）定植方法

定植时把西瓜苗放入种植穴内，用土将穴孔填满与地面齐平，后将定植孔压实封严。定植后，每 667m² 用 0.2%磷酸二氢钾溶液和 70%多菌灵 1000 倍液，浇足定根水，定植孔覆一层细土，然后立即覆盖小拱棚，并闭棚保温。

四、田间管理

西瓜长季节栽培采收时间长，更应在栽培上抓好各个环节的管理，一切工作都应围绕有利于养根护蔓展开，使地下部分与地上部分相互促进、保持平衡，尤其是 7 ~ 8 月份高温季节，要处理好根与蔓、根与瓜之间的关系。

（一）缓苗期管理

定植 3 天后，应及时检查瓜苗成活情况，如出现死苗，应立即补种，发现萎蔫或僵苗，要进行换苗。栽后以保温为主，密闭大棚，棚内温度保持 30 ~ 35℃。在此期间若阴雨天较多，则应少浇水。苗期可用 0.2% 的磷酸二氢钾溶液进行穴灌，促使根系迅速生长，并促进幼苗的健壮生长。

（二）伸蔓期管理

1. 温度控制

缓苗后，若棚温超过 30℃，应揭开小棚通风降温，棚温超过 35℃ 时要在背风处揭大棚膜进行降温，棚温 30℃ 时结束通风。应掌握逐步降温的原则，防止降温过快造成伤苗，阴天和夜间仍以覆盖保温为主。棚外白天温度稳定在 20℃ 以上、夜间温度稳定在 15℃ 以上时可揭去小拱棚。

2. 压蔓整枝

伸蔓后及时整枝理蔓，让藤蔓往两边爬。整枝于下午进行，避免伤及藤上茸毛或花器。整枝做到"前期勤、中期轻、后期不整枝或少整枝"。过早整枝不但会减少营养面积，还会影响根系发育，不利于早结瓜、结大瓜；过迟整枝会产生大量孙蔓，既浪费营养又造成坐果困难。

一般采用 3 蔓整枝的方法，当主蔓 5 ~ 6 片叶时摘心，促进子蔓生长。子蔓抽生后，保留 3 个生长健壮的子蔓，其余全部摘除。在 3 条子蔓中，2 条子蔓向同一方向、另外 1 条向反方向进行压蔓。一般瓜蔓 40 ~ 50cm 时压第 1 次，100cm 左右压第 2

次，150cm 时压第 3 次。在瓜坐稳后不用再进行整枝，剪去多余的孙蔓，摘除病叶、老叶，改善通风透光条件，减少病害，促进坐果。

（三）结果期管理

1. 三个阶段

西瓜伸蔓期过后 18～20 天进入结果期，西瓜在结果期果实将发生退毛、定型等形态变化。根据这些形态变化，可以把结果期划分为结果前期、结果中期和结果后期三个阶段。

结果前期又叫坐瓜期，是西瓜栽培的一个重要阶段，此时营养生长与生殖生长的矛盾十分突出。如果此时阴雨天较多、灌水量过大、氮肥喷施过重，极易引起植株徒长，导致大量落花落果。所以，结果前期的管理应以促进坐果为中心，严格控制灌水，及时整枝、打杈和压蔓，并采取人工辅助授粉或激素处理措施促进坐果，提高结果率。

结果中期西瓜果实急剧膨大，对水肥需求量很大。如果此时肥水供应不足，不仅果实不能充分膨大，也容易发生脱肥早衰现象。因此，从西瓜长至鸡蛋大小时，应加强肥水追灌。

2. 温度、湿度管理

结果期棚内白天温度应保持在 30℃，夜间不低于 15℃。第二批瓜结瓜时外界气温已经较高，要及时通风降温。

3. 授粉留瓜

一般在第二朵雌花开放时进行授粉，但瓜蔓生长旺盛时，第一朵雌花也可以授粉。在上午 6～9 时进行人工辅助授粉或用 10mg/L 的坐果灵喷子房促进坐果。注意，进入高温季节后，大棚内温度有时可达 40℃以上，抑制花芽分化，也导致雄花发育不正常。因此，会造成产量下降，要坚持使用坐果灵。

幼瓜坐稳后，第 1 茬瓜每株保留 1～2 个正常幼瓜，当第 1 茬

瓜七八成熟时，选留第 2 茬瓜，第 2 茬瓜每株坐瓜 2 个左右，第 3 ~ 4 茬瓜过多时应疏瓜，以保证瓜的质量。7 ~ 8 月高温季节疏瓜以护蔓为主，应根据植株长势适当留果，以防止藤叶早衰，利于秋季多结瓜和结大瓜。

（四）肥水管理

1. 合理施肥

西瓜长季节栽培的采收期长，更应加强肥水管理，整个生长季节应视植株长势和结瓜时段采取动态施肥方法，把握"基肥用量减少，追肥用量大、次数多"的原则，因为减少基肥施用使得植株前期生长不会过旺，可以减少整枝，容易坐果（见表 5-3）。长季节栽培还应及时观察西瓜是否缺肥，主要看叶子的颜色，如果基部叶片深绿、中部叶片绿、顶部叶片浅绿，则表明生长正常；如果整个植株从上到下叶片黄绿色，表明缺肥；如果植株叶色从上到下都是深绿色，表明氮肥过多，容易发生徒长，需注意控制。

追肥应分阶段多次施用，底肥充足的情况下，苗期和伸蔓期一般不需要追施水肥，如需施用，采用穴施，以防肥害。第一批幼瓜长到碗口大时要追施膨瓜肥和膨瓜水，随水每 667m² 配施硫酸钾复合肥 15kg，以后每隔 7 ~ 10 天追施 1 次，以增加产量，采收前 7 天停止施肥。以后的多批瓜长至鸡蛋大小时施膨瓜肥。每采一批瓜后都要追施养蔓肥和养蔓水，每 667m² 配施 45% 高效复合肥 15kg，促进叶蔓返青生长，延长结瓜期，提高产量。在 7、8 月份高温季节，每隔 7 ~ 8 天追施少量肥和水，根据植株生长情况，中途可适当加大一次施肥量，促进基部侧蔓生长，有助于保持植株稳健生长。

表5-3　西瓜长季节栽培平衡施肥表

肥力等级（kg/667m²）	目标产量（kg/667m²）	底肥推荐（kg/667m²）				追肥推荐（kg/667m²）3~4次		
		有机肥	尿素	磷铵	硫酸钾	尿素	磷铵	硫酸钾
低肥力	2 500~3 500	500	6	20	5	9	0	8
			或 15-15-15 的三元复合肥 30			15-15-15 的三元复合肥 20		
中肥力	3 500~4 500	400	5	5	5	8	0	6
			或 15-15-15 的三元复合肥 25			15-15-15 的三元复合肥 15		
高肥力	4 500~5 500	300	5	12	4	8	0	5
			或 15-15-15 的三元复合肥 20			15-15-15 的三元复合肥 10		

注：1. 每采收一次西瓜，追肥（三元复合肥）1次，以后每7~10天左右追施1次。

　　2. 本表由武汉禾丰瑞科技发展有限公司推荐。

2. 特效施肥

防早衰：在膨瓜期叶面喷施0.3%的尿素和0.3%磷酸二氢钾的混合液，防止叶片早衰。盛夏高温季节，西瓜容易出现老叶发黄、叶片焦枯等缺钾缺镁症状，叶片寿命短早衰快，严重影响后期产量。叶面快速补钾补镁可用翠康保力700倍液叶面喷施，每7~10天1喷施次；或土壤施肥时可用硫酸钾镁10kg/667m²进行滴灌，结合施用赛德海藻效果更佳。

补充中微量元素：坐果期间用翠康金朋液1 500倍液喷施1~2次，可有效预防畸形果、空心果的出现；当幼果鸡蛋大小时，用翠康生力600倍液混合翠康保力（或翠康金钾）700倍液喷施1~2次，可有效防止西瓜白筋或黄心产生，并减少厚皮果，提高西瓜品质，并且能延缓早衰。

3. 合理灌水

西瓜比较耐干旱，但整个生育期需水量较大。适宜的土壤湿度为田间最大持水量的 65% ~ 78%，低于 48% 就会发生旱象。西瓜对土壤水分的要求是幼苗期较少，伸蔓期适量，结果中期是需水高峰期，要充分灌水，结果后期又应减少灌水。

因此，西瓜幼苗期和幼瓜期应尽量不浇水或少浇水，促使幼苗形成发达的根系。开花坐果前应控制水分，防止疯长。瓜坐稳后应保证充足的水分供应，以利其果实膨大。灌水以微灌、滴灌为宜。具体方法参照本章第一节。

（五） 后期扣棚防低温

南方地区寒露风到来时间一般在 9 月中下旬，最早年份在 9 月初，作好防寒工作是延长西瓜生长期、增加产量和效益的重要措施。当大气温度下降至 25℃以下时，夜晚必须封闭大棚，以免西瓜受到寒害，温度急剧下降时，将茎蔓集中，再加盖小拱棚，确保尾期茎叶和幼瓜不受冻害。

五、适时采收

西瓜采收应在了解品种成熟特性的基础上，根据当地市场需求和行情进行，以最大限度地保证西瓜品质和瓜农收益。具体方法参照本章第一节。

第三节　小拱棚西瓜双膜覆盖栽培技术

西瓜双膜覆盖栽培是南方地区生产上应用推广面积较大，又较为成熟的一种高效早熟西瓜栽培模式。生产中利用双膜覆盖栽培西瓜，因具有地膜和棚膜的双重覆盖作用，可防止瓜苗免受低温、寒风、霜冻的危害，使西瓜提早 10～15 天上市，又由于其具有结构简单、取材方便、成本低的特点，可克服大棚早熟西瓜投入大、管理水平要求高的缺点，收到明显的早熟效应和经济效益，在南方地区已经形成规模生产。

一、品种选择

根据市场需要选择优良品种，宜选用抗病能力强、低温条件下现雌早、雌花多、易坐果、优质丰产的早熟品种，如红小玉、黄小玉、京欣 1 号、京欣 2 号、早抗丽佳、抗病早冠龙、早春红玉、拿比特、小天使、甜妞、特小凤、武农 8 号等。

二、整地施肥

选择地势平坦、土层深厚、土质疏松肥沃、排灌方便、3～5年内未种过瓜类作物的壤土或沙壤土地，前作以谷类、葱蒜类、豆类作物为好。地块周边 5 000m 以内无污染源，远离城镇及工业区，无粉尘及二氧化硫、二氧化氮等工业气体污染。适宜的土壤 pH 值为 5.1～6.2，呈弱酸性。秋冬深翻冻垡，多次翻耙，达到"齐、平、净、墒、松、碎"标准，然后按 3m 宽（包沟）作畦，畦高 20cm。

定植前 15 天施肥，天气晴好时进行。底肥应深施，并一次性施足，有机肥可用腐熟的农家肥、畜禽粪、饼肥、优质商品有机肥等，按每 667m² 农家肥 3 000kg、过磷酸钙 40kg、硫酸钾 20kg 施用（也可参照表 5-4），施肥后整地做畦。

有条件的铺设滴灌管，趁雨后天晴土壤湿润时用地膜覆盖畦面，紧实度适中，四周盖土压边防风，保湿保墒，防止连续阴雨造成无法及时定植，并按 2 米的间距插好竹弓，以作栽苗备用。

图5-4　西瓜小拱棚双膜覆盖模式图

三、适时定植

3月上中旬地下10cm处地温稳定在13℃、棚内低温稳定在10℃以上、瓜苗长至2叶1心时，选择生长健壮、无病虫害的幼苗，在晴朗无风的天气定植。在已铺膜的瓜畦上开穴定植，株距40～50cm，随后在苗根部培土，封住洞口，轻轻压实。定植密度：小果型品种每667m² 600株左右；中大果型品种每667m² 500株左右；常见的西瓜与棉花套种模式中为每667m² 2 500株左右。定植后即插拱架高0.8m，跨度1～1.2m的小拱棚，覆盖拱膜保温，四周用土压实盖严，促进缓苗。

四、田间管理

（一）覆棚期间管理

瓜苗定植后，在双膜覆盖保温的基础上，主要依靠日光来升高棚内温度，同时底肥中的腐熟农家肥、畜禽粪、饼类等有机物发酵能给幼苗根系提供生长所需的热量，这是早熟栽培必不可少的两个热量来源。此期提高棚温和地温是栽培能否成功的关键，保持棚内温度白天30～35℃、夜间15℃以上，如遇寒流应加盖草毡保暖防寒。

定植后半月内，要严密覆盖棚膜，以提高地温和棚温、促进发根缓苗、加速生长。以后随着外界气温升高逐渐加大通风量，保持棚内温度白天 28～32℃、夜间 12～15℃。4 月上中旬注意及时通风炼苗，当外界气温稳定在 18℃时，白天可全部揭去小拱棚，夜间根据气温条件和瓜苗的长势情况灵活掌握盖膜或揭膜，若晚上气温较低和瓜苗长势较差的田块应盖膜，反之则继续揭膜。进入 5 月份，气温一般会稳定在 20℃左右，已能满足西瓜生长对温度的需求，当气温连续 3 天稳定在 25℃以上，或棚内瓜蔓发棵逼近拱膜边缘，且预计此后几天无强降温（降温 5～10℃）或较大范围的降雨时，可将外拱棚膜一次性揭去，防止高温灼苗，转入常规管理。

（二）整枝压蔓

整枝压蔓一般在拆除小拱棚后进行，主要是减少养分消耗，使瓜蔓固定，合理分布于地面，充分利用光能进行光合作用，调节营养生长与生殖生长，促进坐果，是提高产量与品质的重要措施。

生产上多采用 2 蔓整枝和 3 蔓整枝。2 蔓整枝是在保留主蔓的基础上，在基部选留 1 条健壮的侧蔓。一般当主蔓长 40～50cm、侧蔓长约 15cm 时开始整枝，以后每隔 3～5 天整枝 1 次，当果实开始迅速膨大时可进行摘心，促进果实生长。如遇瓜田缺苗、死苗时，可采用 3～6 蔓整枝，每 2 蔓留 1 个果，保证产量不受影响。近年来，随着劳动力成本不断的增加，在棉－瓜套作生产中出现了稀植不整枝的生产方式。

随瓜蔓生长应及时压蔓。压蔓是在瓜蔓节上用土块压蔓，促使产生不定根，固定叶蔓，防止相互遮光和被风吹断伤根损叶，距根 50cm 处压第 1 次，坐果节位前 20～25cm 处压第 2 次，坐果节位后 25～30cm 处压第 3 次，蔓与蔓间隔 30cm 左右，使其分布均匀，以后每隔 5～6 天压蔓 1 次，直至坐果为止。在整枝压蔓时注意进行田间除草。

（三）授粉留瓜

根据西瓜雌雄同株的特点，当田间少有蜜蜂和昆虫活动时，

通过人工辅助授粉能显著提高西瓜的坐果率。具体方法是：当第2朵雌花开放时，在上午6～9时将雄花摘下，去掉花冠，拿住花柄，将花粉均匀涂在雌花的柱头上，1朵雄花可点涂2～3朵雌花，使花粉充足，以提高坐果率。如遇阴雨低温天气，可用10mg/L的坐果灵喷子房促进坐果。授粉后挂上标签，注明授粉日期，便于成熟时采摘。

幼瓜长至鸡蛋大小时，每株选留1个长势良好的幼瓜，小果型西瓜保证每蔓1果，将其余幼瓜及时摘除，以促进果实的发育。理想的坐果部位一般是第2～4朵雌花。

果实膨大期可将主蔓摘除生长点，以促进果实生长和成熟，有条件的农户可以进行翻瓜，以利增强果实光照，促进糖分转化，避免果实"阴阳面"，提高商品性。

（四）肥水管理

肥水管理是调节西瓜营养生长与生殖生长、提高产量和改善品质的重要措施，要根据地力与苗情灵活进行。

1. 合理施肥

西瓜需肥量较高，可根据西瓜的品种、吸肥规律、土壤的肥力条件和目标产量来确定施肥量（见表5-4）。西瓜高产施肥的一般原则是：以基肥为主，追肥为辅；以有机肥为主，化肥为辅。施肥应施用含有氮、磷、钾的全肥，最好选用西瓜专用肥，含氯化肥不可在西瓜生产上使用，否则影响西瓜品质。

追肥具体方法参照本章第一节，用量参照表5-4。

在西瓜的整个生育期间均可进行叶面施肥，施肥可用0.2%～0.4%的磷酸二氢钾溶液进行叶面喷施，每7～10天1次，为了节省劳力，可在防治病虫害时配合农药混合施用。

表 5-4 西瓜的滴灌施肥表

西瓜类型	大果型	小果型
目标产量	$3\,500 \sim 4\,000kg/667m^2$	$1\,500 \sim 2\,000kg/667m^2$
养分推荐量	$N16 \sim 18, P_2O_5\ 5.5 \sim 7, K_2O$ $6 \sim 8kg/667m^2$（中肥田）	$N14 \sim 16, P_2O_5\ 5 \sim 6, K_2O$ $6 \sim 8\ kg/667m^2$（中肥田）
肥料品种	完全水溶性专用肥（全营养），高/低浓度，高氮/高钾型/ 高氮高钾型	
定植前基肥	商品有机肥 $400 \sim 450kg$ 或 腐熟有机肥 $3 \sim 4m^3/667m^2$	商品有机肥 $450 \sim 500kg$ 或 腐熟有机肥 $4 \sim 5m^3/667m^2$
滴灌水量	每次 $12m^3/667m^2$，根据不同生育阶段调节滴灌水量	
滴灌追肥	（1）定植至开花，高氮型滴灌专用肥（如 22-13-17），施肥浓度 $2.5kg/m^3$ ①苗期至伸蔓期，滴灌 1 次，每次 $3 \sim 4kg/667m^2$ ②伸蔓期至开花期，滴灌 2 次，$3 \sim 5$ 天滴灌 1 次，每次 $5 \sim 7kg/667m^2$ （2）开花后，高钾型（如 15-10-25）或高氮高钾型滴灌专用肥（如 20-10-20），（如使用低浓度滴灌专用肥，则肥料用量需要相应增加）施肥浓度 $2.5\ kg/m^3$ ①开花期至坐果期，滴灌 2 次，$3 \sim 5$ 天滴灌 1 次，每次 $7 \sim 9kg/667m^2$ ②果实膨大期，滴灌 2 次，$3 \sim 5$ 天滴灌 1 次，每次 $7 \sim 9kg/667m^2$ ③成熟期，滴灌 2 次，$3 \sim 5$ 天滴灌 1 次，每次 $7 \sim 9kg/667m^2$	

2. 合理灌溉

一般要浇足底墒水，前期土壤中水分都较充足，苗期一般不浇水，但亦可视苗情旱情适量少浇苗期水，轻浇坐瓜水，保浇膨瓜水。如遇大雨，瓜田积水要及时排水。

西瓜膨大期需水量大，此时如果缺水会过早结束膨瓜而进入成熟期，导致瓜小、产量低。在膨大期浇水不匀还易导致裂瓜，所以，此时要视天气情况合理灌溉，保证膨瓜时的水分需要。采摘前 $7 \sim 10$ 天停止浇水。

五、适时采收

西瓜成熟的标志是果皮花纹清晰，瓜蒂和瓜脐部位略凹陷，呈现品种固有色泽。采收时果柄上端应保留 6~8cm 侧蔓。具体参照本章第一节。

注意事项：

（1）因早熟栽培主要目的是争取西瓜早上市而提高收益，所以应选用与技术相配套的早熟、早中熟品种，从而达到早成熟早上市的目的。若采用中晚熟品种，虽然在产量上略有提高，却会延误上市时间，使出售价格降低，往往增产不增收。

（2）西瓜早熟栽培的供应季节在 5、6 月份，此时期气温不是很高，市场消耗量不大。因此，瓜农在栽种前应根据本地市场行情确定种植面积，以免多种而给销售带来困难，达不到早熟增收的优势，影响经济效益。

六、选留二茬瓜

小拱棚双膜覆盖栽培西瓜成熟期提前，在第一茬瓜采收后，气候条件仍然适于西瓜的生长，如果具备以下条件，可选留二茬瓜，以提高产量：

（1）第一茬瓜成熟早。这样利于二茬瓜在炎热多雨季节到来之前成熟。

（2）植株生长状况好，无茎叶受损、无早衰现象。这就要求一茬瓜加强病虫害防治，另外在采收一茬瓜时注意避免人为损伤，同时加强肥水管理。

选留二茬瓜的具体方法是：在第 1 茬瓜采收前 7~10 天，在西瓜植株未坐果的侧蔓上选留 1 朵雌花授粉坐果。

第四节 西瓜无土栽培技术

无土栽培是指不用天然土壤，而用营养液或固体基质加营养液栽培作物的方法，又名营养液栽培、水培、溶液栽培等。近年来，无土栽培技术已在世界各国广为推广，并成功地应用于花卉、蔬菜生产。我国无土栽培蔬菜、花卉面积也呈逐年上升的趋势，并成为我国设施无公害蔬菜生产的一条重要途径。

西瓜作为一种土传性病害较严重的蔬菜作物，利用无土栽培不但可以克服土壤连作障碍问题，还能利用无土栽培优势最大限度地发挥增产潜力，提高产品品质，提前 15～20 天成熟，提高经济效益。山东农业大学于 1975 年开始用蛭石栽培西瓜获得成功。近几年，我国西瓜无土栽培迅速发展，栽培的面积和栽培技术水平都得到了较大提高。

一、无土栽培的意义

无土栽培因与传统土壤栽培相比具有提高作物产量与品质、减少农药用量、产品洁净卫生、节水节肥省工、利用非耕地生产等许多优势，同时它又是农业工厂化的标志之一，具有强大的生命力和广阔的发展前景。

（1）从历史上来看，农业文明的标志是人类对作物生长发育的干预和控制程度。对作物地上部分的环境条件的控制比较容易做到，但对地下部分即根系的控制，在常规土培条件下是很困难的。

无土栽培技术的出现，使人类获得了包括无机营养条件在内的，对作物几乎全部生长环境条件进行精密控制的能力，从而使得农业生产有可能彻底摆脱自然条件的制约，按照人的愿望向着

自动化、机械化和工厂化的生产方式发展。这将会使农作物的产量大幅提高。

（2）从耕地资源的角度看，耕地是一种极为宝贵的、不可再生的资源。无土栽培可以将许多不适于耕作的土地加以开发利用，使得不可再生的耕地资源得到了扩展和补充，对于缓和及解决地球日益严重的耕地问题，有着深远的意义。

无土栽培不但可使地球上许多荒漠变成绿洲，而且在不久的将来，海洋、太空也将成为新的开发利用领域。

（3）从水资源的角度讲，水资源短缺是日益严重并威胁人类生存发展的世界性问题，控制农业用水是节水的重要措施之一。无土栽培可避免水分大量的渗漏和流失，使难以再生的水资源得到补偿，它将成为节水型农业、旱区农业发展的必由之路。

（4）无土栽培病虫害少，避免了土壤连作障碍，生产过程实现无公害化。

无土栽培在相对封闭的环境条件下进行，避免了外界环境和土壤病原菌及害虫的侵袭，病虫害发生轻微，可提高农产品产量、品质和商品价值。

二、无土栽培的类型

（一）按供液供气方式分类

可以分为滴灌式、喷雾式、通气式、循环供液式、浅层供液式等。

（二）按栽培基质分类

西瓜无土栽培的主要类型有基质栽培、水培和雾培，其中基质栽培是目前主要的西瓜无土栽培模式。

基质栽培又分为：①无机基质栽培：砂培，砾培，珍珠岩，蛭石培，炉渣培，聚丙烯培，酚类树脂培，尿醛泡沫塑料培等；②人工合成基质栽培：岩棉培，陶粒培等；③有机基质栽培：泥炭培，锯木屑培，砻糠灰，稻壳培，秸秆基质培，椰壳粉基质培等。目前生产上使用最普遍的是有机、无机复合栽培基质。

（三）按栽培形式分类

1. 槽栽

在大棚或温室内用水泥、砖块、木板或塑料板等砌成栽培槽，槽的规格为宽 24～36cm（栽 1 行）或 75～90cm（栽 2 行），高15～20cm，槽距 70～80cm，槽底和四周用塑料薄膜铺好，与土壤隔开，槽内装厚度为 14cm 的基质。

2. 袋栽

基质袋一般用聚乙烯黑色或黑白双色塑料薄膜筒制成，有枕式袋栽和筒式袋栽。枕式基质袋一般规格为 30～35cm×70cm，装基质20～30 L，每袋栽 2 株；筒式基质袋规格为 30～35cm×35cm，装基质 10～15 L，每袋栽 1 株。

3. 其他

生产中还可用塑料盆、瓷盆等装入基质栽培。

三、基质选用和处理

（一）基质选用原则

无土栽培基质选用原则：一是适用性，理想的无土栽培基质容重应在 $0.5g/cm^2$ 左右，总孔隙度在 60 左右，大小孔隙比在 1∶1.5左右，颗粒大小 0.5～5mm，化学稳定性强，酸碱度接近中性，无有毒物质存在；二是经济性，所选用基质材料应是当地资源丰富、经简单处理能够达到无土栽培的要求、能达到较好栽培效果的，这样可降低成本、提高收益。

我国目前使用的无土栽培固体无机基质主要有岩棉、泥炭、沙、珍珠岩、蛭石等，其中以岩棉、泥炭较好，但使用岩棉成本

较高，而泥炭的贮藏分布不均，运输不便，而且基质的消毒处理也比较麻烦。要想配制出性状稳定、取材方便、价格低廉、用后易处理的基质，还应该有针对性地进行栽培试验，这样可提高基质选择的准确性。

（二）基质配方

无土栽培基质一般为草炭：蛭石 =1：1。也可因地制宜，就地取材，并按一定比例配制，如：草炭：蛭石：锯末 =1：1：1；草炭：蛭石：珍珠岩 =1：1：1；草炭：炉渣 =3：2；草炭：炉渣：珍珠岩 =1：1：1；草炭：炉渣：水洗砂 =4：3：3；草炭：炉渣 =4：6；河沙：椰子壳 =5：5；葵花杆：炉渣：锯末 =5：2：3；草炭：珍珠岩 =7：3；草炭：蛭石 =2：1；草炭：蛭石：菇渣 =2：2：6；河沙：蛭石：菇渣 =5：2：3 等。

西瓜无土栽培基质按照以上配方配置好后，再根据各生育期营养需求施用液体营养液。

此外，西瓜有机生态型无土栽培是不用传统的营养液浇灌而用有机固态肥料并适当配合适量速效化肥，直接用清水浇灌作物的一种无土栽培形式。该栽培方法使无土栽培技术性降低，便于掌握，同时又保留了无土栽培的其他优点。其基质基础材料准备好后，向其中加入消毒鸡粪 15 ~ 18kg/m³、优质三元复合肥 2.3 ~ 3.0kg/m³ 或磷酸二铵 2.5kg/m³、硫酸钾 1.0kg/m³，充分混合均匀，堆闷 5 ~ 7 天即可使用。

（二）基质消毒

在第 1 次使用复合基质时，不必消毒。但使用过的基质，特别是连作时，由于病原菌的积累，应进行消毒后再使用。常用基质消毒方法有太阳能消毒和药剂消毒两种。

1. 太阳能消毒

消毒时间最好在 7 ~ 8 月，在塑料大棚或温室内进行，方法是将有机基质堆成高、宽各 1m 左右，长度视用量而定，码堆时应先喷湿基质，使含水量达到 70% 左右。堆好基质后，用薄膜封严，在阳光下充分曝晒 15～25 天，通过温室效应和发酵高温进行消毒。对于含纤维多、碳氮比高、腐熟较难的基质，应调节碳氮比，促进发酵分解。

2. 药剂消毒

介绍几种药剂的消毒方法：

（1）将 40% 甲醛稀释 40～50 倍，每 m³ 使用 50～80L，均匀地喷洒到基质中，再用塑料薄膜密封 48 小时，然后摊晾 7～14 天，使其中的甲醛完全散发掉才能使用，否则容易出现药害。

（2）往基质中加入多菌灵 200g/m³，与基质混合均匀即可使用，甲醛和多菌灵杀菌效果好但对害虫效果差。

（3）漂白剂及次氯酸钙，适于砾石、沙子消毒，一般在水池中制成 0.3%～1% 的药液，浸泡基质 30 分钟以上，再用清水洗净药液。

（4）威百亩是一种水溶性熏蒸剂，对线虫、杂草和某些真菌有杀灭作用，使用时将 42% 威百亩稀释 10～15 倍，喷在 100m² 的基质表面，然后密闭基质，15 天后即可使用。

四、营养液及配制

（一）营养液配方中各种离子的浓度

营养液配方是根据能够保证作物正常生长发育，并获得一定产量所需各种元素的量，配制成不同浓度，经过栽培试验筛选出的最佳配方。因此能够满足作物生长发育的需要。然而，植物根系是以吸收离子的形式利用养分，而且并不是全部吸收，所以营养液中某种离子的浓度过高或过低都会引起作物的生育障碍。因此，在确定营养液的配方和配制营养液的时候，应考虑营养液中各种离子的浓度和总的离子浓度。

1. 营养液的组成浓度范围

表 5-5　营养液的组成浓度范围（清水茂，1977）

营养液组成	最低	最适	最高	单位
NO_3^-	4	16	25	mmol/L
	56	224	350	mg/L
NH_4^+			4	mmol/L
			56	mg/L
P	2	4	12	mmol/L
	20	40	120	mg/L
K	2	8	15	mmol/L
	75	312	585	mg/L
Ca	3	8	36	mmol/L
	60	160	720	mg/L
Mg	1	4	8	mmol/L
	12	48	96	mg/L
S	1	4	90	mmol/L
	16	64	1440	mg/L
Na			10	mmol/L
			230	mg/L
Cl			10	mmol/L
		1.75	350	mg/L

表 5-6　营养液中微量元素及其化合物的适宜浓度（山崎，1973）

元素	适宜浓度（mg/L）	分子式	分子量	含量 b（%）	化合物浓度 a/b（mg/L）	溶解度（g/L）
Fe	3	FeEDTA	421	12.5	24	420
		$FeSO_4·7H_2O$	270	20.0	15	260

元素	适宜浓度（mg/L）	分子式	分子量	含量 b（%）	化合物浓度 a/b(mg/L)	溶解度（g/L）
B	0.5	H_2BO_3	62	18.0	3	100
		$NaB_4O_7 \cdot 10H_2O$	381	11.6	4.5	25
Mn	0.5	$MnCl_2 \cdot 4H_2O$	198	28.0	1.8	735
		$MnSO_4 \cdot 4H_2O$	223	23.5	2	629
Zn	0.05	$ZnSO_4 \cdot 7H_2O$	288	23.0	0.022	550
Cu	0.02	$CuSO_4 \cdot 5H_2O$	250	25.5	0.05	220
Mo	0.01	Na_2MoO_4	206	47.0	0.02	
		$(NH_4)_2MoO_4$	196	49.0	0.02	

2. 铵态氮与硝态氮的比例

大多数蔬菜作物喜硝态氮，如果铵态氮吸收过多则易中毒，同时抑制 Ca、Mg 吸收而导致发育不良。另一方面，硝态氮被作物吸收后需要还原成铵态氮才能进入氮代谢过程，硝态氮的还原过程需要在光照充足的情况下，有酶和能量参与完成，因此无土栽培的营养液氮源应以硝态氮为主，配合一定比例的铵态氮。在低温弱光的冬季适当提高铵态氮的比例，高温、强光的夏季可降低铵态氮的比例，甚至可以不加铵态氮。一般西瓜施用硝态氮和铵态氮的比例最好不超过 3∶1。

（二）营养液的总浓度

在设计营养液配方和配制营养液时，不但要求对组成元素进行精确计算，而且要考虑营养液的总浓度是否适合作物生长发育的要求。因为营养液的总浓度过高会直接影响作物根系吸收，造成生育障碍、萎蔫甚至死亡。

表 5-7　营养液总的浓度范围

单位	最低	最适	最高
mg/L	830	2500	4200
mmol/L	12	37	62
%	0.1	0.3	0.4～0.5
mS/cm	0.83	2.5	4.2
渗透压(pa)	0.3×105	0.9×105	1.5×105

　　不同无土栽培系统要求营养液的总浓度不同。开放式无土栽培系统，营养液的 EC 值应控制在 2～3mS/cm；封闭式无土栽培系统不低于 2mS/cm 即可。各种作物对营养液的总浓度的要求也有所不同。西瓜 EC 值一般要求控制在 1.8～2.5mS/cm，苗期营养液的总浓度可略低于成株期，夏季营养液的总浓度低于冬季。

　　在栽培管理过程中，应对营养液进行监测，防止由于栽培期间水分蒸发、根系吸收后残留的非营养成分，中和生理酸碱性所产生的盐分，使用硬水所带的盐分等原因造成的盐害。最简单常用的方法是采用电导仪直接测定营养液的 EC 值。一般每周测定 1～2 次 EC 值，较先进的水培设施采取时时监控，如果 EC 值超过适宜范围就要更换营养液。

　　作物根系吸收养分后营养液的 EC 值应该降低，但是实际生产中由于盐分的积累可能出现 EC 值高而营养成分很低的状况，如果忽视就会造成营养缺乏及盐害，此时最好通过测定营养液中主要营养元素（N、P、K）含量来确定；如果营养元素含量低而 EC 值很高，则需要更换营养液。包括西瓜在内的果菜类蔬菜生育期为 3～6 个月，一般情况下生育期间不需要更换营养液，待下茬生产时更换即可，如果发现营养液 EC 值过高或植株出现盐害受到抑制症状，则应及时浇灌清水洗盐或降低营养液浓度浇灌几次，或更换营养液。

（三）营养液的酸碱度

营养液的 pH 值直接影响作物根系细胞质对矿质元素的透过性，同时也影响盐分的溶解度，从而影响营养液总浓度，间接影响根系吸收。无土栽培的营养液 PH 为 5.8 ~ 6.2 的弱酸范围对植物生长最适宜，一般不能超过 pH5.5 ~ 6.5 的范围。pH > 7 时，Fe、Mn、Cu、Zn 等易产生沉淀；pH < 5 时，营养液具有腐蚀性，某些元素溶出，导致植物中毒，根尖发黄、坏死，叶片失绿。

植物对营养液的 pH 值比 EC 值的适应范围窄，而且影响营养液 pH 值的因素较多。例如根系优先选择吸收硝态氮，则营养液的 pH 值上升；而优先选择吸收铵态氮，则 pH 值下降。另外，营养液的 pH 值还受根系分泌物的影响。

营养液 pH 值的测定方法最简单的是用 pH 试纸，既简单又准确的方法是用 pH 仪。营养液的 pH 值多采用 NaOH、KOH、NH_4OH、HNO_3、H_2SO_4、HCl、H_3PO_4 溶液进行调节，在硬水地区磷酸应与硝酸配合使用。

（四）营养液的温度

植物根系生长除需要营养液适宜的 pH 值、EC 值外，主要的是要求适宜、恒定的温度。一般植物生长要求营养液温范围在 13 ~ 25℃，最适温度在 18 ~ 20℃。但是由于营养液的温度比土温变化快、温差大，特别是地上无土栽培设施，水培比基质培的营养液温度变化快、变幅大。

一般控制营养液温度的方法是把贮液池设置的地下，同时加大贮液池的容量，保持营养液温度比较恒定。同时，冬季利用泡沫板等保温材料作种植槽保温，种植槽外部覆盖黑膜吸热；夏季用泡沫板等材料作种植槽隔热，种植槽外部覆盖反光膜隔

热。在现代化温室无土栽培的贮液池设有增温、降温等调温设备，例如利用电热和锅炉加温热水管循环升温、冷水管循环降温等。

（五）营养液的水质

1. 对水质的要求

水质的好坏直接影响到营养液的组成和成分的有效性，因此进行无土栽培之前首先要对当地的水质进行分析检验，应比国家环保局颁布的《农田灌溉水质标准》（GB5084–85）的要求稍高，但是可低于饮用水水质的要求。水质要求的主要指标如下：

（1）水质的硬度。根据水中含有钙盐和镁盐的多少将水分为软水和硬水。硬水中的钙盐和镁盐含量较高，软水中二者含量则较低。硬水中含有较多的钙盐、镁盐，导致营养液的 pH 值较高，同时造成营养液浓度偏高，盐分浓度过高。因此，在利用硬水配制营养液时，将硬水中的钙、镁含量计算出，并从营养液配方中扣除。我国南方地区除石灰岩地区之外，大多为软水。

水的硬度用单位体积的水中 CaO 含量表示，即每度相当于10mg/L。

表 5–8　水的硬度划分标准

水质种类	CaO 含量（mg/L）	硬度（度）
极软水	0 ~ 40	0 ~ 4
软水	40 ~ 80	4 ~ 8
中硬水	80 ~ 160	8 ~ 16
硬水	160 ~ 300	16 ~ 30
极硬水	> 300	> 30

（2）水质的酸碱度。pH 在 5.5～8.5 之间的水均可使用。

（3）水质的悬浮物。配制营养液的水中悬浮物含量应低于 10mg/L，水中的悬浮物超标容易造成输水管道的滴头堵塞。如果利用河水、水库水、雨水作水源需要经过沉淀，澄清后才能使用。

（4）水的氯化钠含量。要求水中的氯化钠含量低于 200mg/L，还应根据不同作物个别考虑。

（5）水的溶存氧含量。无严格要求，最好在使用之前水的溶存氧含量大于 3mg/L。

（6）氯。氯主要来自自来水和设施消毒的残留。因此在用自来水配制营养液在进入栽培系统之前放置半天，设施消毒后空置半天，使剩余的氯挥发掉再使用。

（7）重金属。如果当地的空气和地下水、水库水、河水等水源污染严重，水中会含有重金属、农药等有毒物质，对作物造成危害。用于无土栽培的水中重金属及有毒物质含量不能超过表 5-9 所示标准。

表 5-9　无土栽培中重金属及有毒物质含量标准

名称	标准（mg/L）	名称	标准（mg/L）
汞	≤0.001	镉	≤0.005
砷	≤0.05	铅	≤0.05
硒	≤0.02	铬	≤0.05
铜	≤0.1	锌	≤0.2
氟化物	≤3.0	大肠杆菌	≤1000 个 /L
六六六	≤0.02	DDT	≤0.02

2. 水源的选择

（1）自来水。自来水符合饮用水标准，在水质上有保障，但成本高。

（2）井水（地下水）。地下水需要经过分析化验后使用，以防止地下水污染。

（3）雨水、水库水、河水。这类水需要沉淀过滤后使用。如果当地的空气污染严重，则不能用雨水作为水源。

（六）介绍几种营养液配方

1. 日本园式配方

单位：mol/L

盐类浓度	NH_4^+-N	NO_3^--N	P	K	Ca	Mg	S
2400	1.33	16.0	1.33	8.0	4.0	2.0	2.0

采用的以下化合物用量为：四水硝酸钙 945mg/L、硝酸钾 808mg/L、磷酸二氢铵 153mg/L、七水硫酸镁 493mg/L。该配方为日本著名配方，用 1/2 剂量较妥。

2. 斯泰纳通用配方

单位：mol/L

浓度单位	N	P	K	Ca	Mg	S
mg/L	168	31	273	180	48	11.2
mmol/L	12	1	7	4.5	2	3.5
mN/L	12	3	7	9	4	7

3. Hoagland 和 Snyde（1938）通用

单位：mmol/L

盐类浓度	NH_4^+-N	NO_3^--N	P	K	Ca	Mg	S
2515		15.0	1.0	6.0	5.0	2.0	2.0

采用的化合物用量为：四水硝酸钙 945mg/L、硝酸钾 607mg/L、磷酸二氢铵 136mg/L、七水硫酸镁 493mg/L。该配方为世界著名配方，用 1/2 剂量较好。

4. Hewitt（1952）通用

单位：mmol/L

盐类浓度	NH_4^+-N	NO_3^--N	P	K	Ca	Mg	S
2215.0		15.0	1.33	5.0	5.0	1.5	1.5

采用的以下化合物用量为：四水硝酸钙 945mg/L、硝酸钾 607mg/L、磷酸二氢铵 136mg/L、七水硫酸镁 493mg/L。该配方为英国著名配方，用 1/2 剂量较好。

（七）营养液的配制方法

1. 配制原则

（1）营养液中必须含有植物生长所必需的营养元素，这些营养元素化合物应是植物根系能够直接吸收利用的形态。

（2）各种营养元素的数量、比例均应符合植物生长发育的要求。

（3）营养液的总盐分浓度、酸碱反应均应适合植物生长发育的要求。

（4）组成营养液的各种化合物应在较长的时间内保持有效形态，营养液配制时要避免出现难溶性沉淀而降低营养元素的有效成分。

2. 配制方法

配制营养液一般有两种：一种是浓缩贮备液（母液），另一种是工作营养液（栽培营养液），浓缩贮备液稀释成工作营养液后用于生产。营养液配制总的原则是确保在配制后和使用时营养液都不会产生沉淀，又方便存放和使用。

（1）母液的配制。为了营养液存放和使用方便，一般先配制

浓缩的母液，使用时再稀释。但是母液不能过浓，否则化合物可能会过饱和而析出，且配制时溶解慢。另外，因为每种配方都含有相互之间会产生难溶性物质的化合物，这些化合物在浓度高时更会产生难溶性的物质。因此，一般母液分3类或更多类配制，最好存放在有色容器中置于阴凉处。

A. 母液

以钙盐为中心，凡不与钙作用产生沉淀的化合物在一起配制。一般包括四水硝酸铵、硝酸钾，浓缩100～200倍。

B. 母液

以磷酸盐为中心，凡不与磷酸根产生沉淀的化合物在一起配制。一般包括磷酸二氢铵、七水硫酸镁，浓缩100～200倍。

C. 母液

由铁盐和微量元素在一起配制而成。微量元素用量少，浓缩倍数可较高，如1000～3000倍。

（2）工作营养液的配制。可利用母液稀释而成，也可直接配制。为了防止沉淀，首先在贮液池中加入大约配制营养液体积1/2～2/3的清水，然后按顺序一种一种地放入所需数量的母液或化合物并不断搅拌，使其溶解后再放入另外一种。

（3）酸液。为调节母液酸度需配制酸液，浓度一般为0.1～1mol/L，应单独存放。

3. 注意事项

（1）配制营养液用玻璃、搪瓷、陶瓷等器皿，切忌用金属容器。

（2）在配制最好应先用50℃的少量温水分别溶解各种元素后，再倒入水中，边倒边搅拌，充分混合。

（3）使用自来水配制营养液时，应加入少量的腐殖酸化合物来处理水中的氯化物和硫化物。

五、供液系统

(一) 蓄水贮液池

每个大棚需建 1 个容积为 $2m \times 1.5m \times 1m$ 的蓄水贮液池，用于配制营养液和蓄水，供滴灌使用。

(二) 滴灌装置

通常采用开放式滴灌，不回收营养液。为准确掌握供液量，可在每条种植槽内设 3 个观察口 (塑料管或竹筒)。滴灌装置由毛管、滴管和滴头组成，1 株瓜苗配 1 个滴头。为保证供液均匀，在大棚中部设分支主管道，由分支主管道向两侧延伸毛管。

(三) 供液系统

供液系统由自吸泵、过滤器 (在自吸泵与主管道之间安装 1 个 100 目纱网的过滤器防止杂质堵塞滴头)、主管道、分支主管道、毛管、滴管和滴头组成。配制好的营养液在贮液池由自吸泵吸入，流经过滤器，经主管道、分支管道，再分配到滴灌系统，再由滴头滴入植株周围的栽培沙供其吸收利用。

六、西瓜无土栽培的品种选择

西瓜的品种很多，现在各地都有一些比较流行的品种，经过一定的试验，可选作温室无土栽培品种，但目前真正的无土栽培西瓜品种专用品种在我国还很少。适合于保护地栽培的主要是果形较小、耐湿、适于密植而品质优良的早、中熟品种，南方地区可选用早春红玉、蜜童、小神童、小天使、花仙子、武农 8 号等小果型西瓜。

七、西瓜无土栽培的管理

(一) 棚室准备

育苗或栽培前，大棚或温室应提前 7 天消毒，每 m^3 可用 40%

甲醛溶液 10ml 进行熏蒸，密闭棚室 48 小时后开棚散气。

（二）适时定植

西瓜无土栽培定植时间与普通保护地栽培时间基本一致。春季栽培在 2 月下旬至 3 月上旬进行，秋季在 7 月下旬至 8 月上旬进行。

瓜苗具备 2～3 片真叶时，在春季选择晴天上午定植，秋季则在阴天或晴天下午打开遮阳网定植，以避免高温影响成活率。根据栽培槽设置定植密度，一般在栽培槽或基质袋中央采用双行三角形定植，瓜苗栽在距中央 15cm 处，株距 50cm 左右，每 667m² 定植 1 000～1 500 株。定植时深度以子叶露出基质表面为好，覆土时基质不要压得太紧实，定植后用 70% 多菌灵 1 000 倍液和 0.2% 的磷酸二氢钾水溶液以滴灌浇透定根水，注意滴头距离瓜苗不宜小于 5cm，避免幼苗根部积水而影响发生新根。

（三）大棚管理

1. 温度、湿度管理

（1）缓苗期棚内白天气温保持在 25～35℃、夜间 15℃左右，空气相对湿度白天 50%～60%、夜间 75%～80%，高温高湿促进成活。缓苗期不浇水，少通风，只在中午气温超过 35℃时进行短时间通风降温。

（2）伸蔓期棚内白天气温保持在 24～30℃、夜间不低于 10℃，空气相对湿度维持在白天 50%～60%、夜间 80% 左右。根据棚内温湿度情况，适时进行通风降温降湿。阴天时，可在棚内温度允许的情况下于中午前后进行短时通风换气。

（3）坐果期应增强光照，棚内温度白天维持在 30℃左右、夜间 20～15℃，否则容易出现畸形果。空气相对湿度白天 50%～60%、夜间不超过 80%。

（4）当西瓜处于膨大期时，外界气温已升高，避免棚内温度过高，应适时通风降温，将棚内温度白天控制在 35℃以下、夜间保持在 18℃以上。

2. 整枝吊蔓

西瓜无土栽培提倡立架栽培，因为立架栽培时，养分输送是向上的，减缓了西瓜徒长的可能，利于坐果，这样就能提高产量、提早上市时间，获得较好的经济效益。

立架栽培一般进行 2 蔓整枝。在植株 4～5 片真叶时摘心，子蔓伸长后保留 2 条生长健壮的子蔓吊起，去除其余瓜蔓和腋芽，或保留主蔓，选留 1 健壮子蔓。当瓜坐稳后摘除生长点，不再整枝。整枝方法、次数和注意问题参照本章第一节。

吊蔓在植株长至 50cm 左右时进行，将瓜蔓向一侧进行盘条后，将瓜蔓轻轻在尼龙绳上以"S"形缠绕式吊起，以后每隔 5 片叶引 1 次蔓，每条茎蔓引蔓 5 次即可。

3. 授粉留瓜与吊瓜

（1）授粉。西瓜雌花开放后，开始人工辅助授粉，授粉时间一般在上午 6～9 时，具体方法见本章第一节。授粉后采用系不同颜色线或是挂牌做好日期标记，方便成批采收，保证商品质量。

（2）留瓜。坐果后留 5～7 片叶打顶，并及时摘除低节位或果形不正、带病受伤的幼果，保证正常节位果实的发育。中果型西瓜一般每株保留 1 个生长正常的瓜，小果型西瓜每株保留 1～2个瓜。

（3）吊瓜。当瓜长到 0.5kg 左右时，用草绳做成直径 10cm 左右的草圈垫或市场购买专用网袋托住西瓜，上面再用细绳吊在架上，也可以用尼龙绳直接缠绕果柄吊瓜，以免坠坏瓜蔓，还能使西瓜生长圆整、受光均匀，商品性好，而且成熟度一致、糖度均匀，并且不受地下害虫的危害，可使商品在市场上倍受欢迎，提高售价。

4. 肥水管理

（1）施肥方法见本章第一节，施肥量参照表5-4。注意适时检测营养液 EC 值，一般在小苗期维持在 1 ~ 1.5mS/cm、大苗期在 1.5 ~ 2mS/cm 之间、开花结果期调节至 2 ~ 2.5mS/cm、成熟期 2.5 ~ 3mS/cm。

（2）一般情况下，每株西瓜每天耗水量在苗期约 0.5L、伸蔓期约 1L、花期 1.5 ~ 2L、膨瓜期 2 ~ 3L、成熟期 1 ~ 2L，应根据不同时期需水量计算滴灌时间和次数。注意雨天或阴天不灌或少灌水，高温、烈日风天气则宜适当多灌，但要在上午 10 时前、下午 4 时后进行。

（3）注意膨瓜期管理：每 7 天左右滴灌 1 次，滴灌量为每 667m² 250kg 左右。方法是打开滴灌管，等水浸湿至主根茎时，停止滴灌，第二天早晨看到整个根际潮湿即可；另外，适当用 0.3% 磷酸二氢钾和 0.3% 尿素进行叶面施肥，增加果实糖分积累，防止叶片早衰。

（4）在收获前 10 天左右停止灌水，以免降低西瓜品质。

（四）缺素

无土栽培作物生长在基质或营养液中，其缓冲能力较土壤差很多，一旦营养液配方成分、浓度或供液不适合，很快会出现营养元素缺乏或过剩、盐浓度过高、酸度过高或过低等造成的生理障碍。症状出现比有土栽培更快更明显，发展速度更快，短时间内会发展到很严重的程度，但及时采取正确措施恢复也快。西瓜营养元素缺乏症状及其调节方法详细见第七章第二节。

（五）盐害

无土栽培中的营养液浓度过高，即溶液的总离子浓度过高，就会产生盐分浓度过高的危害。西瓜发生盐害的表现症状是植株矮小、叶片乌黑、叶面光亮，有时叶片表面覆盖一层蜡质，与干旱缺水症状相似。严重时叶片皱缩不平，从叶缘开始褪色、干枯、向内卷，叶片呈枯斑，最后连成片枯死，叶脉从主脉开始明脉、新叶少、茎变细、根系褐变。

发现植株出现盐害症状时，可采取灌水洗盐法，及时浇几次清水或降低营养液浓度浇灌几次，或更换营养液，能有效降低土壤盐分。

八、适时采收

西瓜采收时应依据西瓜自身熟性，结合观察果皮、果柄、节位上的卷须等形态特征，同时注意采收时间和方式。具体参照本章第一节。

无土栽培在我国起步不久，无土栽培技术在走向实用化的进程中仍然存在诸多问题，如成本高、一次性投资大；对管理人员的技能水平要求较高；无土栽培中的病虫防治、基质和营养液的消毒、废弃基质的处理等问题也需进一步研究解决；设施条件、供液系统工程本身还未形成专门的产业等。由于这些因素的限制，使得栽培技术与农业工程技术还不能协调同步，导致无土栽培技术在我国发展的速度远不如发达国家那样迅速。但是，随着科学技术的发展和相关研究的不断深入，加之其本身固有的显著优势，无土栽培有着光明的未来和广阔的发展前景。

【第六章】
甜瓜设施栽培技术

　　我国甜瓜生产面积与产量约占世界总面积和总产量的 40% 以上，甜瓜已成为一种重要的消暑水果。随着种植业结构的调整，甜瓜成为增加经济收入效果比较显著的园艺作物之一。随着甜瓜品种和数量的丰富，人们更加重视甜瓜的品质和周年供应。

　　甜瓜种植主要有露地栽培和设施栽培两种方式，在温度低、热量不足或降水过多、湿度过大、病害较重的地区或季节，或市场需要周年供应、而生长条件又不具备反季节要求的地区，可集中发展设施甜瓜栽培。从 20 世纪 80 年代后期至今，设施甜瓜栽培已形成一定规模。

　　目前，随着设施面积的增长，我国南方地区在塑料大棚栽培、小拱棚双覆盖栽培、地膜覆盖等设施栽培技术的应用及普及方面取得了较大进展和成效，获得了较好的经济效益。设施甜瓜栽培可使甜瓜生产逐步向周年化、优质化、多样化、高效化调整，增加淡季和节日市场甜瓜的供应，提高经济效益，延长本地甜瓜上市时间和供应期，是农业增效、农民增收，促进都市型农业发展，提高市民生活质量的有效途径。

第一节　厚皮甜瓜早春大棚立架栽培技术

一、品种选择

由于早春大棚栽培是以早熟、早上市获得较高的经济效益为目的，因此应选择早熟或早中熟、耐低温、耐弱光、耐湿性和抗病性较强的品种。如：伊丽莎白、西博洛托、西州蜜 25 号和长香玉等。

二、整地施肥

（一）地块选择

应选择地势高、排水畅通、土壤质地好、肥力较高、5 年以上未种过瓜类作物的田块。

（二）整地做畦

冬前深翻冻垡，次年春季整地并结合施基肥。耕深 30～40cm，整细、耙平、做畦。按照畦面宽 1m、高 20～25cm、沟宽 50cm 做成高畦。大棚内栽培甜瓜采用地膜覆盖和膜下灌溉的方式。定植前 5～7 天盖好地膜，此茬甜瓜应选用透明地膜，以利于提高地温。

（三）科学施肥

甜瓜最适宜的土壤 pH 值是 6～6.8 之间，开花至果实膨大末期的 1 个月时间里，是甜瓜吸收矿质养分最大的时期，也是肥料的最大效率期，这时一定要保证养分的供应。施肥方案除了以下表中推荐外，还以施用以有机肥为主的基肥，及时在不同的生长阶段进行追肥，推荐追施速效的高氮型配方肥料和高钾型水溶性

肥料（推荐高氮型水溶性配方 22-13-17；高钾型配方：15-10-25）。保证养分的及时供应。施用原则是在营养生长期用高氮配方，促进营养生长；坐果期间用高钾配方，促进果实膨大。可选择平衡施肥或滴灌施肥，具体施肥方案如表 6-1、表 6-2：

表 6-1　厚皮甜瓜的平衡施肥表

田块肥力等级	目标产量(kg/667m²)	底肥推荐(kg/667m²)					追肥推荐(kg/667m²)		
		有机肥	尿素	磷铵	硫酸钾		尿素	磷铵	硫酸钾
低肥力	1500～2000	商品肥500	6	20	7	伸蔓期	10	0	5
		或农家肥4000	或三元复合肥(15-15-15)45kg			结果期	13	0	6
						果实膨大期	10	0	5
中肥力	2000～2500	商品肥400	5	16	6	伸蔓期	9	0	4
		或农家肥3500	或三元复合肥(15-15-15)40kg			结果期	12	0	6
						果实膨大期	9	0	4
高肥力	2500～3000	商品肥300	5	15	5	伸蔓期	8	0	4
		或农家肥3000	或三元复合肥(15-15-15)35kg			结果期	12	0	5
						果实膨大期	8	0	4

表 6-2　厚皮甜瓜的滴灌施肥表

甜瓜类型	厚皮甜瓜（如：伊丽莎白、西州蜜 25 号等）
目标产量	2 500 ~ 3 000 kg/667m²
养分推荐量	N 16 ~ 18，P_2O_5 7 ~ 8，K_2O 8 ~ 10 kg/667m²（中肥田）
肥料品种	完全水溶性专用肥（全营养），高 / 低浓度，高氮 / 高钾型 / 高氮高钾型
定植前基肥	商品有机肥 450 ~ 500kg/667m² 或腐熟有机肥 4 ~ 5m³/667m²
滴灌水量	根据不同生育阶段调节滴灌水量
滴灌追肥	（1）定植至开花，高氮型滴灌专用肥（如 22-13-17），施肥浓度 2.5kg/m³ ①苗期 - 伸蔓期,滴灌 1 次,每次 3 ~ 4 kg/667m² ②伸蔓期 - 开花期,滴灌 2 次,3 ~ 5 天滴 1 次,每次 5 ~ 7kg/667m² （2）开花后，高钾型（如 15-10-25）或高氮高钾型滴灌专用肥（如 20-10-20），（如使用低浓度滴灌专用肥，则肥料用量需要相应增加）施肥浓度 2.5 kg/m³ ①开花期 - 坐果期，滴灌 2 次，3 ~ 5 天滴 1 次，每次 7 ~ 9 kg/667m² ②果实膨大期，滴灌 2 次，3 ~ 5 天滴 1 次，每次 7 ~ 9 kg/667m² ③成熟期，滴灌 2 次，3 ~ 5 天滴 1 次，每次 7 ~ 9 kg/667m²

（四）合理安装滴灌设施

滴灌栽培需要栽培田块附近或棚内必须有水源，输水管网一般采用三级管网，即主管、支管和滴灌带。种植前按照规划和种植规格，将滴头与甜瓜根部对应，滴灌带上方铺膜，然后将膜两边压实。为保证水压，主水管道应从棚中部引入，棚内水阀开关安装在棚中部，由中间向棚两头送水。

铺设方式如图 6-1 所示。

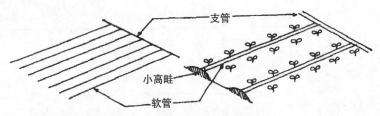

图 6-1 软管滴灌田间示意图

三、适时定植

为防止病害侵染，定植前 15 天清除棚内前茬作物的病残体和杂草，并对棚内空间和土壤进行彻底消毒，以减少病菌和虫源。

（一）定植时间

棚内气温稳定在 10℃以上、10cm 深处的地温稳定在 13℃以上即可定植，长江流域一般在 2 月下旬至 3 月上、中旬即可开始定植。要选择晴天上午，定植幼苗苗龄 35 天左右，叶龄 2～3 片叶。定植时在已覆盖地膜的畦上开穴。也可先定植再将地膜开口将秧苗引出膜外。无论采取哪种方式，注意最后用湿土封严定植口，使膜下形成一个相对密闭的空间，以达到增温保墒和防止杂草生长的效果。

（二）定植方式

立架栽培厚皮甜瓜，每畦栽 2 行，株距 0.35～0.4m，密度 1 500～1 800 株 /667m²。定植后浇透水，立即用小拱棚保温。

四、田间管理

（一）温、湿度管理

甜瓜对温度要求较高，温度下降至 13℃时生长缓慢，10℃时完全停止生长，8℃以下就会产生冻害，出现叶肉失绿变色等现象。甜瓜是喜强光作物，光照充足，植株生长健壮，茎粗叶厚，节间短，叶色深，病害少，果实品质好，着色佳；光照不足的情况下，植株的生长发育受到抑制，植株瘦弱，易徒长，易染病害，果实品质差。甜瓜早春栽培正处于大棚内温度最低、光照最弱的时期，所以在管理过程中，应以保温、增光为重点。

定植后5~7天内是缓苗期，尽量提高棚内温度，创造高温、高湿的条件以促进缓苗。可通过棚内加设小拱棚、夜间小拱棚覆盖保温物等来提高植株周围的温、湿度。通过密闭大棚和棚内小拱棚来提高地温，使其保持在18℃以上，若遇寒潮，夜间应在棚内小拱棚上增加覆盖物，使地温不低于12℃。缓苗后可开始通风，以棚内温度白天不高于35℃、夜间不低于15℃为宜，随天气暖和逐渐增加通风量，以利于甜瓜生根发蔓，稳健生长。同时为改善光照，白天9~15℃时，可以将棚内小拱棚的棚膜揭开，夜间盖上，当瓜蔓长到30cm时，可以撤除小拱棚。缓苗期间使湿度保持在70%~80%为宜。

当瓜苗心叶开始生长时，表明已缓苗，为使瓜秧健壮，缩短节间，促进花芽分化，可适当降温蹲苗。伸蔓期，由于蒸腾量大，棚内空气湿度增高，空气相对湿度应控制在70%以下。为降低棚内空气湿度，减少病害，可采用滴灌、微灌或晴暖天气白天增加通风时间，加大空气流通。

（二）水分管理

甜瓜需水量较大但又忌多湿，所以灌水应视甜瓜的发育状况、土壤湿度和天气而定，一般分为缓苗水、伸蔓水和膨瓜水。总体原则是保证水分均衡供应，防治土壤干湿骤变。

定植前灌足底水，定植后浇足定根水，靠地膜保持土壤水分。缓苗后根系的吸肥、吸水能力增强，此时结合施肥浇一次伸蔓水，可促进植株迅速生长。开花坐果期应避免浇水，使雌花充实饱满，在果实膨大期，是水分管理关键时期，应保持充足的土壤水分。果实生长后期，要控制土壤水分，提高果实品质。

对于厚皮甜瓜的网纹品种，开花后 14～20 天进入果实硬化期，瓜面开始有裂纹并逐渐形成网纹，如果网纹形成初期水分过多，容易发生较粗的裂纹，则网纹不美观。因此，宜在网纹形成前 7 天左右减少供水量，以促进果实肥大及网纹完美。但如果土壤太干，则瓜面的网纹很细且不完全，外形也不美观。逾接近成熟，供水量应随之减少，保持适度干燥，如此管理，则甜瓜品质和网纹均佳。

（三）施肥管理

参照表 6-1 和表 6-2 进行施肥。

（四）整枝吊蔓

立架栽培厚皮甜瓜采用单蔓整枝。主蔓生长至 5～6 片叶时开始吊绳或者搭设竹竿进行引蔓。具体做法是在定植甜瓜的垄上端，南北拉一道铁丝，把吊绳上端固定在铁丝上，下端系在瓜秧基部，同时将瓜蔓引到吊绳上。双蔓整枝则为每棵秧系两根吊绳，使两条蔓分成"V"形。甜瓜瓜秧比较脆，所以在操作过程中要尽量避免扭伤或碰到瓜秧基部。随瓜蔓的伸长，不断顺时针将瓜蔓缠绕到吊绳上，并注意理蔓，使叶片、果实等在空间合理分布。同时，摘除卷须，防止养分空耗。

甜瓜多以子蔓和孙蔓结瓜为主，雌花在主蔓上发生很晚，主蔓基部的子蔓上发生雌花也很晚。如不及时进行整枝摘心，营养生长过于旺盛，消耗养分过多，将会影响开花、坐瓜，延迟坐瓜期和成熟期。大棚内空间小，栽培密度大，为充分利用空间，获得理想的单瓜重量和优良品质，必须进行严格的整枝。甜瓜整枝方式很多，应结合品种特点、栽培方法、土壤肥力、留瓜多少而定。立架栽培常用的是单蔓整枝和双蔓整枝。

1. 单蔓整枝

单蔓整枝相对易于操作和管理，厚皮甜瓜的早熟栽培多采用这种方式。及时摘除第 8 节以下的子蔓，选择主蔓第 9~15 节上的子蔓坐瓜，第 15 节以上的子蔓也全部摘除，主蔓长到第 25~30 片叶打顶，下部老叶也应及时清除。坐瓜子蔓雌花前留 1 片叶摘心（如图 6-2）。

2. 双蔓整枝

幼苗 3~4 片叶摘心，当子蔓长至 15cm 左右，选留两条健壮子蔓，分别引向两根吊绳，其余子蔓全部摘除。之后每条子蔓中部 10~13 节处选留 3 条孙蔓作结瓜蔓，每条结瓜蔓于雌花开放前在花前留 1 片叶摘心。最后，每条子蔓留 1 个瓜，子蔓 20~25 节左右摘心，每蔓保留功能叶片 20 片左右（如图 6-3）。

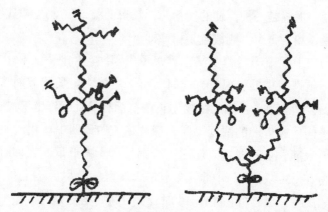

图 6-2　厚皮甜瓜单蔓整枝示意图　图 6-3　厚皮甜瓜双蔓整枝示意图

结瓜后主蔓基部的老叶要摘掉 3~5 片，以利于通风。适时摘除侧芽，一般侧枝长至 4~5cm 时摘除，摘除过早植株光合面积不够，易发生早衰；摘除过晚不但消耗过多养分，而且留下的伤口大，病菌容易侵入。整枝要在晴天下午进行。阴雨天或晴天早上由于棚内湿度大，茎蔓伤口不易愈合，每次整枝后应喷药防病。

甜瓜整枝宜采用前紧后松的原则，即坐瓜前，严格进行整枝

打杈，对预留的结瓜蔓在雌花开放前 4～5 天，在花前保留 1 片叶进行摘心。瓜胎坐住后在不跑秧的情况下，不再进行整枝，任其生长，以保证有较大的光合面积，增强光合作用，促进瓜胎膨大。

（五）授粉

早春大棚厚皮甜瓜一般在 4 月下旬至 5 月上中旬开花，由于棚内没有昆虫活动，因此为确保坐果，必须进行辅助授粉。

人工授粉一般在上午 6～9 时进行，采摘开放的雄花，去掉花瓣往雌花柱头上均匀涂抹。

有条件的可采用花期放蜂的办法进行辅助授粉，由于早春甜瓜开花期正值低温季节，蜜蜂不出巢，授粉效果不好，可采用熊蜂授粉。熊蜂是一种优良的授粉蜂，较耐低温，温度达 8℃以上即可出巢授粉，每个大棚放置 1 箱蜂即可。

如遇上阴雨天授粉受精不良，子房因缺乏生长素而停止生长发育，出现"化瓜"现象，此时，可采用植物生长调节剂喷雌花子房，以利坐果，常用的植物生长调节剂有氯吡脲（坐果灵）等。由于不同厂家生产的浓度不同，应严格按照说明书使用。不可随意加大浓度，更不能重复使用，否则易产生畸形瓜。处理时温度应保持在 22～25℃，时间应在上午大棚湿气散尽后至上午 10 时前；如没有完成，可在 14～16 时补充处理。若处理时间过早，则棚内湿气大，子房柱头上易结水滴，造成药液不均，引起畸形瓜。另外，药液要现配现用，而且药液浓度大小应随棚温变化而相应增减，棚温高，配制药液时要适当减小浓度，因为温度升高后水分蒸发量大，停留在柱头上的药液有效含量会增加，所以当中午棚温超过 30℃时，就应停止药剂处理。

（六）留瓜吊瓜

留瓜节位的高低，直接影响果实的大小、产量、品质和成熟期。留瓜节位低。结瓜节位之下叶数少，果实发育前期养分供应不足，果实纵向生长受到限制，而发育后期果实膨大较快，易形成小而扁平的果实；同时，留瓜节位低，植株营养体较小时坐瓜，则发生坠秧现象，严重影响产量和品质。反之，如果坐瓜节位过高，则瓜以下叶片多，瓜以上叶片少，虽有利于果实初期纵向生长，但后期果实膨大则因营养供应不足而缓慢，甚至发育不良，形成长形果实。

目前早春甜瓜常采用单层留瓜和双层留瓜两种方式。大果型品种多采用单层留瓜，留瓜节位在主蔓的 11～15 节，且只留 1 个瓜；小果型品种可留双层瓜，在主蔓 11～15 节、20～25 节各留一层瓜，每层可留 2 个瓜。单蔓整枝的若 1 株要留 2 个瓜时，应留在主蔓上相邻的两个节位的子蔓上，且应位于主蔓左右两侧，这样可防止留的瓜长成一大一小。

授粉后 5～10 天，当幼果直径 5～7cm 时进行选果，选择瓜型周正，无伤无病的幼果。选留幼瓜应分次进行，在选留瓜前几天，要进行 1～2 次疏瓜，把相比不够好的幼瓜及早疏去，以减少消耗植株养分，促进被选留幼瓜生长发育。每条结瓜蔓上只留 1 个瓜。

为减轻茎蔓负荷，使植株茎叶与果实在空间合理分布，当幼瓜长至 200g 左右时开始吊瓜。可用塑料网兜将瓜套住，用吊绳将网兜吊于铁丝上，也可用细绳吊住果柄部，固定到铁丝上。

五、适时采收

（一）成熟度的鉴别

甜瓜成熟度的鉴别是提高甜瓜品质的关键环节。鲜食甜瓜要求有较高的成熟度，采收过早，瓜含糖低，香味淡，有时甚至有苦味；采收过晚，果肉组织分解，口感绵软，硬度下降，含糖量降低，品质差，不利于存放。因此，可根据果实外观、授粉日期及糖度等方面综合判断甜瓜的成熟度。

1. 外观鉴定

根据甜瓜不同品种特征观测果实的颜色、纹路、香味、体积、重量等，成熟的甜瓜呈现出本品种特有的颜色，如由原来的绿色变为灰绿色或黄色，由白色变为乳白色或黄色，由浅绿色变为白色等，同时成熟的瓜表皮光滑发亮，花纹清晰。有棱沟的品种，成熟时棱沟明显。有网纹的品种，果面网纹突出硬化时即标志成熟。有的品种还散发出浓郁的香味，用手指弹时熟瓜声音浑浊，生瓜则声音清脆。成熟瓜瓜皮比较硬，指甲不易陷入，生瓜皮嫩则易划出痕迹。果实成熟后，瓜柄附近的茸毛脱落，脐部比较软，用手捏有弹性。早熟品种果柄与果实连接处易发生离层，采摘时容易脱落，晚熟品种一般不易脱落。对于易产生离层的品种而言，最适宜的采收期是瓜蒂部出现裂纹但尚未完全脱落时。此外，结瓜蔓上的叶片因缺镁而焦枯，也是果实成熟的重要标志。

2. 计算成熟期

甜瓜从开花至果实成熟有一定的积温要求，达到所需天数就会成熟，所以授粉时可挂牌标记具体开花授粉日期。一般厚皮甜瓜早熟品种从授粉至成熟需 35~45 天，中晚熟品种需 45~55 天。甜瓜不同品种的果实成熟天数可参照品种介绍，具体应用时，还要考虑果实成熟期的温度、光照状况。阳光充足、温度高时可提前 2~3 天成熟，阴雨低温则成熟延迟。

3. 品尝鉴定

甜瓜的成熟度受栽培环境、品种特性等影响，因此鉴定方法要综合应用，当估计甜瓜成熟时，先摘几个品尝，并用折光仪测定糖度，确定已成熟，就可将同一时期授粉的瓜同时采收。

（二）采收时期

甜瓜果实应根据品种特性、气候条件、运输距离、贮藏时间等因素分批采收，不能一次性采收完毕。

1. 采收时期

甜瓜采收要根据不同的销售方式来确定采收期。就地销售时，应在完全成熟时收获；远途贩运，可在果实 8~9 成熟时采收，此时采收果实硬度高，耐贮运，至销售时已达充分成熟。进行短期贮藏的甜瓜应在果实达到 7~8 成熟时采收。只有适时采收，才能保证商品瓜的品质。

2. 采收时间

甜瓜采收应在果实温度较低的早晨和傍晚进行，切忌雨天或雨刚停后采瓜。采瓜后将甜瓜置于阴凉处，避免重叠，待瓜温与呼吸作用下降后再包装装箱。不可把采下的果实立即包装，否则果实易腐烂变质。

（三）采收方法

甜瓜采收时应尽量减少运输环节，减少果实的机械损伤。通常带柄采收，采收时用剪刀从瓜柄靠近瓜蔓部剪下，厚皮甜瓜采收时将果柄剪成"T"字形。采下的瓜要轻拿轻放，防止摩擦损伤。

（四）采后处理

1. 预冷

预冷就是将新采收的甜瓜在贮运和加工前迅速除去田间热。预冷的方法有 3 种：自然降温冷却法、强制通风冷却法和冷库空气冷却法。

2. 晾晒

采收下来的果实，经初选及药剂处理后，置于阴凉处或太阳下，在干燥通风良好的地方进行短期放置，使其外层组织失掉部分水分，以增进产品贮藏性的方法称为晾晒。这种方法经济简便，适用性强，但受自然气候条件影响，晾晒时间长，效果不稳定。因此，室内晾瓜可辅以通风装置，加快空气流动，从而提高晾晒效果。如有条件进行降温，将预冷与晾晒结合进行，效果更好。露天晾晒时，要对果实进行翻动，以提高晾晒速度和效果。无论

采用哪种方法，都应注意做到晾晒适度。

3. 涂蜡处理

涂蜡就是在瓜果的表面喷（刷）涂一层薄膜涂料，起到调节生理代谢、保护组织、增加光亮和美化产品的作用。果实涂料的种类越来越多，已不完全限于蜡质，其种类和配方很多，商业上应用的主要有石蜡、巴西棕榈蜡和冲角等，也有一些涂料以蜡作为载体，加入一些化学物质，防止生理或病理病害，但使用前要参照说明书，注意使用范围。

4. 分级

分级的主要目的是使产品达到商业化，通过分级可以按级定价，也便于贮藏销售和包装。作为高档水果出售的厚皮甜瓜要求严格，应在瓜形、瓜色、新鲜度、病虫害和机械损伤等外观质量符合要求的基础上，根据果实大小和糖分含量分为若干级。分级可采用人工分级和机械分级两种方法。

5. 包装

包装可以防止商品摩擦碰伤，减少水分蒸发，有利于保鲜和防止病虫危害，也便于搬运装卸和合理堆放，增加装载量和提高贮运效率。甜瓜的包装可分为外包装和内包装两类。外包装有竹筐、木箱、硬质纸箱、塑料周转箱等；内包装常用纸或者泡沫网套包装单个果实，然后放入外包装容器中。外包装上要标明品名、规格、数量、生产地等。

（五）贮藏运输

1. 短期贮藏

薄皮甜瓜皮薄、容易腐烂，极不耐贮运，采后应立即上市销售，不宜进行短期贮藏。如特殊情况采后需要临时存放时，则必须装箱存放，不能散装存放。厚皮甜瓜因果皮厚，较耐贮运，可通过短期贮藏来提高经济效益。

2. 运输

甜瓜运输方式主要有公路运输和铁路运输。无论采用何种方式，运输过程中都应注意快装快运、轻装轻卸和防日晒雨淋。

第二节　厚皮甜瓜早春大棚爬地栽培技术

一、品种选择

可选择适宜的品种，如：伊丽莎白、西博洛托、西州蜜 25 号和长香玉等。

二、整地施肥

（一）地块选择

应选择地势高平、排水畅通、土壤质地好、肥力较高、5 年以上未种过瓜类作物的田块。

（二）整地做畦

冬前深翻冻垡，次年春季整地并结合施基肥。耕深 30~40cm，整细、耙平、做畦。畦面宽 1m，高 20~25cm，沟宽 50cm 的高畦。大棚内栽培甜瓜采用地膜覆盖和膜下灌溉的方式。定植前 5~7 天盖好地膜，此茬甜瓜应选用透明地膜，以利于提高地温。

（三）合理施肥

甜瓜最适宜的土壤 pH 值是 6~6.8 之间，开花对果实膨大末期的 1 个月时间里，是甜瓜吸收矿质养分最大的时期，也是肥料的最大效率期，这时一定要保证养分的供应。施肥方案除了以下表中推荐外，可以施用以有机肥为主的基肥，及时在不同的生长阶段进行追肥，推荐追施速效的高氮型配方肥料和高钾型水溶性肥料（推荐

高氮型水溶性配方 22-13-17；高钾型配方：15-10-25）。保证养分的及时供应。施用原则是在营养生长期用高氮配方，促进营养生长，坐果期间用高钾配方，促进果实膨大。可选择平衡施肥或滴灌施肥，详见表 6-1 和表 6-2。

三、适时定植

为防止病害侵染，定植前 15 天清除棚内前茬作物的病残体和杂草，并对棚内空间和土壤进行彻底消毒，以减少病菌和虫源。

（一）定植时间

棚内气温稳定在 10℃以上，10cm 深处的地温稳定在 13℃以上即可定植，长江流域一般在 2 月下旬至 3 月上、中旬即可，要选择晴天上午，定植幼苗苗龄 35 天左右，叶龄 2~3 片叶。定植时在已覆盖地膜的畦上开穴。也可先定植再将地膜开口将秧苗引出膜外。无论采取哪种方式，注意最后用湿土封严定植口，使膜下形成一个相对密闭的空间，以达到增温保墒和防止杂草生长的效果。

（二）定植方式

爬地栽培厚皮甜瓜，每畦距离沟边 10cm 栽 1 行，株距 0.35~0.4m，密度 800~1200 株 /667m²。定植后浇透水，立即用小拱棚保温。

四、田间管理

（一）温度管理

定植后盖上小拱棚闭棚升温缓苗。为防夜温下降太快，可在大棚的底脚四周围一圈草苫保温。缓苗后，白天逐渐撤掉小拱棚，让瓜苗见光，夜间再盖好。进入 4~5 月份，各地区的气温逐渐升高了，在全部撤掉小拱棚。缓苗后，为防瓜秧徒长，要适当通风降温。一般温度上升至28℃时开始通风，开始时通风口小一些，以通风后棚温不明显下降为宜，随着棚温降至20℃后闭棚保温。如果外界气候条件允许，上午9时即可通风换气，补充二氧化碳气体，促进光合作用。甜瓜全天70%的光合产物都是在上午制造的，如果上午不能满足光合作用所需的光照和二氧化碳浓度，会严重影响生长发育和产量。

4~5月份正值甜瓜开花坐果期，要加强通风、降温、控水管理，以防止化瓜。大棚内上午温度保持在25~28℃，不要超过32℃，下午棚温18~20℃时闭棚，前半夜温度控制在15~17℃。加大昼夜温差，严防徒长。随着外界温度的升高，大棚内温度条件完全可以满足甜瓜生长的需要，当夜间最低气温稳定在13℃以上时，可昼夜通风。同时，应加强中午通风，大棚南北面都要开门，通风对流。为准确测量温度，温度计悬挂时尽量不要让阳光直射，高度以距离植株顶部30~50cm为宜。

（二）水分管理

定植前灌足底水，定植后浇足定根水，靠地膜保持土壤水分。缓苗后根系的吸肥、吸水能力增强，此时结合施肥浇一次伸蔓水，可促进植株迅速生长。开花坐果期应避免浇水，使雌花充实饱满，在果实膨大期，是水分管理关键时期，应保持充足的土壤水分。果实生长后期，要控制土壤水分，提高果实品质。

对于厚皮甜瓜的网纹品种，开花后14~20天进入果实硬化期，瓜面开始有裂纹并逐渐形成网纹，如果网纹形成初期水分过多，容易发生较粗的裂纹，则网纹不美观。因此，宜在网纹形成前7天左右减少供水量，以促进果实肥大及网纹完美。但如果土壤太干，则瓜面的网纹很细且不完全，外形也不美观。逾接近成熟，供水量应随之减少，保持适度干燥，如此管理，则甜瓜品质和网纹均佳。

（三）施肥管理

参照二（三）合理施肥进行。

（四）整枝理蔓

厚皮甜瓜爬地栽培可采用单蔓整枝或双蔓整枝。具体整枝留蔓方式与厚皮甜瓜早春立架栽培基本一致。

（五）授粉定果

早春棚内缺乏授粉昆虫，同样需要进行人工辅助授粉或放蜂授粉或喷施植物生长调节剂，以保证坐瓜率。爬地栽培的当瓜坐住后 20 天左右，应及时翻瓜和垫瓜。垫瓜即在瓜下垫草，以保持瓜面整洁，减少烂瓜。翻瓜可使果实生长均匀整齐，色泽一致，甜度均匀。翻瓜时不能 180° 对翻，以免扭伤果柄和底部突然受烈日曝晒而灼伤。翻瓜宜选择晴天日落前 2~3 小时进行。

五、适时采收

厚皮甜瓜早熟品种从授粉至成熟需 35~45 天，中晚熟品种需 45~55 天。甜瓜不同品种的果实成熟天数可参照品种说明书，具体应用时，还要考虑果实成熟期的温度、光照状况。阳光充足、温度高时可提前 2~3 天成熟，阴雨低温则成熟延迟。

第三节　薄皮甜瓜早春大棚立架栽培技术

早春茬薄皮甜瓜可于 1~2 月在具有加热设备的苗床上育苗，2 月中下旬定植于大棚，4~6 月份上市，是当前薄皮甜瓜生产中经济效益较高的茬口。

一、品种选择

可选择丰甜 1 号、翠玉和武农青玉等。

二、整地施肥

（一）地块选择

应选择地势高平、排水畅通、土壤质地好、肥力较高、5 年以上未种过瓜类作物的田块。

（二）整地做畦

冬前深翻冻垡，次年春季整地并结合施基肥。耕深 30 ~ 40cm，整细、耙平、做畦。立架栽培时整成畦面宽 60cm，高 20 ~ 25cm，沟宽 30cm 的高畦。定植前 5 ~ 7 天盖好地膜。

（三）合理施肥

具体施肥方案如表 6-3 和表 6-4。

表 6-3　薄皮甜瓜的平衡施肥表

田块肥力等级 (kg/667m²)	目标产量 (kg/667m²)	底肥推荐(kg/667m²)				追肥推荐 (kg/667m²)			
		有机肥	尿素	磷铵	硫酸钾		尿素	磷铵	硫酸钾
低肥力	1 500 ~ 2 000	商品肥 500	6	20	7	伸蔓期	10	0	5
		或农家肥 4000	或三元复合肥 (15-15-15)45kg			结果期	13	0	6
						果实膨大期	10	0	5
中肥力	2 000 ~ 2 500	商品肥 400	5	16	6	伸蔓期	9	0	4
		或农家肥 3500	或三元复合肥 (15-15-15)40kg			结果期	12	0	6
						果实膨大期	9	0	4

续表

田块肥力等级	目标产量(kg/667m²)	底肥推荐(kg/667m²)				追肥推荐(kg/667m²)			
		有机肥	尿素	磷铵	硫酸钾		尿素	磷铵	硫酸钾
高肥力	2 500 ~ 3 000	商品肥300	5	15	5	伸蔓期	8	0	4
		或农家肥3000	或三元复合肥(15-15-15)35kg			结果期	12	0	5
						果实膨大期	8	0	4

表 6-4　薄皮甜瓜的滴灌施肥表

甜瓜类型	薄皮甜瓜（如：丰甜 1 号、翠玉）
目标产量	2 000 ~ 2 500 kg/667m²
养分推荐量	N 14 ~ 16，P_2O_5 5 ~ 7，K_2O 6 ~ 8 kg/667m²（中肥田）
肥料品种	完全水溶性专用肥（全营养），高 / 低浓度，高氮 / 高钾型 / 高氮高钾型
定植前基肥	商品有机肥 400 ~ 450kg/667m² 或腐熟有机肥 3 ~ 4m³/667m²
滴灌水量	根据不同生育阶段调节滴灌水量
滴灌追肥	（1）定植至开花，高氮型滴灌专用肥（如 22-13-17），施肥浓度 2.5kg/m³ ①苗期 - 伸蔓期，滴灌 1 次，每次 3 ~ 4kg/667m² ②伸蔓期 - 开花期，滴灌 2 次，3 ~ 5 天滴 1 次，每次 5 ~ 7kg/667m² （2）开花后，高钾型（如 15-10-25）或高氮高钾型滴灌专用肥（如 20-10-20），（如使用低浓度滴灌专用肥，则肥料用量需要相应增加）施肥浓度 2.5kg/m³ ①开花期 - 坐果期，滴灌 2 次，3 ~ 5 天滴 1 次，每次 7 ~ 9kg/667m² ②果实膨大期，滴灌 2 次，3 ~ 5 天滴 1 次，每次 7 ~ 9kg/667m² ③成熟期，滴灌 2 次，3 ~ 5 天滴 1 次，每次 7 ~ 9kg/667m²

三、适时定植

（一）定植时间

选择晴天的上午。

（二）定植方式

在膜上按照行距 50cm、株距 40cm 开穴，穴内浇满底水，水渗下后栽苗，3 天后封口。每 667m² 可栽苗 1 500 ~ 2 000 株，具体密度视品种特性和整枝留果方式而定。

四、田间管理

（一）温度管理

定植后缓苗前以提高棚内温度为主，温度白天保持在 28 ~ 30℃、夜间 17 ~ 18℃。缓苗后通风降温，防止植株徒长。结瓜期要保持较高的温度，白天 25 ~ 28℃、夜间 15 ~ 18℃。昼夜温差较大有利于果实膨大和糖分积累。

（二）施肥管理

参照表 6-3 和表 6-4 进行施肥。

（三）水分管理

缓苗后根据植株生长情况决定是否需要浇缓苗水。如土壤较为干旱，则应浇足缓苗水，直至果实坐住不再追肥灌水。果实长至鸡蛋大小时浇膨瓜水，并随水浇入膨瓜肥。

（四）整枝吊蔓

立架栽培薄皮甜瓜有单蔓整枝和双蔓整枝，具体整枝方式要根据品种的坐果习性合理安排。

1. 单蔓整枝

在主蔓 9 ~ 15 节选留 6 条子蔓作结瓜预备蔓，每条结瓜预备蔓瓜前留 1 ~ 2 片叶摘心，其余子蔓摘除，主蔓留 22 ~ 25 片叶打

顶（见图6-4）。

2. 双蔓整枝子蔓结瓜

主蔓4叶时摘心，选留2条健壮子蔓，用尼龙绳吊于大棚顶部。每条子蔓从第二个雌花起连续选留3个瓜（见图6-5）。

3. 双蔓整枝孙蔓结瓜

主蔓4叶时摘心，选留2条健壮子蔓，在子蔓6~8处选留3条孙蔓作结瓜蔓，结瓜蔓在雌花前留1~2片叶摘心，其余孙蔓及早摘除（见图6-6）。

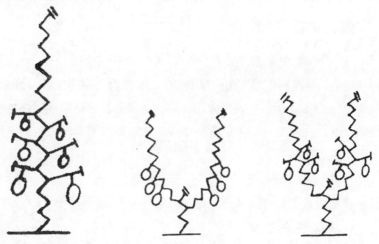

图6-4　薄皮甜瓜吊蔓　图6-5　薄皮甜瓜吊蔓栽培　图6-6　薄皮甜瓜吊蔓栽培
栽培单蔓整枝示意图　双蔓整枝子蔓结瓜示意图　双蔓整枝孙蔓结瓜示意图

（五）授粉定果

早春茬薄皮甜瓜为提高坐瓜率，目前生产中多采用氯吡脲等植物生长调节剂处理。为提高甜瓜品质并促进坐瓜，最好采用蜜蜂、熊蜂进行辅助授粉。

五、适时采收

一般薄皮甜瓜早熟品种授粉后22~25天成熟，中熟品种25~

30 天成熟，晚熟品种则需 30～40 天。甜瓜不同品种的果实成熟天数可参照品种介绍，具体应用时，还要考虑果实成熟期的温度、光照状况。阳光充足、温度高时可提前 2～3 天成熟，阴雨低温则成熟延迟。

一般薄皮甜瓜不进行分级，只是在销售或运输前将小瓜、生瓜和瓜形差的挑选去除即可。薄皮甜瓜极不耐贮运，大部分散装就近上市，但是大棚早春茬薄皮甜瓜由于上市早、价格高，外运销售时应进行包装。

第四节 薄皮甜瓜早春大棚爬地栽培技术

一、品种选择

可选择丰甜 1 号、翠玉和武农青玉等。

二、整地施肥

（一）地块选择

应选择地势高平、排水畅通、土壤质地好、肥力较高、5 年以上为未种过瓜类作物的田块。

（二）整地做畦

爬地栽培时 2m 开厢（包沟），定植前 5～7 天盖好地膜。

（三）科学施肥

甜瓜最适宜的土壤 pH 值是 6～6.8 之间，开花对果实膨大末期的 1 个月时间里，是甜瓜吸收矿质养分最大的时期，也是肥料的最大效率期，这时一定要保证养分的供应。施肥方案除了以下表中推荐外，可以施用以有机肥为主的基肥，及时在不同的生长阶段进行

追肥，推荐追施速效的高氮型配方肥料和高钾型水溶性肥料（推荐高氮型水溶性配方 22-13-17；高钾型配方：15-10-25）。保证养分的及时供应。施用原则是在营养生长期用高氮配方，促进营养生长，坐果期间用高钾配方，促进果实膨大。详见表 6-3 和表 6-4。

三、适时定植

选择晴天的上午进行定植，定植株距 0.6 ~ 0.8m，密度为 800 ~ 1 000 株 /667m²。定植后浇透水，立即拱小棚保温。

四、田间管理

（一）温度管理

定植后全面提温促缓苗，缓苗期日温 28 ~ 30℃、夜间 18 ~ 20℃、地温 27℃为宜。缓苗后逐渐降低温度，白天保持 25 ~ 30℃，夜间不低于 15℃，地温 23 ~ 25℃，随着外界温度的升高，可撤掉小拱棚，并适当通风降温。4 ~ 5 月份正值甜瓜开花坐果期，大棚内上午温度保持在 25 ~ 28℃，不要超过 32℃，下午棚温 18 ~ 20℃时闭棚，前半夜温度控制在 15 ~ 17℃。管理上注意加大昼夜温差，严防徒长。当夜间最低气温稳定在 13℃以上时，可昼夜通风。

（二）肥水管理

参照表 6-3 和表 6-4 进行肥水管理。

（三）整枝理蔓

爬地栽培薄皮甜瓜可采用四蔓整枝，幼苗 5 ~ 6 片叶时摘心，选留 4 ~ 5 条健壮子蔓，分别拉向不同的方向。每蔓留 1 个瓜，每株留 4 ~ 6 个瓜（见图 6-7）。有条件时也可在幼苗 2 叶 1 心时用竹签拨掉主蔓生长点，留 2 条子蔓在 5 ~ 6 片叶时摘心，待孙蔓长出后，保留子蔓梢部的 2 ~ 3 条孙蔓，每株有孙蔓 4 ~ 6 条，每条蔓结 1 个瓜，共结 5 ~ 6 个瓜（见图 6-8）。

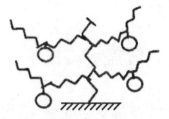

图 6-7 薄皮甜瓜爬地栽培子蔓结瓜整枝示意图

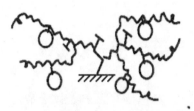

图 6-8 薄皮爬地栽培孙蔓结瓜整枝示意图

（四）果实管理

经人工授粉或植物生长调节剂处理坐住瓜以后，选留 4 ~ 5 个，多余的果实均疏去。爬地栽培的当瓜坐住后 20 天左右，应及时翻瓜和垫瓜。垫瓜即在瓜下垫草，以保持瓜面整洁，减少烂瓜。翻瓜可使果实生长均匀整齐，色泽一致，甜度均匀。翻瓜时不能 180° 对翻，避免出现果柄损伤和底部出现日灼现象。翻瓜宜选择晴天日落前 2 ~ 3 小时进行。

五、适时采收

薄皮甜瓜早熟品种授粉后 22 ~ 25 天成熟，中熟品种 25 ~ 30 天成熟，晚熟品种则需 30 ~ 40 天。甜瓜不同品种的果实成熟天数可参照品种说明书，具体应用时，还要考虑果实成熟期的温度、光照状况。阳光充足、温度高时可提前 2 ~ 3 天成熟，阴雨低温则成熟延迟。

一般薄皮甜瓜不进行分级，只是在销售或运输前将小瓜、生瓜和瓜形差的挑选去除即可。薄皮甜瓜极不耐烦贮运，大部分散装就近上市，但是大棚早春茬薄皮甜瓜由于上市早、价格高，外运销售时应进行包装。

第五节　小拱棚甜瓜双膜覆盖栽培技术

　　小拱棚双膜覆盖栽培是建立在地膜覆盖栽培基础上的一种促成栽培方式，可缩短生育期，提早上市，增加收入，是一项行之有效的技术措施。小拱棚主要用于定植初期保温，后期温度升高后即可撤掉，所以拱架和棚膜可反复利用，成本低，效益显著。

　　广西也有将小拱棚双膜覆盖栽培技术改建成隧道式中拱棚竹架，覆盖天膜，通过卷起或降下拱膜，调节温湿度，改良田间小气候，配以良种、生物有机肥、整枝、人工辅助授粉等措施，形成一套具有避寒、避雨、避晒、提早成熟等特点的隧道式双膜覆盖甜瓜高产优质高效栽培技术，比小拱棚栽培每 667m² 新增纯收入 2 000 元左右。

一、品种选择

　　小拱棚甜瓜栽培以爬地薄皮甜瓜栽培方式为主。

　　选择中、早熟品种，既能增加经济收入，又不影响秋茬种植。适应本地区小拱棚栽培的品种，要求早熟、耐湿、抗病性强的品种。可选择丰甜 1 号、翠玉和武农青玉等品种。

二、整地施肥

（一）地块选择

　　应选择地势高平、排水畅通、土壤质地好、肥力较高、5 年以上未种过瓜类作物的田块。

（二）整地做畦

　　爬地栽培时 2m 开厢（包沟），定植前 5 ~ 7 天盖好地膜。

（三）合理施肥

具体施肥方案如表6-5和表6-6。

表6-5 小拱棚双膜覆盖栽培甜瓜的平衡施肥表

田块肥力等级	目标产量（kg/667m²）	底肥推荐(kg/667m²)					追肥推荐（kg/667m²）		
		有机肥	尿素	磷铵	硫酸钾		尿素	磷铵	硫酸钾
低肥力	1 500~2 000	商品肥500	6	20	7	伸蔓期	10	0	5
		或农家肥4000	或三元复合肥（15-15-15）45kg			结果期	13	0	6
						果实膨大期	10	0	5
中肥力	2 000~2 500	商品肥400	5	16	6	伸蔓期	9	0	4
		或农家肥3500	或三元复合肥（15-15-15）40kg			结果期	12	0	6
						果实膨大期	9	0	4
高肥力	2 500~3 000	商品肥300	5	15	5	伸蔓期	8	0	4
		或农家肥3000	或三元复合肥（15-15-15）35kg			结果期	12	0	5
						果实膨大期	8	0	4

表6-6　小拱棚双膜覆盖栽培甜瓜的滴灌施肥表

甜瓜类型	薄皮甜瓜（如：丰甜1号、武汉青玉等）
目标产量	2 000～2 500 kg/667m²
养分推荐量	N 14～16，P_2O_5 5～7，K_2O 6～8kg/667m²(中肥田)
肥料品种	完全水溶性专用肥（全营养），高/低浓度，高氮/高钾型/高氮高钾型
定植前基肥	商品有机肥400～450kg/667m²或腐熟有机肥3～4m³/667m²
滴灌水量	根据不同生育阶段调节滴灌水量
滴灌追肥	(1) 定植至开花，高氮型滴灌专用肥（如22-13-17），施肥浓度2.5 kg/m³ ①苗期-伸蔓期，滴灌1次，每次3～4kg/667m² ②伸蔓期-开花期，滴灌2次，3～5天滴1次，每次5～7kg/667m² (2) 开花后，高钾型（如15-10-25）或高氮高钾型滴灌专用肥（如20-10-20），（如使用低浓度滴灌专用肥，则肥料用量需要相应增加）施肥浓度2.5 kg/m³ ①开花期-坐果期，滴灌2次，3～5天滴1次，每次7～9kg/667m² ②果实膨大期，滴灌2次，3～5天滴1次，每次7～9kg/667m² ③成熟期，滴灌2次，3～5天滴1次，每次7～9kg/667m²

（四）合理安装滴灌设施

滴灌栽培需要栽培田块附近或棚内必须有水源，输水管网一般采用三级管网，即主管、支管和滴灌带。种植前按照规划和种植规格，将滴头与甜瓜根部对应，滴灌带上方铺膜，然后将膜两边压实。为保证水压，主水管道应从棚中部引入，棚内水阀开关安装在棚中部，由中间向棚两头送水。

三、适时定植

日平均气温回升并稳定在10℃左右，且高畦地膜下10cm处日平均温度达到13℃以上，为适宜定植的时期。选晴暖无风的天气定植，株距0.6～0.8m，密度600～700株/667m²。定植后立即盖膜保温。膜外每间隔一定距离再插弓子固定，以防大风吹动。

四、田间管理

(一) 温度管理

定植初期外界温度较低，温度管理的重点是防寒保温，如遇寒流和大风天气，夜间可在小拱棚两侧压草苫保温防风。定植后5～7天是缓苗期，这段时间要紧闭小拱棚，增温保湿促进缓苗。当晴天中午棚温超过35℃时，要适当通风降温，以防烤苗。缓苗后伸蔓期白天温度控制在28～30℃、夜间最低温度不能低于10℃。上午棚温升至30℃开始通风，先在棚两头揭膜通小风，温度下降后再盖好，如此反复，下午棚内温度降至25℃时关闭风口，以保证夜温不会过低。以后随着外界气温的升高可以逐渐加大通风量。当外界气温已能满足甜瓜生长发育的需要，可拆除小拱棚。

(二) 肥水管理

若采用小拱棚全覆盖栽培，棚膜不仅在定植前期有增温、保湿作用，而且始终都用来遮雨，尤其在6月份的梅雨季节，更能防止雨水淋浇，有效地避免了糖分降低、成熟期延后、感病和裂果的发生。

(三) 整枝理蔓

双膜覆盖的甜瓜多采用匍匐式栽培，即爬地栽培。整枝方式可采用四蔓整枝，幼苗5～6片叶时摘心，选留4～5条健壮子蔓，分别拉向不同的方向。每蔓留1个瓜，每株留4～6个瓜。有条件的也可在幼苗2叶1心时用竹签拔掉主蔓生长点，留2条子蔓在5～6片叶时摘心，待孙蔓长出后，保留子蔓梢部的2～3条孙蔓，每株有孙蔓4～6条，每条结1个瓜，共结4～5个瓜。

甜瓜在整枝时要配合引蔓，整枝引蔓过程中要及时摘掉卷须，并将茎蔓合理布局，防止相互缠绕。整枝最好在晴天中午进行，

以加速伤口愈合，减少病害感染。在整枝引蔓过程中，尽量不要碰伤幼瓜，以防造成落瓜和形成畸形瓜。

甜瓜整枝以植株叶蔓刚好铺满畦面、又能看到稀疏地面、坐瓜后幼瓜不外露为宜。为使植株茎蔓均匀地分布在所占的营养面积上，防止风刮乱秧，需要压蔓固定。但是由于甜瓜栽培密度大、蔓短、坐瓜早、坐瓜部位距离根端近，一般甜瓜不压蔓，有条件的可用土块固定各条子蔓的方向。压蔓的时间应掌握在中午以后进行，因为上午水分多、瓜蔓脆，此时压蔓容易折断造成损失。午后瓜蔓组织柔软，不易扭伤。压蔓时要将瓜蔓拉紧，以利于养分输送畅通。

爬地栽培的甜瓜，下雨前或浇水前，将瓜拉到垄的地膜上，以免浸水腐烂。为提高甜瓜的外观商品质量，防止瓜底贴地产生黄褐色斑点，在果实定个后应进行垫瓜，即在每个瓜的下面放一个塑料瓜垫或其他软垫。生长后期还应进行翻瓜，使果实糖度和表面着色均匀。翻瓜应在下午进行，顺着同一方向每次转动 60°，以免扭伤或折断瓜柄。

（四）授粉

双膜覆盖的甜瓜受外界气候条件影响大。尤其是开花授粉时，遇连续阴天多雨，极易落花落果。为提高坐瓜率，应以植株生长调节剂处理为主；授粉后，雌花要戴上防水纸帽，防止雨淋。果实膨大期的田间管理要注意防涝，并加强病虫害防治。

五、适时采收

一般薄皮甜瓜早熟品种授粉后 22～25 天成熟，中熟品种 25～30 天成熟，晚熟品种则需 30～40 天。不同品种的果实成熟天数可参照品种说明书，具体应用时，还要考虑果实成熟期的温度、光照状况。阳光充足、温度高时可提前 2～3 天成熟，阴雨低温则成熟延迟。

采收应在果实温度较低的早晨和傍晚进行，切忌雨天或雨刚停后采瓜。采瓜后将甜瓜置于阴凉处，避免重叠，待瓜温与呼吸作用下降后再包装装箱。不可把采下的果实立即包装，否则果实易腐烂变质。

采收时应尽量减少倒运环节，减少果实的机械损伤。通常带柄采收，采收时用剪刀从瓜柄靠近瓜蔓部剪下，厚皮甜瓜采收时将果柄剪成"T"字形。采下的瓜要轻拿轻放，防止摩擦损伤。

第六节　甜瓜无土栽培技术

无土栽培是指不用天然土壤而用基质或仅育苗时用基质，在定植以后用营养液进行灌溉的栽培方法。由于无土栽培可人工创造良好的根际环境以取代土壤环境，有效防止土壤连作病害及土壤盐分积累造成的生理障碍，充分满足作物对矿质营养，水分、气体等环境条件的需要，栽培用的基本材料又可以循环利用，因此具有省水、省肥、省工、高产优质等特点。

甜瓜喜充足光照、土壤干燥、气候温暖且昼夜温差大的环境，其栽培的地域性较强，耐湿性、抗病性较差。特别是厚皮甜瓜在温度高、多雨潮湿的南方地区，易滋生病虫害的气候特点，要成功栽培甜瓜，采用保护地栽培，借助大棚温室，采用无土栽培技术，避免土传病害，改善植株营养条件，可确保成功。

采用无土栽培技术，掌握其核心技术，注意品种选用，加强栽培管理，实现甜瓜种植，实现优质高效。

一、品种选择

无土栽培多采用厚皮甜瓜，其中光皮类型的甜瓜品种主要有伊丽莎白、玉金香、景甜 1 号、金辉 1 号等，网纹类型的甜瓜品

种主要有昭君一号 (L9904)、金蜜六号、金凤凰、情网等。

二、栽培槽、栽培基质及供水系统

(一) 栽培槽

在整平的地面按要求砌砖，栽培槽由 24cm×12cm×6cm 的标准红砖砌成，槽内径48cm，高15～20cm，槽长依棚而定。为使栽培槽内基质的温度更加适合作物根系生长的需要，建议采用半地下式栽培槽（即在地上挖5～10cm深的槽，边上垒2～3层砖），槽距60cm，南北延长，南低北高，槽底中间开一条宽20cm、深10cm的"U"型槽，槽底及四壁走道铺一层 0.1～0.5cm 厚的聚乙烯薄膜，以隔开土壤，防止病虫害侵入。槽边的薄膜压在上层第一层砖下。也有不用砖砌栽培槽的，而是直接用小竹签和尼龙绳做一个槽框架，然后在框架内用黑色薄膜垫铺而成，既方便又经济。

(二) 栽培基质

栽培基质为草炭1份，蛭石1份。有机生态型无土栽培基质有4∶3∶3的草炭、炉渣、水洗砂；4.6∶1.5∶1.5∶2.4的草炭、炉渣、蛭石、树皮；1∶1∶1的草炭、炉渣、珍珠岩。

每667m² 需准备栽培基质20m³，基质在混合时每立方米基质中加入10kg消毒鸡粪、3kg饼肥、2kg专用肥，掺匀后填槽，基质厚度以15cm左右为宜。每茬作物收获后进行基质消毒，基质使用年限3～5年，但每年一般要添加10%～20%新基质以补充自然损耗。

(三) 供水系统

棚内安装供水管道及阀门，每槽铺一条直径为25mm或20mm的微喷带，带上覆盖一条宽40cm、厚0.1mm的薄膜。供水时打开阀门，通过供水系统从微喷带的小孔中喷射到薄膜上后滴落到栽培槽基质中，根系再从基质中吸收水分和养分。此种供水系统成本较低，但有时供水均衡性稍差。也可采用直径为16mm的滴灌带代替微灌带，这样供水就比较均衡，但成本稍高，且容易堵塞。

甜瓜多采用基质槽培，南方地区为地上式槽。槽的规格为宽 24～36cm、高 15cm、栽 1 行。宽 72cm 栽 2 行。一般用砖堆 5 层，底和四周用塑料薄膜铺好，内装基质厚度约 14cm。

也有用袋栽的，一般用聚乙烯黑色或黑白双色塑料薄膜筒制成，枕式袋规格为 30～35cm×70cm，装基质 20～30L，栽 2 株。筒式袋为 30～35cm×35cm，装基质 10～15L，栽 1 株。

三、适时定植

（一）移栽时间

一般来说，当幼苗具有 2～3 片真叶时移栽较适宜，小苗移栽的适宜时期为子叶平展开始破心时。秋季播种时，苗龄一般为 10～15 天，冬春季播种时一般为 15～25 天。

（二）合理密植

甜瓜有机生态型无土栽培 667m² 种植株数主要根据品种的特性和栽培方式等来决定。小果型品种、单蔓整枝方式的应适当密些；大果型品种、双蔓整枝方式则应适当稀植。

（三）定植方法

定植总的要求是不损伤根系，移植苗根系要与基质充分接触，防止架空，植后要及时浇灌定根水。

定植密度为 1 800～2 000 株/667m²。株行距为 50～80cm×35～40cm。枕式袋定植前在袋上挖 2 个直径 10cm 定植孔，孔距 40cm。定植提前几天将槽和袋按行距堆砌或摆放好，然后装基质，安好滴灌管或滴灌带，每行安装一条滴灌管，灌足水分，在薄膜或袋的底部分散扎几个孔，以排除多余的水分。定植时按 35～40cm 株距定植，之后在基质表面覆盖一层薄膜防止水分蒸发，最后将基质浇透水。

四、田间管理

(一) 温度管理

定植初期缓苗阶段白天温度维持在 30℃，夜间 15℃。一周后结束缓苗秧苗开始生长，白天温度降至 28~30℃，夜间 15℃，最低不低于 12℃。定植初期气温低，应加强保温，可扣小棚，张挂保温幕。随着气温的升高，通过通风调节棚温，逐渐加大通风量，保持适宜温度，当外界气温降到 15℃时可昼夜通风。进入瓜成熟期应加大昼夜温差，一般温差保持在 10~13℃，因此果实发育期提高白天温度到 35℃，促进糖分积累和转化，明显增加甜度。

(二) 光照管理

甜瓜对光照要求较高，正常生长发育要求 30 000Lux 以上的光照强度。光照充足生育速度快，果实大，着色好，甜度和香味增加。因此，应选择无滴防尘膜栽培，弱光期张挂反光幕，每周擦洗棚膜 1~2 次，提高棚膜的透光率。尽量延长光照时间补充光照不足。

(三) 湿度管理

应尽量降低空气相对湿度，减少病害发生。通过减少浇水次数、提高温度、通风等措施来调节，使空气相对湿度维持在 60%~70%。早晨揭帘时应在太阳照射到棚面以后，揭帘后棚温不下降为适宜，减少棚面温差，棚内不易起雾。傍晚盖帘前保持棚温 15℃以上时，可通风之后盖草帘，能放出部分潮气。浇水应采用膜下灌溉或滴灌等灌溉设施，选晴天上午，然后通风排湿。

水分管理主要根据植株生长情况和气候变化而进行调节。一般情况下，每株苗每天耗水量，以苗期约 500ml、伸蔓期约 1 000ml、始花期 1 500~2 000ml、果实膨大期 2~3ml、成熟期 1~2ml 进行计算。每天灌水次数一般是：苗期 1 次、伸蔓期到始花期 1~2 次、果实膨大期 2~3 次、成熟期 1~2 次。雨天或阴天不灌或少灌，高温、烈日及大风天气则宜适当多灌，但不要在高温、烈日天气的午后进行灌水，否则极易造成根部缺氧而使植株萎缩以至死亡。网纹甜瓜开始上纹时要注意水分供应要均衡，否则容易造成裂纹过大，伤口难于愈合，形成裂果。

（四）养分管理

甜瓜进行有机生态型无土栽培，由于基质中已配合了一定的营养肥料，因此前期一般都不施肥，如发现缺肥现象，则可用甜瓜无土栽培营养液进行滴灌。营养液的使用，一般前期用0.5个剂量，始花期后用1个剂量，果实发育后期可用到1.2个剂量。但还必须注意在高温期，营养液浓度要适当降低些，以免造成肥害。

1. 甜瓜无土栽培营养液配方种类

具体有如下几种（表6-7）。

表6-7　无土栽培甜瓜营养液配方（每吨水中含肥料克数 g/吨）

肥料	日本园式配方	山崎甜瓜配方	静冈大学配方	华南农大配方
硝酸钙	945	826	944	472
硝酸钾	808	606		404
磷酸二氢铵	153	152	114	
磷酸二氢钾				100
硫酸钾			522	
硫酸镁	493	369	492	248

微量元素各配方通用：螯合铁25g/吨；硼酸2.86g/吨；硫酸锰2.13g/吨；硫酸锌0.22g/吨；硫酸铜0.08g/吨；钼酸铵0.02g/吨。营养液的pH值保持在5.5~6.5，电导度为2.0mS/cm。

2. 营养液配制与调节

配制分为三步骤：

第一步是大量肥的称取，由于钙肥易与其他肥料发生沉淀反应，必须把钙肥与其他大量肥分开，一般把钙肥称为 A 肥，把其他肥称为 B 肥，根据实际使用量，分别准确称取 A 肥和 B 肥，配成母液待用；

第二步是微肥的配制，一般把铁肥与其他微肥分开称取，溶解待用。由于微肥的需要量少，为了保证实际使用量的精确，生产中常先把铁肥和其他微肥，分别配成一定量的浓缩 1 000 倍的母液，按需量取；

第三步是稀释混匀，结合贮液池放的水量，稀释母液后，依次倒入 A 肥，有一半水量时再倒入 B 肥，加以搅拌后，再倒入铁肥和其他微肥，定容后搅拌均匀。

检测调节：配好营养液后，要进行浓度和酸碱度的检测。用电导率仪检测浓度，用 EC 值表示，单位为 mS/cm，1.0mS/cm 相当于 1kg 肥料完全溶解于 1 吨纯水后的浓度，即 0.1% 的百分浓度。具体调节 EC 值，应根据检测结果和甜瓜的不同生育期 EC 要求，通过计算确定肥料的增加量，加入办法按配制方法。用酸度计或 pH 试纸检测 pH 值，甜瓜的 pH 值总体保持在 5.5 ~ 6.5 之间。当 pH 值低于 5.0 时，可加 0.2%KOH 调节；若 pH 值高于 6.8 时，可加硝酸或磷酸调节。调节 pH 值时应注意两个问题，一是加的碱或酸应充分溶解稀释；二是一次性调节 pH 值不能大于 1。

3. 苗期营养液管理

一是营养液浓度和酸碱度的管理，pH 值维持在 5.5 ~ 6.5 之间；EC 值在小苗期时维持在 1.0 ~ 1.5mS/cm 之间，在大苗期时调节至 1.5 ~ 2.0mS/cm 之间。具体管理办法为：基质培的在配液时调节好 pH 值和 EC 值；水培的则要每天上、下午各检测一次，根据变化加以调节，并结合营养液的减少量及时补充新鲜液。

二是供液管理，基质培的视天气状况每天滴灌 1 ~ 2 次，每次每株 300ml；水培的则采用间歇式供液，每供液 15min 停 30min。

4. 开花结果期营养液管理

此期 pH 值维持在 5.5～6.5 范围内，EC 值则要调节至 2.0～2.5mS/cm。水培甜瓜应把液槽的水位调低，保证根系对游离氧的吸收，并相应调节供液方法，改为每供液 30min 停 30min；基质培的维持每天供液 1～2 次，但要加大每次的供液量，每次每株 500～600ml，另外要注意盐分积累的问题。

5. 成熟期营养液管理

甜瓜进入成熟期时，根系的吸收力减弱，但高浓度营养液有利于甜瓜糖度提高，此期应维持 EC 值在 2.5～3.0mS/cm 水平；另为了弥补根吸收力的不足，可适当用磷酸二氢钾进行叶面施肥，增加果实糖分积累。基质培甜瓜在收获前 1 周，应减少水分供应，标准为不造成植株萎蔫，促使果实糖度提高，减少裂瓜，方便储运。

（五）植株调整

1. 吊架、整枝与引蔓

甜瓜的果实较大，瓜也比较重，对于大棚栽培宜进行吊架处理。吊架支撑线一般用 12～14 号铁丝延棚向在搭棚时就进行安装拉紧，每支留下来的蔓要准备一根细尼龙绳做引线。尼龙绳的上端系到横线上，下端系活扣，拴在植株茎基部，并注意根据植株生长情况及时进行调整。

甜瓜的分枝能力比较强，几乎每节都能够长出一个侧枝，因此要及时整枝。整枝方式主要根据品种特性和栽培管理水平来定，一般有三种整枝方式：一株一蔓一果、一株两蔓两果和一株两蔓一果。

一株一蔓一果：每株瓜只留一条主蔓，并在适当节位留 3 条子蔓准备坐果，坐果后只选留一个果，其他子蔓全部摘掉。这是目前甜瓜吊架栽培的最普遍的一种整枝方式。

一株两蔓两果：每株瓜在瓜苗长出4~5片真叶后及时摘心，然后在长出的多条子蔓中选留两条生长比较整齐的子蔓让其生长，并在每条子蔓适当的节位上留2~3条孙蔓坐果，坐果后每蔓只留一个果，或一条蔓留两个果，另一条蔓不留果，其他侧枝则全部摘除。这种方式只适用于管理水平比较高的中小果型品种，大果型品种及在低温期坐果时也不适用。

一株两蔓一果：本整枝方式一般是在主蔓长出4~5片真叶后摘心，然后留两条子蔓，或主蔓留下，只在基部再留一子蔓，然后在每条蔓的适当节位留2~3条子蔓或孙蔓坐果，坐果后每株只留一个果，其他子蔓全部摘除。此种整枝方式主要是针对容易裂果、网纹瓜不易覆网整齐的品种及低温期坐果时才采用。

2. 摘叶与摘心

瓜蔓下部的老叶、病叶等要及时摘除，以避免染病后成为病源，传染其他叶片。同时，摘掉下部的老叶后，也有利于田间的通风透光。摘老叶一般是在定瓜后进行，主要是摘除基部4~5片老叶即可。

摘心有利于控制植株的长势，防止徒长，也有利于坐瓜。另外，早摘心也有利于促进果实成熟。但摘心过早，瓜蔓上留的叶片数量不足时，植株容易早衰，反过来也会降低瓜重和品质。摘心分为结果枝摘心和主蔓摘心，适宜摘心的时机是：结果枝摘心是在雌花开放的当天或开花前1~2天内进行，一般是在坐果节后再留一叶后摘心；主蔓摘心是在25~30节之间进行。

3. 授粉、留瓜与吊瓜

人工授粉。于雌花开放的当天，选择当天新开的雄花（要注意确认已开始散粉的雄花）摘下，去掉花冠，露出雄蕊，对准雌花的柱头轻轻涂抹几下，将花粉均匀地涂抹到柱头上。甜瓜的有效授粉时间是从开花到开花后5~6小时以内，授粉时间较短，因此雌花开放后要及时授粉，千万不要错过授粉时间。同时授粉量要充足，一般是一朵雄花只为一朵雌花授粉。授粉时注意不要碰伤雌花柱头。

植物生长调节剂处理。在正常的气候条件和合理的肥水管理下，一般只通过人工授粉就能保证瓜株的正常坐瓜。如果坐瓜期间气候条件不良，如夜温低于15℃，花粉发育不良；或是空气相对湿度高于85%，柱头和花粉被浸湿；或植株生长过旺，棚内光照弱。此时人工授粉方法不再适用，必须进行生长调节剂处理。

常用的生长调节剂是强力坐瓜灵（又名吡效隆2号，有效成分为0.1%氯吡脲）。具体使用浓度和方法是：在温度在15～20℃时，每10g药粉或10ml水剂兑水1 500ml，20～25℃时兑水2 000ml，25～30℃时兑水2 500ml。于雌花开放当天或前一天用当天配制的药液浸蘸瓜胎1次或用小喷雾器均匀地喷瓜胎1次即可。注意此药不能重复使用，浓度不宜过高，用药必须均匀，否则极易造成畸形果出现。

4. 留瓜与吊瓜

留瓜节位。留瓜节位的高低直接关系到结瓜大小、产量高低、成熟早晚和品质优劣。一株一蔓一果整枝方式，坐果节位一般为12～15节；一株二蔓二果整枝方式，坐果节位一般为8～12节；一株二蔓一果整枝方式，坐果节位一般是用主蔓坐果时节位为12～15节，子蔓坐果则节位以8～12节为宜。

选瓜标准。当幼瓜长至鸡蛋大小时为留瓜适宜时期，过早看不准优劣，过晚浪费养分。应选择果实颜色鲜嫩，果型端正，果脐小，果柄较长而粗壮的幼瓜留下，未被选中的多余幼瓜及时全部摘除。

吊瓜方法。当瓜长到250g时，应及时吊瓜。中小果型品种用尼龙绳直接拴于果柄近果实部，将瓜吊起，吊绳另一头拴在顺行

铁丝上。中大果型品种宜在瓜上套一个塑料网袋，再将顺行吊架铁丝上已拴好的吊绳系在网袋上，把瓜吊起来。吊瓜的高低要尽可能一致，并注意防止碰伤幼瓜及损伤瓜柄。

五、适时采收

甜瓜的收获期比较严格，若采收过早，则果实含糖量低，风味差，有的甚至有苦味。采收过晚，则果肉组织分解变绵软，品质、风味下降，甚至糖化，也就是果肉发酵。只有适时采收，才能保证商品瓜的质量。外运远销的商品瓜，应于正常成熟前 3~4 天 8~9 成成熟时采收，果实硬度高，耐贮运性好，在运输中达到完全成熟。目前鉴定果实成熟主要还是以计算授粉天数并结合田间测试最为准确。如果授粉间隔大于 3 天，则宜在授粉时注意挂授粉日期标志牌，然后分批采收。采收一般于早上露水干后进行，采摘时应带果柄剪下，并要轻拿轻放，避免碰撞伤及瓜身。采摘的商品瓜要及时用泡沫塑料网套住并装箱。

【第七章】
西瓜病虫害及防治

　　随着我国设施西瓜产业的快速发展，因连年（重茬）种植，不规范、不科学地使用农药化肥，使得西瓜生产中病虫害的种类及田间病害呈现杂、多、且复合发病的现象，尤其在轮作倒茬困难的主产区，极易遭到枯萎病、根结线虫病等土传性病害的侵染。西瓜生长期病虫害种类繁多，其中病害可分为侵染性病害和生理性病害。

　　侵染性病害由病原菌引起，根据病原菌种类可分为真菌性病害、细菌性病害、病毒性病害、线虫性病害。此类病害往往在田间先形成一个发病中心，随后逐渐向四周扩展，表现为传染性。从全国范围来看，西瓜主要侵染性病害种类的发生具有一定的区域性，如西北地区以白粉病、霜霉病为主，东北地区以炭疽病、蔓枯病、枯萎病为主，华北地区以枯萎病、蔓枯病、根结线虫病、炭疽病和病毒病为主，华中地区以炭疽病和疫病危害严重，华东地区以炭疽病、疫病和枯萎病危害最重，西南地区以炭疽病危害严重，华南地区以枯萎病、蔓枯病、根结线虫病、白粉病和霜霉病危害较为严重。新时期下新出现病害开始对西瓜产业构成较大威胁，如由种子传播的细菌性果斑病，许多瓜农和技术人员缺乏对该病害的认识，造成防治不力。

西瓜生理性病害是由非生物因子造成的生理性失调，如温度忽高忽低、高湿、光照指数过强和水分不适宜，营养元素缺乏或过量，农药未正确使用，机械损伤等，因而表现为成片发生，而且感病植株所表现的症状也较一致。随着我国南北设施西瓜种植面积的快速扩大，西瓜连茬、重茬种植，致使生理性病害病害发生的比率正逐年提高。常见西瓜生理性病害有畸形瓜、西瓜裂果（西瓜爆炸、爆炸瓜）、水晶瓜、空心瓜（西瓜空心、空洞果）等。

西瓜虫害以蓟马、蚜虫、烟粉虱为主，作为传播病毒介体，不仅刺吸叶片造成退绿黄斑、叶片变小畸形等病毒病症状。另外红蜘蛛发生也较多，由于红蜘蛛危害叶片造成叶片发黄，瓜农误诊为生理性病害而用错药，从而错失防治良机。

了解西瓜病虫害的主要种类、危害特点及发生规律，坚持以农业栽培管理为基础，预防为主，进行综合防治，及时、准确、科学用药，同时轮换使用农药来延缓病虫抗药性的产生，为西瓜稳健生长、高产种植提供保障。

第一节　西瓜主要侵染性病害

一、猝倒病

俗称"倒苗"、"小脚瘟"、"霉根"，为西瓜幼苗期的主要病害之一，在我国南方瓜产区均有发生，以江苏、浙江一带危害最为严重。

（一）危害症状

主要发生在苗期，幼苗出土后，真叶未展开前侵染，茎基部或根茎部出现暗褐色水渍状病斑，病部缢缩致幼苗倒伏，一拔即断；猝倒病在苗床内蔓延很快，初始见零星发病，几天后成片倒伏；高湿环境下，发病茎部及其附近的基质或土层中常出现一层白色絮状菌丝。有时幼苗尚未出土，子叶、胚根已变褐腐烂，造成烂种缺苗。

（二）发生特点

由瓜果腐霉和德里腐霉两种真菌侵染引起，为西瓜苗期常见的真菌性病害。病菌的腐生性很强，可在土壤中长期存活。病菌以卵孢子、菌丝体的形式在土壤中的病残体上越冬，第二年适宜条件下卵孢子萌发产生孢子囊，以游动孢子或直接长出芽管随雨水侵入寄主。借雨水、灌溉水、病土或带菌的有机肥传播。低温高湿、通风不良、播种过密、光照不足易造成病害的流行。土温10～15℃时，病菌繁殖最快，超过30℃时病害受到抑制。

（三）防治措施

（1）严格选择无病营养土，进行苗床消毒。不要用带菌的旧苗床土，苗床选择地势高且干燥、排水良好、未种过瓜的地块，最好进行统一育苗。

（2）育苗管理时，应选择晴天进行浇水，同时作好通风排湿工作，避免低温、高湿条件出现。

（3）发现病苗时应及时拔除，可喷施铜氨合剂防治蔓延。铜氨合剂配制方法为：硫酸铜粉 2 份，碳酸氢铵 11 份，充分混合后密闭一昼夜即可；使用时取药粉 1 份，兑水 400 倍，喷施后隔 7 天再喷一次效果更好；也可用 75%百菌清可湿性粉剂 600 倍、72.2%普力克水剂 800 倍液、或 72.2%霜霉威 700 倍、或 58%甲霜灵·锰锌可湿性粉剂 800 倍液。对上述杀菌剂产生抗药性的地区，可改用 68%金雷水分散粒剂 600 倍、或 64%杀毒矾可湿性粉剂 600 倍液。

二、疫病

又称疫霉病，褐色腐败病，俗称"死秧"，是南方西瓜生产中

最严重的病害之一。

（一）危害症状

危害西瓜全生育期地上部分，包括叶、茎蔓和果实。苗期发病，子叶上呈现圆形水渍状暗绿色病斑，病斑中央渐变成红褐色；茎基部表皮初现暗绿色水渍状斑，后变为黄褐色，逐渐腐烂，后期萎缩成蜂腰状或全部腐烂，严重时幼苗倒伏枯死。成株染病，叶片初生暗绿色水渍状小斑点，后病斑迅速扩大，温度高时软腐似水烫状，干燥时呈青枯状，易干枯脆裂；根颈部发病，表皮初呈褐色，内部迅速变褐腐烂，使植株萎蔫。茎蔓染病，病部现暗褐色纺锤形水渍状斑，茎变细、软腐产生灰白色霉层，引起茎蔓枯死。果实染病部位凹陷、软腐，潮湿时病部长出稀疏白色霉层。该病扩展迅速，病瓜在2～3天内腐败掉，散发腥臭味。

（二）发生特点

由真菌鞭毛菌亚门德雷疫霉和辣椒疫霉侵染所致，病原菌以菌丝体、卵孢子等形式随病残体在土壤里或粪肥中越冬，成为来年的初侵染源，通过灌溉水和雨水传播。植株发病后，遇高温高湿条件下病斑扩展快，病部产生大量的孢子囊，借气流、灌溉水、风雨传播蔓延，从而进行多次重复侵染。

湿度是该病流行的决定因素。一般进入雨季开始发病，雨量大、雨日久、气温高，往往造成病害的流行和爆发。病原菌的生长适宜温度为28～32℃。耕作制度和栽培管理也与发病密切相关；连作田块因菌量的逐年积累而发病重；通风不良、排水不畅、大水漫灌的地块及酸性土壤易发病。另外，果实直接接触地面时也容易发病。

（三）防治措施

（1）轮作换茬，可有效杜绝土壤中残留的病原菌。

（2）深沟高畦，地下水位高的地区或雨水较多的地区，做到明水能排暗水能滤，尽量抬高畦面，可以有效降低病害的发生。

（3）控制浇水和适当排水，避免浇水过勤、过量，灌水后应排干沟内积水，保持土壤半干半湿状况。

（4）在发病初期，每 667m² 用 45% 百菌清烟剂 200～250g，在棚内分 4～5 处放置，暗火点燃，闭棚一夜，次日清晨通风，隔 7 天熏 1 次。

（5）药剂防治时，可选用 70% 乙磷·锰锌可湿性粉剂 500 倍液、或 75% 百菌清可湿性粉剂 600 倍液、或 72.2% 普力克水剂 800 倍液、或 27% 铜高尚悬浮剂 600 倍液、或 64% 杀毒矾可湿性粉剂 500 倍液交替轮换使用。对上述杀菌剂有抗药性的地区可改用 50% 托布津 600 倍、80% 代森锌 500 倍混合液喷施，或 72% 杜邦克露可湿性粉剂、或 72% 霜脲·锰锌可湿性粉剂 800 倍液喷雾，可有效控制病情，效果较好。

三、炭疽病

炭疽病是南方西瓜生产中最主要病害之一，整个生育期均能发生，6 月中旬梅雨季节发病更迅猛。在贮运期可引起果实腐烂，对西瓜产量和效益造成较大影响。

（一）危害症状

危害西瓜叶、茎、果实等部位。叶片上出现圆形或长椭圆形暗褐色病斑，外围有一紫色圈，发病部位中心略凹陷、灰褐变，形成同心轮纹，病斑扩大融合，干燥时易破裂，潮湿时病部出现粉红色的分生孢子团。茎上形成暗褐色凹陷的圆形或长椭圆形小病斑，中心部呈灰褐色而干枯，湿度大时，病斑上出现粉红色粘状物。果实上首先出现油渍状污点，逐渐扩大后变为暗褐色，生成轮纹并凹陷。湿度加大时，病斑上出现淡红色粘状物，干燥后病斑上出现裂痕。

（二）发生特点

由瓜类刺盘孢菌侵染所致，病原菌主要以菌丝体、拟菌核在种子、病残体上越冬。偶尔也以分生孢子形态附在残留于土壤中的病株、病茎叶上越冬，翌年形成初侵染源，借雨水、灌溉水传播，在田间形成再次侵染。降雨多、棚室浇大水，排水不良，种植密度大，通风效果不好及过量施氮肥的条件下，病害发生重，且易流行。雨后采收的果实，往往果皮带菌，则在高湿环境下贮存易致果实发病。

（三）防治措施

（1）对种子进行消毒处理，采用55℃恒温水浸种15分钟，或用福尔马林100倍液浸种30分钟消毒，用清水搓洗干净后进行催芽播种。

（2）选择光线充足、通风良好、便于排水的地块栽培，低洼地、湿地等应改善排水条件。

（3）施足钾肥，加强肥水管理，增施磷钾肥，不施用带菌肥料。随时摘除病果和病叶等。

（4）可用50%甲基托布津可湿性粉剂500倍液、或75%百菌清可湿性粉剂600倍液、或50%苯菌特可湿性粉剂1500倍液、或80%炭疽福美可湿性粉剂800倍液、或65%代森锌可湿性粉剂600倍液、或50%多菌灵500倍液、或50%克菌丹可湿性粉剂400倍液，7~10天喷1次，连喷2~3次。

四、枯萎病

又称蔓割病、萎蔫病，是西瓜生产上重要的土传病害，连作多年的瓜田发病尤其严重，可造成绝产绝收。

（一）危害症状

各个生育期均可发病。幼苗受害时不能出土，或者出土后顶端失水呈失水状，子叶萎蔫，茎基部变褐缢缩，发生猝倒。成株期发病初期，病株茎蔓上的下部叶先萎蔫，逐渐向上发展，叶缘萎垂变褐，随后出现失水状。初期中午萎蔫，早晚恢复，反复数日后病株枯死，病蔓表皮纵裂，裂口处有黄褐色或褐红色胶状物溢出。发病植株茎蔓基部稍缢缩，病部纵裂，有白色霉层，纵切根颈，其维管束变褐。

（二）发生特点

由尖孢镰刀菌西瓜专化型引起的土传性病害，病部产生的白色至粉红色霉层为病原菌的分生孢子。病菌以菌丝体、菌核和厚垣孢子在土壤、病残体上越冬；此外，附在种子表面的分生孢子也能越冬，成为第二年的初侵染源。通过土壤、肥料、灌溉水、农具等传播病害，经带菌种子进行远距离传播。苗期时病原菌从植株的伤口、根毛顶部细胞间隙侵入，附着在种子上的分生孢子直接萌发侵入幼根病原。病原菌在土壤中可存活 6～10 年，甚至更长时间。雨水有利于病菌的传播，酸性土壤发病较重。此外地势低洼、排水不良、氮肥过多、连作等，均可加重枯萎病的发生。

（三）防治措施

（1）采取轮作换茬，与非瓜类作物轮作。一般情况下，水旱轮作要求 3～4 年，旱地轮作要求 7～8 年。

（2）改善排水，对酸性土壤要多施石灰，建议每 667m² 施 100kg 石灰，调节土壤的酸碱性。

（3）嫁接换根，利用葫芦和南瓜抗性砧木嫁接栽培，可有效防治枯萎病。

（4）种子消毒，见炭疽病部分。

（5）合理施肥，注意氮磷钾三要素的配合，忌过施氮肥，提高植株抗性。

（6）及时拔除病株，并在病株周围用生石灰或50%多菌灵500倍液灌根消毒。

（7）发病初期或发病前用50%速克灵1 200～1 500倍液、或50%扑海因可湿性粉剂1 000～1200倍液、或0.3%硫酸铜溶液、或800～1 500倍高锰酸钾、或20%甲基立枯磷乳油1 000倍液等进行灌根，每株灌药0.25kg，每5～7天1次，连续防治2～3次。此外用70%敌克松10g，加面粉20g，兑水调成糊状，涂抹病茎，可防止病茎开裂。

五、病毒病

该病近年呈上升趋势，为全株带毒的系统性病害，一般因病毒病造成的损失达20%～50%，已成为西瓜生产上普遍发生的一种重要病害。

（一）危害症状

主要表现为花叶、畸形、黄化、矮化等症状。以常见的花叶症状为例，植株从顶部叶片开始出现浓、淡相间的绿色斑驳，病叶细窄、皱缩，植株矮小、萎缩，花器发育不良，不易坐瓜，即使坐瓜，瓜也很小。

值得一提的是，西瓜黄瓜绿斑驳花叶病毒病为检疫性病害，其症状为：叶片出现不规则形淡绿色至黄色的褪绿斑点，呈花叶状，绿色部位突出表面，叶缘向上翻卷，叶片略微变细。危害严重时叶片绿色部分隆起，呈黄绿色花叶症状，叶面凸凹不平，叶片明显硬化，症状严重植株整株黄变，易于分辨。花叶症状在老叶及成熟叶上不很明显。果梗部常出现褐色坏死斑。果实表面的症状不明显，有时果面长出不明显的深绿色瘤疱。果皮与果肉之间出现油渍状深色病变，而种子周围形成暗紫色油渍状空洞。

（二）发生特点

为多种病毒侵染危害，主要有西瓜花叶病毒 2 号（WMV-2）、甜瓜花叶病毒（MMV）、黄瓜花叶病毒（CMV）、黄瓜绿斑花叶病毒（CGMMV）等。带毒种子及染病植株是初侵染源，蚜虫（瓜蚜、桃蚜）是主要传播媒介，人工整枝打杈等农事活动可引起接触传毒。高温、干旱、日照强的气候条件，有利于蚜虫的繁殖和迁飞，传毒机会增加，则发病重；土壤黏重、偏酸，多年重茬，土壤积累病菌多的易发病；氮肥施用太多，播种过密，抗性降低的易发病；肥力不足、耕作粗放、杂草丛生的田块易发病。

（三）防治措施

（1）播种前用 55℃温水浸种 30 分钟，用凉水冷却；或用 10%磷酸三钠溶液浸种 20 分钟，用清水洗净，然后催芽、播种。

（2）加强管理，施足基肥，合理追肥，增施钾肥，及时浇水防止干旱，合理整枝，提高植株抗病力；同时铲除瓜田内及周围杂草，及时拔除病株。在进行整枝、授粉等田间操作时，要注意尽量减少对植株的损伤；打杈选晴天，在阳光下进行，使伤口尽快干缩。

（3）治蚜防病，用银灰膜、铝箔膜避蚜。生长期间尽量避免蚜虫危害，发现蚜虫及时治用药防治，可选用 10%吡虫啉可湿性粉剂 1 500～2 000 倍液、或 25%抗蚜威乳油 3 000 倍液喷雾，可以达到较好的防病效果。

（4）发病初期，喷 5%菌克毒克乳油 800～1 000 倍液、或 20%病毒 A 可湿性粉剂 500 倍液、或 1.5%植病灵 1 000 倍液、或抗毒剂 1 号 300 倍液等，每 7～10 天喷 1 次，连喷 3～4 次，可减轻危害。

六、根腐病

为土传性病害，其发病症状与西瓜枯萎病类似，但地上部分

维管束不变色，以此特征区别于西瓜枯萎病。

（一）危害症状

主要危害西瓜根部和茎基部，很少危害茎蔓。定植后即可开始发病，初呈水渍状，后呈浅褐至褐色腐烂，病部不缢缩，其维管束变褐色，但不向上扩展，可与枯萎病相区别，后期病部组织破碎，仅留下丝状维管束，受害茎蔓初期蔓尖微卷上翘，生长缓慢，以后全株叶片中午萎蔫，早晚恢复，逐渐枯死。

（二）发生特点

在设施栽培中危害严重的病害之一，是一种多发性病害，具有发病早、速度快、危害重、损失大的特点。一般4月上、中旬为拱棚西瓜根腐病的始发期，4月下旬至5月上旬为发病盛期，病株率高达80%以上。晴天、少雨，病害发展慢，危害轻；阴雨天或浇水后，病害发展快，危害重；连作地、黏土地、盐碱地、低洼地发病较重。

（三）防治措施

发病初期，用甲基托布津50%可湿性粉剂600倍液、或23%络氨铜水剂300~500倍液、或5%水杨菌胺可湿性粉剂300~500倍液、或77%可杀得可湿性粉剂500倍液灌根。发病严重时，用20%甲基立枯磷乳油800~1 000倍液+50%福美双可湿性粉剂500~800倍液，兑水灌根防治，每株灌250毫升，视病情情况间隔7~10天左右再次防治1次。

七、蔓枯病

又称褐斑病、斑点病、叶斑病、黑腐病等，是近年来发展起来的一种病害，在长江三角洲的主要西瓜产区发病日趋严重。

（一）危害症状

整个生育期可危害蔓、叶和果实。茎基部先呈油渍状，有胶状物，稍凹陷。不久呈灰白色，出现裂痕，胶状物干燥变为赤褐色，病部上出现针头大小的小黑粒（分生孢子器）。节与节之间、叶柄及果梗上也出现溃疡状褐色病斑，并有裂痕，病斑上形成无数小黑粒，发病叶柄易折断。叶片上形成圆形或椭圆形淡褐色至灰褐色大型病斑，病斑干燥易破裂，其上产生密集的小黑粒。果实上刚开始呈水浸状病斑，中央变褐枯死斑，褐色部分开裂后可见内部木栓化，病斑上形成小黑粒。

（二）发生特点

病菌主要以分生孢子器随病残体进入土壤中越冬，翌年分生孢子器释放分生孢子成为初侵染源，借风雨、灌溉水进行传播，从植株伤口、气孔或水孔侵入。温度 20～25℃，相对湿度 85% 以上，土壤湿度大时易发病。茎基部发病与土壤含水量有关，土壤湿度大或田间积水易发病。降雨次数多，雨量大，发病严重。在高温多湿及通风不良的条件下，易于发病。缺肥、植株长势弱有利于发病。

（三）防治措施

(1) 避免连作，注意排水，以保持根部土壤不要过湿。

(2) 及时清理枯蔓死株，深埋或烧毁病残体。

(3) 用温汤浸种方式杀死附在种皮上的病菌，具体操作见炭疽病防治。

(4) 增施磷钾肥，促进西瓜生长，提高植株对病原菌的抗性。

(5) 发病初期可喷 75% 百菌清可湿性粉剂 600 倍液、或 64% 杀毒矾可湿性粉剂 500 倍液、或 80% 代森锌可湿性粉剂 800 倍液、或 70% 代森锰锌可湿性粉剂 500 倍液、或 36% 甲基硫菌灵胶悬剂 400 倍液。每 7～10 天喷 1 次，轮换用药，连续防治 2～3 次。防治时适量补充钙肥，以此减少蔓破裂。

八、细菌性果斑病

又称细菌斑点病、西瓜水浸病、果实腐斑病等，是近年由国

外传入的毁灭性病害，为我国西瓜生产中的又一检疫性病害。

（一）危害症状

苗期和成株均可发病。瓜苗染病沿中脉出现不规则褐色病变，有的扩展到叶缘，从叶背面看呈水渍状。果实染病，初在果实上部表面现数个小灰绿色至暗绿色水渍状斑点，后迅速扩展成大型不规则的水浸状斑，变褐或龟裂，致果实腐烂破裂，分泌出一种黏质琥珀色物质，进一步扩展，细菌透过瓜皮进入果内。病果中的细菌亦侵染种子，并通过种传蔓延。

（二）发生特点

病原菌主要潜伏在带菌的西瓜种子中，借种子销售流通而传播。当然也不排除土壤和空气带菌及病残体越冬传播的可能性。此外嫁接育苗时，通过切口、污染的刀具、育苗盘和嫁接工人的操作手指等均会增加病原菌的传播机会。西瓜生长期中喷灌、降雨等环境条件也能促进病原的传播。采种时阴天环境下湿种子长期暴露不干，也为细菌入侵提供了机会。当具备感病品种、存在病原菌和高湿环境下，极易造成病害的流行。

（三）防治措施

（1）加强西瓜种子检验、检疫，杜绝疫区种子（国内外）进入我国无病区。

（2）创造无菌种子生产基地，从选地、不带菌亲本种子入手，全生长期监控细菌性果腐病。采种时种子与果汁、果肉一同发酵24～48 小时后，种子随即以 1%盐酸浸渍 5 分钟，水洗风干；或可用 70℃恒温干热灭菌 72 小时，可以有效去除种子携带的病菌，然后包装、入库。浸种前，用 55℃温水浸种 25 分钟，或 40%福尔马林 150 倍液浸种 1.5 小时，或 200mg/kg 的新植霉素和硫酸链霉素浸种 2 小时，清水冲洗干净后催芽播种。

（3）加强田间管理，进行无病土育苗，确保幼苗不发病。尽量采用滴灌或降低水压喷雾，避免因水滴飞溅而造成病菌传播危害。田间出现病害后，则随时清除病苗、病叶和病果。尽量不要在叶子上露水未干的感染田块中操作，也不要把感染田中用过的工具在未发病的田块中使用。与非葫芦科、茄科及十字花科蔬菜进行 2 年以上轮作；保护地栽培要加强放风，防止棚内湿度过高。

（4）针对该病是细菌性病害，宜采用铜制剂和抗生素药剂进行防治。可用 14%络氨铜水剂 300 倍液、或 27%铜高尚悬浮剂 600 倍液、或 50%甲霜铜可湿性粉剂 600 倍液、或 77%可杀得可湿性微粒粉剂 500 倍液，每 667m^2 用 60~75L，连续使用 3~4 次，可有效防治该病害；72%农用链霉素或新植霉素 3 000~4 000 倍液、或 47%加瑞农 600~800 倍液，均有较好的防效。

九、根结线虫病

该病尚未成为西瓜生产中的主要病害，但随着设施栽培面积的增加，长期连作等原因，该病有可能上升成为今后西瓜生产中的又一重要病害。

（一）危害症状

发病轻时，地上部无明显症状。发病重时，地上部表现为生长不良、矮小、黄化、萎蔫，似缺肥水或枯萎病症状，结瓜小而少，且多为畸形。拔起地下部分，仔细观察根部，可见有许多大小不一的瘤状根结，以侧根和须根上最多。一般初期为白色，生长后期则变成淡褐色根结。剖开根结，内有许多小虫体在病组织中。

（二）发生特点

根结线虫以卵、幼虫在土壤、寄主、病残体上越冬，一般可存活 1~3 年。第二年条件适宜时，越冬卵孵化为幼虫，借病土、病苗、病残体、肥料、灌溉水、农具和杂草等途径传播，继续危害西瓜的根部，并刺激寄主细胞膨大形成根结。侵入根部组织内

部的幼虫经过几次蜕皮后，身体逐渐肥大。如果土壤墒情适中，通透性好，线虫可进行反复侵害。

（三）防治措施

（1）重病田种植葱、蒜、韭菜等抗病蔬菜，减少土壤线虫量，以此减轻病害的发生。

（2）实行水旱轮作，要求轮作 2 年以上，有效防治根结线虫。

（3）加强栽培管理，增施有机肥，及时清除田间杂草。收获后彻底清洁田园，将病残体带出田外集中烧毁，从而压低虫源基数，减轻病害的发生。

（4）发病初期，每 667m² 用 3% 米乐尔颗粒剂 4～6kg 拌 50kg 细干土进行撒施、沟施或穴施，或用 1.8% 虫螨克 800 倍液灌根，每株灌药液 0.5kg，隔 10～15 天再灌根 1 次，能有效地控制根结线虫病的发生危害。

第二节　西瓜主要生理性病害

一、畸形瓜

（一）危害症状

症状主要表现为尖嘴瓜、扁平瓜、葫芦瓜和偏瓜。尖嘴瓜为瓜果的花蒂部位渐尖，靠近果梗部位果实膨大；扁平瓜为扁平状，瓜的横径大于纵径，果皮变厚；葫芦瓜与尖嘴瓜症状相反，靠近果蒂部位膨大，而靠近果梗部位较细，似葫芦或酒瓶状；偏瓜为果实一侧充分膨大，另一侧发育不良或停滞，呈现偏头状，一般伴有空心现象。

（二）发病原因

尖嘴瓜主要是果实发育期营养和水分条件不足，致使果实不能充分膨大；扁平瓜常因低温干燥、缺钙、施肥过多等原因而产生；葫芦瓜主要是由于低温季节授粉不良造成的，供水不均匀也会诱发此病；偏瓜的形成主要与西瓜花芽分化期遭遇低温形成畸形花、开花坐果期间人工授粉受精不良、不均或遇到高温、干旱而使花粉发芽率降低有关。此外，开花期使用膨果素处理，如果环境温度不适宜、药剂浓度掌握不当，或药剂本身质量有问题，也容易出现偏果。畸形瓜的产生还与土壤氮、磷、钾失衡，膨果期肥水不足或偏施氮肥有关，留瓜节位过低或过高，遭受病虫危害，特别是病毒病危害，也可导致畸形果的形成。

（三）防治措施

（1）释放足量的传粉昆虫来进行授粉。如果传粉昆虫量少时，可进行人工辅助授粉。人工授粉应在开花期间每天上午露水干后进行，要避免损伤柱头而致使授粉不匀或花粉量不足现象。

（2）控水平衡，注意均匀供水，少量多次，忌让土壤忽干忽湿。

（3）掌握好激素适宜使用浓度，加强田间管理，尤其坐瓜后要加强对温度的控制，适时关棚和开棚。

二、空心瓜

（一）危害症状

在尚未成熟之前，瓜瓤就出现空洞或裂缝。

（二）发病原因

造成这种现象的主要原因是气候条件和不当的水肥供应。当西瓜发育前期遇到低温或干旱、光照不足等不良环境条件时，导致苗期花芽分化不正常，花小，坐瓜难，瓜易发生空心。肥水特别是水分供应不足，在西瓜膨大期因瓜瓤部分的薄皮细胞得不到

充实，相邻的许多薄壁细胞破裂后，便形成了空洞，从而产生空心。此外，过早使用催熟剂、采摘过晚、果实上部节位叶片数过多或基部叶片过少都易空心。

（三）防治措施

（1）合理施用肥水，尤其是在土层较浅的田间，应避免土壤含水量变化过大。浇水时注意由少到多逐渐增加，或者先进行根外追肥，再进行根部追肥和浇水。

（2）适量增施硼肥，每 667m² 瓜田用硼砂 100g，兑水稀释 500 倍液，在开花前向叶面喷雾，喷 1 ~ 2 次。或在瓜苗栽植时，每 667m² 用硼砂 1 ~ 1.5kg。

三、裂瓜

（一）危害症状

发生在田间自然裂瓜和采收时因外力作用导致裂瓜，一般从花蒂处发生破裂。

（二）发病原因

近年来某些地方出现的西瓜"爆炸"事件，即裂瓜，其主因与旱后强降雨和部分瓜农不当使用膨大增甜剂有关。当然田间自然裂果在幼果至成熟果均可发生，其发生原因与土壤水分、温度、缺素等因素相关。一是当土壤水分发生骤变，尤其是西瓜膨果期或采收前后遇到阴雨天气，易发生裂瓜；二是当果实发育时遭遇低温发育缓慢，之后迅速膨大而引起裂果，或发育期突遇降温，随后温度急剧升高，造成西瓜蒸腾旺盛，薄皮西瓜易裂果；三是花期喷施坐果灵浓度过高；四是果实吸收硼、钙、钾等元素不足；五是与品种有关，部分薄皮、质脆、小果型的品种易裂瓜。

（三）防治措施

（1）选择品质好、抗病性强的抗裂瓜品种。

（2）对于易裂品种，可以适当多留 1~2 条蔓，以此减少营养物质向果实的大量运输，防止单瓜膨大过快引起裂瓜。

（3）挖深排水沟，降低水位，保证瓜地排水良好；膨瓜期控浇水，避免短期浇水骤增或大水漫灌。

（4）合理追肥，底肥要增施优质腐熟有机肥，追施以氮磷钾复合肥为主，多增施钾肥，适量补充磷、钙肥、硼肥，减少氮肥的施用量。喷施适宜浓度的坐果灵，防止浓度过高或过低。

（5）对易裂瓜品种采收时应在下午采瓜，并减少震动或摔打，防止人为损伤裂瓜。

四、水晶瓜

（一）危害症状

称肉质恶变，又称果肉溃烂病。外观与正常瓜无异，拍打时发出当当敲木声，与成熟瓜、生瓜不同，剖开果实可见果肉或种子周围的果肉呈水渍状，像肉质一样，紫红色至黑褐色，严重时种子周围细胞崩裂溃解，果肉变硬，半透明状，有异味，完全失去食用价值。

（二）发病原因

与果实受到高温或阳光直接照射，持续时间长，致输送到果实里的养分和水分不畅有关；通常持续连阴雨后突然转晴或出现叶烧病的植株上，使果肉产生乙烯，引起异常呼吸，容易形成肉质恶变果；西瓜生长后期脱肥或早衰的田块、发生病毒病的植株易发病；土壤忽干忽湿或变化剧烈，降低根系活性，植株产生生理障碍时发病重。

（三）防治措施

（1）高温时果实应避免阳光曝晒，可用杂草遮挡果实，适时适量浇水。

（2）深挖排水沟，降低水位，确保瓜地排水良好。

（3）及时合理防治病毒病（防治方法见病毒病防治）；合理施肥防止早衰。

（4）不整枝或少整枝，避免整枝过度。

五、缺素

（一）危害症状

叶片形状正常，唯独叶脉保持淡绿色(较正常叶色淡)，叶脉间的叶肉褪绿变黄，长势差。

（二）发病原因

西瓜在栽培过程中出现缺锌、缺锰、缺硼、缺钙等缺素症。上述叶片叶脉仍保持绿色，叶肉变黄是缺锌、缺锰表现的症状。造成西瓜缺锌、缺锰等缺素病的原因颇为复杂，归纳起来原因大体有：1. 土壤中锌、锰等微量元素被雨水淋融而流失。2. 这些微量元素虽然存在，但成为不可吸收状态，不能被作物吸收利用。造成这些微量元素不能被利用，与土壤酸碱度不适(过酸或过碱)、土壤水分不调以及氮磷钾等大元素施用过多、造成元素间比例失调等因素有关。特别是磷钾肥或石灰施用过多，最容易引起元素间的不平衡。土壤过酸或过碱也容易引起缺锌或缺锰症。缺锌多出现于酸性土和轻砂土；碱性土施磷钾肥和石灰过多或其他元素间不平衡，均易出现缺锌。酸性土壤锰淋溶严重或碱性土壤锰可溶性低，石灰性土壤最易缺锰。

（三）防治措施

（1）对缺锌，可叶面喷施 0.2％硫酸锌 +0.1％熟石灰溶液，连喷 2～3 次，效果良好，但中性土和石灰性土则无效。

（2）对缺锰，叶面喷施 0.3％硫酸锰 +0.1％熟石灰溶液，连喷 2～3 次，效果良好。酸性土施锰有效，但中性和碱性土施锰无效。

第三节　西瓜主要虫害及防治

一、蚜虫

又名棉蚜，在我国各地均有分布，是危害西瓜的主要害虫之一。

（一）形态特征

蚜虫分为有翅蚜和无翅蚜。无翅蚜体长 1.5 ~ 1.9mm，体色夏季黄绿色，春秋多为深绿色、蓝黑或黄色。体表常有薄蜡粉，腹管黑色或青色，较短呈圆形，基部较宽。两侧有 3 对刚毛。有翅蚜比无翅蚜虫体略小，一般为黄色，或浅绿，或蓝黑，有透明翅 2 对，腹部背面两侧有 3 ~ 4 对黑斑。卵椭圆形，初产为橙黄色，后变为漆黑色，有光泽。若蚜体色黄、黄绿或蓝灰色，有翅蚜于第二次蜕皮后出现翅蚜。

（二）生活习性

瓜蚜繁殖速度快，在大棚内每年最多可发生 20 ~ 30 代，主要以卵在花椒、木槿、石榴、鼠李及一些杂草的枝条、茎部越冬。第二年开春后越冬卵在寄主上孵化、生活、繁殖 2 ~ 3 代后，4 月底或 5 月初产生有翅蚜迁飞至瓜田危害瓜苗。开始点片发生，后逐渐扩散至整个瓜田或瓜棚。待西瓜收获后，转移到棉田继续危害，秋末天气冷时再飞回寄主上产卵越冬。一般情况下，高温干旱，有利于瓜蚜的迁飞。杂草多、植株生长过密、通风不良及与花椒、木槿等越冬寄主相邻的瓜地危害严重。

（三）危害症状

瓜蚜以成虫、若虫群集在瓜叶背面及嫩梢、嫩茎上吸食汁液，造成叶片卷缩，严重时卷成一团，使生长停滞，甚至植株萎蔫死亡；老叶被害后，提前干枯死亡，缩短结瓜期，影响西瓜的产量

和品质。蚜虫传播多种西瓜病毒病，造成病毒病的发生。

（四）防治措施

（1）提前清除瓜田内外杂草，消灭越冬蚜虫。同时对附近的越冬寄主喷药，消灭寄主上的蚜虫。

（2）利用黄色板诱虫监测，当有蚜株率达 20%~30%时，每株蚜量 10~20 头时，应及早用药，将其控制在点片发生阶段。

（3）药剂防治时可喷洒 50%灭蚜松乳油 2 500 倍液、或 2.5%溴氰菊酯乳油 2 000~3 000 倍液、或 2.5%功夫乳油（除虫菊酯）3 000~4 000 倍液、或 50%抗蚜威可湿性粉剂 2 000~3 000 倍液、或 20%丁硫克百威 1 000 倍液、或 2.4%威力特微乳剂 1 500~2 000 倍液、或 48%乐斯本乳油 1 500~2 000 倍液、或 10%蚜虱净可湿性粉剂 4 000~5 000 倍液、或 15%哒螨灵乳油 2 500~3 500 倍液等，交替喷施，防治蚜虫产生抗药性。

二、粉虱

俗称小白蛾子、小白虫，有多种，主要有烟粉虱、白粉虱和银叶粉虱等，常常混合发生，在保护地栽培下发生尤其严重。烟粉虱和温室白粉虱是我国典型的、危害最大的入侵物种之一，对许多作物造成毁灭性危害。近年来，随着南方保护地的迅速发展，已成为危害南方西甜瓜主要虫害之一。

（一）形态特征

成虫体长 1~1.5mm，淡黄色。翅面覆盖白蜡粉，停息时双翅在体上合成屋脊状如蛾类。卵长约 0.2mm，基部有卵柄，柄长 0.12mm，以卵柄从叶背的气孔插入植物组织中。初产淡绿色，逐渐变褐色，孵化前呈黑色。1 龄若虫体长约 0.29mm，长椭圆形，2 龄体长约 0.37mm，3 龄体长约 0.51mm，淡绿色或黄绿色，足和触角退化，固定在叶片上生活，类似介壳虫，4 龄若虫称伪蛹，长

0.7～0.8mm，椭圆形，初期时扁平，逐渐加厚时中央略高，黄褐色，体侧有刺，背上有长短不齐的蜡粉。

（二）生活习性

以温室白粉虱为例：温室一年可发生10多代，冬季在室外无法生存，因此在温室中以各种虫态越冬并继续危害。成虫羽化后次日可交配产卵，每只雌虫产卵近142粒，也可进行孤雌生殖，其后代为雄性。成虫具趋嫩性，随着植株的生长不断追逐顶部嫩叶产卵。因此植株上的虫龄十分有规律，越往顶端，虫龄越小，自上而下分布表现为：新产的绿卵、变黑的卵、幼龄若虫、老龄若虫、伪蛹。若虫孵化后3天内在叶背可做短距离游走，当口器插入叶组织后就失去了爬行的能力，开始固定危害。白粉虱繁殖的适温18～21℃，温室条件下约1个月完成1代。白粉虱从卵到成虫羽化发育历期，18℃时31天，24℃时24天，27℃时22天。各虫态发育历期，在24℃时卵期7天，1龄5天，2龄2天，3龄3天，伪蛹8天。

（三）危害症状

其成虫、若虫刺吸植物汁液，受害叶褪绿、变黄、萎蔫或枯死，可传播病毒病。此外，成虫及幼虫分泌蜜露可诱煤污病，污染叶片和果实，密度高时，叶片呈现黑色，影响植株光合作用及果实品质。以各种虫态在温室越冬并继续危害，无滞育和休眠现象，来年春季随着通风、农事操作等传播，以3月至5月、9月至11月为发生盛期。夏季高温和暴风雨能抑制其大发生，非灌溉区或浇水次数少的瓜田受害重。

（四）防治措施

（1）温室大棚育苗前彻底熏杀残余的白粉虱、烟粉虱等，培育"无虫苗"。田间作业时，结合整枝打杈，摘除枯黄老叶，以减少虫源。

(2) 在设施大棚外加防虫网，利用白粉虱具趋黄性，在黄色板上涂上机油或凡士林诱杀成虫。

(3) 投放丽蚜小蜂来防治烟粉虱，当每株有粉虱平均 0.5～1 头时，按照粉虱与丽蚜小蜂 1∶2～4 的比例，隔 14 天放 1 次，连续放蜂 3～4 次，有效控制早期粉虱的危害。

(4) 控制氮肥的施用量，避免植株生长过密而助其危害。

(5) 粉虱世代重叠严重，繁殖速度较快，所以要在发生早期施药。在粉虱零星发生时开始喷洒 20% 扑虱灵可湿性粉剂 1 500 倍液，对粉虱防效显著，或 25% 灭螨猛乳油 1 000 倍液对粉虱成虫、若虫和卵均有效，或 25% 功夫乳油 2 000～3 000 倍液、20% 灭扫利乳油（甲氰菊酯）2 000 倍液、10% 吡虫啉可湿性粉剂 1 500 倍液喷雾，隔 10 天左右 1 次，连续防治 2～3 次，效果较好；喷药时，凡是连片西瓜、甜瓜地必须联防联治，将粉虱一次性区域性控制才能取得较理想的效果，单独田块或大棚施药效果较差。

三、叶螨

危害西瓜、甜瓜的叶螨，俗称红蜘蛛、火龙，有多种，主要为朱砂叶螨、二斑叶螨和截形叶螨，其中朱砂叶螨和截形叶螨为红色，二斑叶螨为黄绿色，食性杂，全国各地均有分布。

（一）形态特征

以朱砂叶螨为例，雌螨身体椭圆形，长约 0.42～0.51mm，宽 0.28～0.32mm，体色有淡黄色、红色、锈红色，有些甚至为黑色，常随寄主的种类而变异。背上长刚毛，4 对足相差不大，体侧各具两块从头胸部开端延伸到腹部后端的黑褐色长斑。雄虫体型较雌螨略小，体长 0.4mm，腹部末端略尖，体色常为绿色或橙黄色。卵为圆球形，产于丝网上，初产时无色透明，后渐变为橙红色。幼螨长约 0.15mm，宽 2mm，体近圆形，色泽透明，足 3 对，取食后体色变暗绿。若螨长 0.21mm，宽 0.15mm，足 4 对，体色变深，体侧出现明显的块状色素。

（二） 生活习性

朱砂叶螨一年发生近 20 代，长江中下游地区年发生 20 代以上，以授精的雌螨群集在土缝、杂草根部、树枝中越冬，来年 3 月下旬在杂草或其他寄主上取食、生活并繁殖 1～2 代，4 月下旬至 5 月上旬迁入瓜田危害。首先在瓜田点片发生，经大量繁殖后，向四周扩散到全田或全棚。一头雌螨产卵 100 余粒。朱砂叶螨靠成螨和若螨爬行或吐丝下垂，借风吹或农事操作来传播。一般高温干旱发生严重，6～7 月份是危害盛期。至 8 月上旬，因高温致种群数量迅速下降，到 8 月中下旬以后，种群密度维持在较低水平，并一直持续至秋季。在秋季，虫体陆续迁往地下的杂草上生活，于 11 月上旬越冬。

（三） 危害症状

叶螨食性很杂，繁殖力强，传播快。每头雌螨平均可产卵百余粒，成螨和若螨靠爬行或吐丝下垂在植株间蔓延危害。主要以成螨、若螨和幼螨群集在叶背吸食汁液，并吐丝结网，被害处叶面初现黄白色小点，后变灰白色，严重时叶片发黄枯焦，植株衰败。在夏季高温干燥时盛发，造成叶缘向下卷缩，呈锈斑色。西瓜植株被害后缩短结瓜期，幼果被害后则难以膨大，影响产量和品质。

（四） 防治措施

（1）清除田头地边杂草，摘除枯枝落叶并集中烧毁，降低虫口基数。耕整土地以消灭越冬虫源。

（2）加强田间害螨监测，在点片发生阶段及时喷洒药剂，重点喷洒植株上部嫩叶背面、嫩茎、花器、生长点及幼果等部位，注意轮换施用化学药剂，尽量使用复配增效药剂或一些新型的特

效药剂。常用药剂有：5%卡死克 2 000 倍液、或 20%克虫灵乳油 1 000～1 500 倍液、或 24%阿维·毒乳油 2 000～3 000 倍喷雾、或 40%的菊杀乳油 2 000～3 000 倍液、或 20%的螨卵脂 800 倍液、或 25%灭螨猛可湿性粉剂 1 000～1 500 倍液。

四、小地老虎

俗名地蚕、土蚕。

（一）形态特征

体长 17～23mm、翅展 40～54mm，体暗褐色。前翅中室附近现明显肾形斑、环形斑，在肾形斑外侧有 3 个楔行黑斑，尖端相对，后翅灰白色。卵半球形，高 0.5mm，宽 0.6mm，卵壳上有纵横隆线。初产乳白色，渐变黄色，孵化前卵一顶端具黑点。幼虫圆筒形，体长 40～47mm，宽 5～6mm，黄褐色至黑褐色，体表粗糙，布满龟裂状皱纹和黑色小颗粒。腹部 1～8 节背面各节上均有 4 个毛片，后两个比前两个大 1 倍以上。前胸背板暗褐色，黄褐色臀板上具两条明显的深褐色纵带。蛹长 18～24mm，宽 6～7.5mm，红褐色，有光泽。口器与翅芽末端相齐，均伸达第 4 腹节后缘。腹部第 4～7 节背面前缘中央深褐色，且有粗大的刻点，两侧的细小刻点延伸至气门附近，第 5～7 节腹面前缘也有细小刻点；腹末端具短臀棘 1 对。

（二）生活习性

我国常年发生 2～7 代，以幼虫、蛹、成虫等在土内越冬。早春 3 月上旬成虫开始出现，南方越冬成虫二月份出现，全国大部分地区羽化盛期在 3 月下旬至 4 月中上旬。成虫昼伏夜出，对黑光灯及糖醋酒等趋性较强。成虫羽化后 3～5 天交配，交配后第二天产卵，每头雌蛾平均产卵 800～1 000 粒，多达 2 000 粒；卵产在高度 5cm 以下的矮小杂草上，尤其在贴近地面的叶背或嫩茎上。

卵期约 5 天，幼虫一般为 6 龄，初孵幼虫先食卵壳，数小时后开始活动取食。幼虫具有假死性，受惊后缩成环状。3 龄以后有自相残杀的习性，幼虫老熟后转移到田边、杂草根旁等较干燥的土中筑室化蛹，蛹期约 9～19 天。

（三）危害症状

小地老虎 3 龄以前，幼虫多集中在表土、杂草或瓜苗的心叶和叶背面取食，被害叶片呈半透明的白斑或小孔状，食量小，危害轻。3 龄以后进入暴食阶段，并分散危害，白天潜伏于 2～6cm 的表土里，夜间爬到地面活动，把幼苗近地面嫩茎咬断，拖到洞口取食，上部叶常露在穴外，4 龄以后的幼虫可咬断 3～10 株幼苗，常常造成大量缺苗。

（四）防治措施

（1）清除杂草，消灭部分越冬幼虫，减少虫源基数。

（2）3 月中下旬用黑光灯或糖醋液诱杀成虫，糖醋液配方是糖 3 份、醋 4 份、酒 1 份、水 2 份，加少量敌百虫。

（3）可在清晨进行田间检查，若发现有断苗，拨开附近的土块进行活捉，也可采用 2.5%溴氰菊酯乳油 50ml、或 40%氯氰菊酯乳油 20～30ml、90%晶体敌百虫 50g，兑水 50kg 喷雾。喷药适期应在 3 龄幼虫盛发前，可选用 90%晶体敌百虫 0.25kg、或 50%辛硫磷乳油 500ml，加水 4～5kg，喷在 20kg 碾碎炒香的棉籽饼、豆饼或麦麸上，于傍晚在受害作物田间每隔一定距离撒一小堆，或在作物根际附近围施，每 667m² 用 20kg。毒草可用 90%晶体敌百虫 0.5kg，溶解在 2.5～4kg 水中，喷在 60～75kg 菜叶或鲜草上，于傍晚撒在田间诱杀，每 667m2 用 7.5～10kg。

五、蛴螬

蛴螬是鞘翅目金龟甲科各种金龟子的幼虫的统称，俗名白地

蚕、白土蚕、蛴虫等，常见的有大黑鳃金龟子、铜绿丽金龟子等，在南方地区广泛发生。

（一）形态特征

蛴螬体肥大，弯曲呈 C 型，多为白色，少数为黄白色。头部褐色，上颚显著，腹部肥大。体壁较柔软多皱，体表疏生细毛。头大而圆，多为黄褐色，生有左右对称的刚毛。蛴螬具胸足 3 对，一般后足较长。腹部 10 节，第 10 节称为臀节，臀节上生有刺毛。

（二）危害症状

蛴螬在地下啃食萌发的种子、咬断幼苗根茎，致使全株死亡，严重时造成缺苗断垄。成虫仅取食植物的叶片。

（三）生活习性

蛴螬生活史较长，一般一年一代，或 2~3 年 1 代，甚至 5~6 年 1 代。幼虫和成虫在土中越冬，昼伏夜出，具有假死和负趋光性，并对未腐熟的粪肥有趋性。成虫交配后 10~15 天产卵，每头雌虫可产卵 100 粒左右。蛴螬共 3 龄，1、2 龄期较短，第 3 龄期最长。

（四）防治措施

（1）不施未腐熟的有机肥料，以防止招引成虫来产卵。

（2）设置黑光灯诱杀成虫，减少蛴螬的发生数量。

（3）每 667m² 用 50%辛硫磷乳油 200~250g，兑水 10 倍喷于 25~30kg 细土上拌匀制成毒土，撒于种沟或地面，随即耕翻或混入厩肥中施用；用 50%辛硫磷或 50%对硫磷药剂与水和种子按 1:30:400~500 的比例拌种；每 667m² 地用 50%对硫磷、50%辛硫磷乳油 50~100g 拌饵料 3~4kg，撒于种沟中，亦可收到良好防治效果。

【第八章】
甜瓜病虫害及防治

　　甜瓜病害，特别是厚皮甜瓜病害，一直是制约南方地区甜瓜产区生产发展的重要因素，在生产中一般造成 20%～50%的减产，在病害流行时常造成大面积绝收。尤其在保护地设施栽培中，由于甜瓜连年种植，重茬面积越来越大，病原菌积累逐年增多，加上棚室内高温、高湿，致使甜瓜病害发生与危害日趋严重。甜瓜病害种类有白粉病、霜霉病、猝倒病、病毒病、枯萎病、蔓枯病、细菌性果腐病和根结线虫病等侵染性病害，其中以甜瓜白粉病、霜霉病、猝倒病、根结线虫病危害严重。

　　与侵染性病害一样，生理性病害在甜瓜生产过程中较常见，主要有化瓜、裂瓜、发酵果等。随着气候变化和农业生态环境的改变，从新疆至长江中下游等各瓜产区甜瓜病害呈不断加重的趋势，一些老病害因种种原因成为生产中的新问题，从次要病害发展至主要病害；其次病害种类增多，出现了一些新病害，因长期用药防治导致抗药性产生，防治难。

　　甜瓜生产中的虫害问题也不容忽视，除直接危害甜瓜生长发育，一些害虫成为病毒病的传播媒介，如蓟马传播甜瓜黄化斑点病毒病，烟粉虱传播瓜类褪绿黄化病毒病，蚜虫传播瓜类黄化病毒病，给甜瓜的正常生产带来不可挽回的损失。本章节主要概述

设施栽培下甜瓜主要病虫害及其防治，根据病虫害危害症状、发生特点，采取预防为主，综合防治等各种措施，为甜瓜生产和管理提供借鉴。

第一节　甜瓜主要侵染性病害

一、白粉病

俗称白毛病、粉霉病，是甜瓜生长中后期的一种较普遍、危害较重的病害，保护地甜瓜全年均可发病。

（一）危害症状

在甜瓜全生育期均可发生，主要危害叶片，严重时也危害叶柄、茎蔓及果实。叶片发病，在叶表和叶背出现白色小粉点，逐渐扩展呈白色圆形粉斑，发病斑点出现褪绿变黄，零星粉斑相互连接使叶面布满白粉，严重时叶表全被白粉状物覆盖。随病害发展，白色粉斑颜色逐渐变为灰白色，后期偶在粉层下产生黑色小点，最终导致叶片变黄乃至焦枯。发病严重时整个茎蔓、果实表面均布满粉斑。

（二）发生特点

在我国南方地区，病菌以菌丝体或分生孢子在甜瓜其他作物上繁殖，越冬期并不明显，并借气流、雨水传播，进行再侵染。病菌以闭囊壳、分生孢子或菌丝体随病残体在温室、塑料大棚的瓜类作物上越冬，来年通过气流、雨水等途径传播，在田间辗转传播侵染，完成其病害周年循环。病原菌生长的适宜温度为 20～25℃。由于病菌喜湿不耐干燥，通常温暖潮湿的天气有利于发病，而高湿干燥的天气亦可侵染致病。种植过密、通风不良、透光性差、氮肥过多、植株徒长、排水不良等条件，均易造成病害的流行。

（三）防治措施

（1）选用抗病品种，可选用龙甜 1 号、娜依鲁网纹甜瓜等较抗病品种。

（2）与禾本科作物实行 3~5 年轮作，具有较好的防病效果。

（3）整枝打杈，保证植株通风透光；平衡施肥，避免过施氮肥，增施磷钾肥，提高植株抗性。

（4）从甜瓜生长中期开始，定期或不定期喷药保护 2~3 次，可用 25%阿米西达悬浮剂 1 500 倍液作为预防、或用 10%世高水分散粒剂 2 500 倍液、或 32.5%苯醚甲环唑·嘧菌酯悬浮剂 1 500 倍液、或 43%菌力克悬浮剂 3 000 倍液、或 25%乙嘧酚 800 倍液、或 40%氟硅唑乳油 6 000 倍液，轮换使用药剂。

二、霜霉病

为甜瓜生产上的重要病害，连续降雨条件下可造成下部叶片全部枯死，果实发育期发病造成减产达 30%~50%。

（一）危害症状

从幼苗期到成株期均可发生，主要危害叶片。初在中下部叶背面形成水渍状斑点，叶正面褪绿坏死，沿叶脉扩展呈多角形，最后变褐，形成不规则形的坏死大斑，潮湿条件下叶背产生紫灰色霉层。叶背病斑周围常形成水渍状深绿色不规则环纹。病叶由下向上发展，特别严重时可造成整株枯死。清晨叶面上有结露或吐水时，病斑呈水浸状，后期病斑变成浅褐色或黄褐色多角形斑。在连续降雨条件下，病斑迅速扩展或融合成大斑块，致叶片上卷或干枯，下部叶片全部干枯，有时仅剩下生长点附近几片绿叶。

（二）发生特点

病菌在大棚或温室的瓜类作物或病残体上越冬，成为来年的

初侵染源。病菌主要通过气流、风雨或灌溉水传播。叶片上的水滴或水膜是霜霉病发生的关键因子。棚内通风不良、高湿、高温、叶缘吐水和叶面结露均有利于发病。病菌萌发和侵入对湿度条件要求高，需有水滴或水膜时，病菌才能侵入，高湿环境加速病害发生。对温度适应较宽，15～24℃适宜发病。连续阴雨或忽晴忽雨或反季节栽培易发病，植株生长衰弱，发病重。

（三）防治措施

（1）种植抗病品种，可选用黄河蜜瓜、红肉网纹甜瓜、白雪公主、随州大白甜瓜等抗霜霉病的品种。

（2）实行轮作，雨后及时排水，切忌大水漫灌。合理施肥，及时整蔓，保持通风透光。

（3）发病期适当控制浇水，并注意增加通风，降低空气湿度。

（4）宜选用2～3种药剂轮换用药，可用70％乙磷·锰锌可湿性粉剂500倍液、或72％克露可湿性粉剂800倍液、或72.2％霜霉威水剂800倍液、或18％甲霜胺·锰锌可湿性粉剂600倍液、或64％杀毒矾可湿性粉剂400～500倍液、或72％霜脲·锰锌可湿性粉剂800倍液喷洒，每7～10天1次，连续防治3～4次。

三、猝倒病

为苗期常见主要病害，往往造成幼苗大面积发病。

（一）危害症状

一般在苗床上发生普遍，开始苗床内只有个别苗发病，几天后以此发病中心向四周蔓延，引起成片猝倒。发病初期幼苗外观与健苗无明显区别，根颈部呈水浸状病斑，逐渐变为黄褐色而干枯收缩，瓜苗倒伏时上部茎叶仍保持正常状态。湿度大时，土表或基质表面长出一层白色棉絮状的菌丝。该病多在幼苗长出1～2片真叶前发生，3片真叶后发病较少。

（二）发生特点

病菌以卵孢子、菌丝体在土壤病残体或腐殖质上越冬，来年借助雨水、灌溉水及带菌的有机肥传播蔓延，从根颈部侵入危害。土温 10～15℃时适宜病菌繁殖，30℃以上则受到抑制。土壤湿度高，光照不足，幼苗长势弱时发病迅速。

（三）防治措施

（1）苗床选择地势高、地下水位低、排水良好、未种过瓜的地块，宜选用电热线温床育苗。床土消毒一般在播种前 15 天左右进行，将床土或营养钵土耙松，每立方米床土用福尔马林 360ml 兑水 9～27kg（加水量视土壤湿度而定）均匀地浇湿于床土上，立即用薄膜覆盖 4～5 天后揭除，待药充分挥发后才可播种。可选用多菌灵、代森铵等药剂按照上述方法来消毒床土。

（2）加强苗床管理，做好保温工作，防治冷风或低温侵入，注意苗床通风换气，降低湿度。

（3）苗床内若发现病苗立即拔除，用 72.2% 普力克水剂 600 倍液，或 70% 代森锰锌可湿性粉剂 500 倍液，或 15% 恶霉灵水剂 1 000 倍液等药剂喷洒，也可喷施铜氨合剂防止蔓延；铜氨合剂的配制方法为：硫酸铜粉 2 份，碳酸氢铵 11 份，充分混合后密闭一昼夜即可使用。

四、病毒病

由植物病毒引起的病害，近年来发病率呈上升趋势，已成为南方甜瓜生产上普遍发生的病害。

（一）危害症状

主要表现为花叶和蕨叶两种类型。花叶型呈现黄绿相间的花叶，叶形不整，叶面皱缩凹凸不平，严重时病蔓细长瘦弱，节间缩短，花器发育不良，果实畸形。蕨叶型心叶黄化，叶形变小，

叶缘发卷，皱缩扭曲，病叶叶肉缺生，仅沿主脉残存，呈蕨叶状。

（二）发生特点

靠蚜虫传毒，也可借助病毒汁液摩擦传播蔓延，带毒昆虫在杂草上潜伏越冬，第二年通过蚜虫传播到甜瓜植株上发病，田间操作如整枝、压蔓等也是传病的主要途径。高温干旱、强日照有利蚜虫繁殖和迁飞，造成病毒在田间大量传播，加重发病。种子带毒也可引起幼苗发病。

（三）防治措施

（1）种子采用55℃的温水恒温浸种15分钟，或用10%磷酸三钠浸种20分钟即可钝化杀死病毒。

（2）适时早播，提早甜瓜的生育期，避开病毒病的发生盛期。

（3）及时防治蚜虫，尤其在盛发期和迁飞期要连续防治。可选用10%吡虫啉可湿性粉剂1 500～2 000倍液、或25%抗蚜威乳油3 000倍液喷雾，可以达到较好的防病效果。

（4）发病初期，喷5%菌克毒克乳油800～1 000倍液、或20%病毒A可湿性粉剂500倍液、或1.5%植病灵1 000倍液、或抗毒剂1号300倍液、或NS-83增抗剂100倍液等，每7～10天喷1次，连喷3～4次，可减轻危害。

五、枯萎病

为土传性病害。

（一）危害症状

苗期染病，幼苗叶色变浅，逐渐萎蔫，最后枯死，剖茎可见维管束变色。成株期发病，植株叶片由下向上萎蔫下垂，部分叶片叶缘变褐或产生褐色坏死斑，最后全株枯死。有时病茎上还出现凹陷坏死条斑，空气潮湿时病部表面产生白色至粉红色霉层，最后病茎基部腐烂纵裂，维管束变褐。一般情况下植株开花至坐果期为发病高峰期。

（二）发生特点

病原菌以菌丝体、厚垣孢子或菌核在土壤、未腐熟的有机肥中越冬，可在土壤存活 8 年以上。病菌在适宜条件下通过根部伤口或从根尖侵入，进入维管束并在维管束中生存繁殖，进而经维管束从根茎向叶、果实、种子蔓延形成系统侵染。土温 15～20℃，根系生长不良，伤口难于愈合时病菌容易侵入；重茬、连作、土壤板结发病严重。土壤偏酸、地势低洼、积水和施用未腐熟肥料及地下害虫多等情况均有利于发病。

（三）防治措施

防治方法见西瓜枯萎病的防治。

六、蔓枯病

又称黑斑病、黑腐病、褐斑病、斑点病。

（一）危害症状

主要危害主蔓和侧蔓，初期发病多在蔓节部，出现浅黄绿色油渍状斑，常分泌赤褐色胶状物，干后变成黑褐色块状物，病部干枯、凹陷，表面呈苍白色，易碎烂，其上生黑色小粒点，为病菌子囊。果实染病，主要发生在靠近地面处，初生圆形水渍状病斑，浅褐色略下陷，后变为苍白色，斑上生有很多小黑点，同时出现不规则圆形龟裂，湿度大时，病斑不断扩大并腐烂，菌丝深入到果肉内，果面现白色绒状菌丝层，数天后产生黑色小粒点。

（二）发生特点

病菌以分生孢子器或子囊壳随病残体在土中越冬，成为来年的主要侵染源。第二年靠灌溉水、雨水传播蔓延，从伤口、自然孔口侵染，发病部位产生分生孢子进行再侵染。甜瓜品种间抗病性差异明显：一般薄皮甜瓜类较抗病，发病率低，耐病力强；厚

皮甜瓜较感病，尤其是厚皮网纹类、哈蜜瓜类明显感病。适宜发病温度为 20～25℃，在此范围内湿度越高发病越重。5 月下旬至 6 月上中旬降雨次数和降雨量决定该病发生和流行。连作、密植田瓜蔓重叠交错、大水漫灌等情况下发病重。

（三）防治措施

（1）种植抗病品种。

（2）采用高畦或起垄种植，严禁大水漫灌。合理密植，及时整枝打杈，拔除病株并销毁，施用充分腐熟的有机肥。

（3）发病初期在茎基部或全株喷洒 75% 百菌清可湿性粉剂 600 倍液、或 20% 利克菌可湿性粉剂 1 000 倍液、或 50% 甲基托布津可湿性粉剂 600～800 倍液、或 50% 多霉灵可湿性粉剂 600 倍液、或 50% 扑海因可湿性粉剂 1 000 倍液、或 40% 拌种双粉剂悬浮液 500 倍液、或 80% 新万生可湿性粉剂 500 倍液等药剂，每 7～10 天喷 1 次，共喷 2～3 次。

七、细菌性果腐病

在部分地区由于种子带菌而发生严重，往往在育苗床常常大量发生，造成死苗，给甜瓜的正常生产带来影响。

（一）危害症状

受害叶部病斑呈圆形、多角形及延叶缘开始的"V"字形，水浸状，灰白色，后期中间变薄，易干枯穿孔或脱落。叶脉也可被侵染，并延叶脉扩展。病斑背面常有菌脓溢出，干后变一层菌膜。果实上初形成圆形或卵圆形水浸状病斑，稍凹陷，呈暗绿色。数个病斑融合成大斑，颜色变深呈褐色至黑褐色。严重时果实内部组织腐烂，轻时只在皮层腐烂，后期果皮开裂，散发恶臭味。

（二）发生特点

病原菌附在种子表面，可存在种子内部，也可在土壤表面的病残体上越冬，成为来年的主要侵染源。此外，田间的自生瓜苗也是该病菌的初侵染源。病菌通过伤口、气孔、皮孔侵染，借助风力、雨水、灌溉水和昆虫传播。种子发芽后病菌感染幼苗的子叶和真叶，随着幼苗移栽进入大田，借雨水或喷灌而传播蔓延。田间发病时发病部位龟裂，并分泌出淡褐色的菌脓成为该病的重要二次侵染源。设施大棚内高湿是该病发生的主要原因。

（三）防治措施

同西瓜细菌性果斑病防治。

八、根结线虫病

根结线虫病在海南瓜区发生比较普遍，危害严重。随着大棚栽培面积的增加，加之长期连作，设施内的根结线虫发病更趋严重，一般减产 10%～20%，个别严重地块造成绝收，成为限制甜瓜生产的重要因素。

（一）危害症状

主要危害根系，以侧根发病最多，在侧根上产生大小不等的根瘤状根结。初为白色，后变成淡褐色。根结可以互相连结成念珠状，造成一条根甚至大部分根系全变为根结。地上部植株轻者表现不明显，重者生长缓慢，植株发黄矮小，生长不良，结瓜少而小，甚至不结瓜，植株黄化，萎蔫枯死。

（二）发生特点

南方根结线虫冬季可在多种蔬菜上危害繁殖越冬。温度回升时，越冬卵孵化成幼虫，或部分越冬幼虫继续发育在土壤表层内活动。遇到寄主便从幼根侵入，刺激寄主细胞分裂增生形成巨细胞，过度分裂形成瘤状根结。幼虫在根结内发育为成虫，并开始交尾产卵。借病土、病苗、浇水和农具等途径传播。地温 20～30℃，湿度 40%～70% 条件下线虫繁殖很快，容易在土内大量积

累。一般地势干燥、土质疏松，及缺水缺肥的地块或棚室发生较重，通常温室重于大棚。此外，重茬地块种植发病较重。

（三）防治措施

见西瓜部分的根结线虫病防治。

九、疫病

又称死秧，是危害甜瓜的主要病害之一。

（一）危害症状

危害甜瓜根、茎、叶、果实，成株期受害最重。发病初期茎基部呈暗绿色水渍状，病部渐渐缢缩软腐，呈暗褐色。病部叶片失水状，不久全株萎蔫枯死。叶片受害部位产生圆形或不规则形水渍状大病斑，扩展速度快，边缘不明显，干燥时呈青枯，叶脆易破裂。瓜部受害软腐凹陷，潮湿时，病部表面长出稀疏的白色霉状物。

（二）发生特点

病菌以菌丝体、卵孢子等随病残体在土壤或粪肥中越冬，成为第二年主要初侵染源，种子带菌率较低。翌年条件适宜，孢子萌发长出芽管，直接穿透寄主表皮侵入体内，靠风、雨、灌溉水及土地耕作传播；寄主发病后，孢子囊及游动孢子借气流、雨水传播，进行反复侵染，使病害迅速蔓延。病菌发病适温 28～30℃，当平均气温达 23℃时开始发病，在适温范围内，高湿是本病害流行的决定因素。发病高峰多在暴雨或大雨之后，田间地势低洼处，有积水不能及时排除，病害将严重发生。该病为土传病害，连年栽种瓜类作物的田块发病重。施用带病残物或未腐熟的厩肥易发病。追肥伤根时，发病重。

（三）防治措施

（1）实行轮作，选用耐病、抗病品种。选用 5 年未种过葫芦科、茄科的地块，其中以沙壤土为最佳。

（2）加强田间管理，采用高畦栽培，土地整平，开好沟，植株生长前期和发病初期要严格控制灌水，防止田间有积水。

（3）合理施肥，田间发现病株及早拔除，收获完毕后及时清除田园残物。

（4）在发病前应隔 7 天左右喷 1 次药，选用 72%克露可湿性粉剂 700 倍液、72.2%普力克水剂 600 倍液、25%甲霜灵可湿性粉剂 800 倍液、或 58%甲霜灵锰锌可湿性粉剂 500 倍液、或 64%杀毒矾可湿性粉剂 400 倍液、或 70%乙膦·锰锌可湿性粉剂 500 倍液；发病严重时，可用 50%甲基托布津 600 倍、代森锌 500 倍混合喷施，或用 25%甲霜灵加 40%福美双可湿性粉剂按 1:1 混合 800 倍液灌根，有效控制病情，效果较好。

第二节　甜瓜主要生理性病害

在甜瓜设施栽培中由于受土壤性状、光照、温度、湿度、肥料、水分不当等因素影响易出现不同程度的生理性病害，对产量、品质、商品价值均有较大影响，给生产带来一定损失。为进一步提高甜瓜的产量和品质，促进瓜农增收，应对甜瓜生产上日益增多且复杂的生理性病害引起重视。

一、沤根苗

（一）危害症状

苗床和田间均可发生，表现为成片发生，生长缓慢，地上部分生长停滞，叶瘦色黄，真叶不萌发；地下部分根系少，新根生长缓慢或不发新根，根皮变黄，严重时根皮变为铁锈色腐烂，影

响伸蔓、结瓜，甚至引起死苗。

（二）发病原因

与水分、湿度有关。

（1）苗床土黏重，透气性差，排水不良，浇水过多过勤，使苗床保持高湿状态，均可导致沤根。

（2）幼苗定植初期，遇连阴雨天气，造成土壤低温、高湿，氧气不足引起沤根。

（3）雨后未及时通风，植株长势差，易发生沤根。

（三）防治措施

（1）育苗土要疏松肥沃、透气性良好、适度粘结。

（2）控制苗床湿度，灌水要勤浇少浇。

（3）定植瓜田时应及时排水、中耕深松，降低土壤湿度，提高地温，改善通气状况，促进生根发苗。对淹水严重的地块，挖深沟排水降湿。同时，进行叶面喷肥，补充营养。

二、化瓜

（一）危害症状

雌花开放后子房不能迅速膨大，2~3天后开始萎蔫、变黄、干瘪，直至干枯腐烂脱落的现象叫做化瓜。

（二）发病原因

在早春大棚内比较普遍。化瓜是养分不足，或各器官之间相互争夺养分的结果，具体原因见以下几条：

（1）授粉受精不良或没有用生长调节剂蘸花。

（2）幼瓜遇连阴天气，低温寡照时间过长，植株不能进行光合作用，植株所具有的养分不能满足每个瓜生长发育的需要。

（3）温湿度不稳定，温度忽高忽低或湿度过高过低都影响花粉发育和花粉管伸长。

(4) 盛果期坐果多，根系争夺土壤养分，茎叶争夺空间，透光、透风性差，光和效率低，消耗增多。

(5) 水肥管理失调，肥水过多，植株徒长，或肥水不足，采收不及时，受病虫害危害使植株衰弱，造成小瓜得不到充足的营养而形成化瓜。

（三）防治措施

(1) 施足底肥，适时浇灌肥水，避免土壤过干、过湿。

(2) 培育壮苗，提高幼苗吸收营养能力。

(3) 合理密植，保证植株叶面足够的营养面积。

(4) 采用昆虫授粉或人工辅助授粉，也可用生长调节剂蘸花，促进果实膨大。

(5) 出现化瓜时，要及时采收成熟瓜，适当摘掉弱瓜，控制水分，及时喷补叶面肥。

三、裂瓜

（一）危害症状

果实表面产生龟裂，多数是从果肉较薄的花痕部开始。

（二）发病原因

水分供给不均衡，前期给水较少导致果实生长缓慢，果皮老化变硬，而后期给水多，特别是遇到大水，果实内细胞分裂加快，表皮炸裂，造成变质腐烂。阳光直射导致果皮变硬的植株易发生裂瓜。另外与品种特性也有一定关系。

（三）防治措施

生产上一定要掌握好浇水时间，这是防止裂瓜的关键。

(1) 选择抗裂品种。

(2) 均衡供水，防止土壤水分突变，在土壤干旱的情况下浇水，一定要注意水量不能过大。

(3) 用叶片盖瓜，避免阳光直射果实表面导致果皮硬化。

四、缺素症

（一）危害症状

常见的缺素症有缺氮症、缺磷症和缺钾症。缺氮症状为：植株矮小、瘦弱，叶片瘦小而薄，呈浅绿或黄绿，失绿色泽均一，叶脉间失绿，叶脉突出可见；从下位叶到上位叶扩展，严重时下部叶片枯黄早落；茎细、果实多数为小头果；植株生长发育不良，造成产量下降。

缺磷症状为：从下部叶片发生，幼苗矮化，生长缓慢；叶色浓绿、硬化、矮化；叶片小，稍微上挺；严重时，下位叶发生不规则的褪绿斑。

缺钾症状为：生育初期缺钾，先由叶缘开始，叶缘失绿并干枯，严重的叶脉间失绿；在生育的中、后期，中位叶附近出现和上述相同的症状，叶缘枯死，随着叶片不断生长，叶向外侧卷曲。

（二）发病原因

缺氮症的原因为：土壤有机质少，有机肥施用量低，以致供氮不足。将大量未腐熟的作物秸秆或有机肥施于土壤，给土壤微生物提供丰富的碳源，促使微生物生长旺盛而夺取土壤中的氮；土壤的保肥能力差，浇水易被随水流失。

缺磷症的原因为：与低温关系大，一是低温条件下根系不能正常生长，影响了磷的吸收；二是低温条件下土壤中有机磷分解和释放缓慢，导致磷的吸收减少。土壤供磷不足，有效磷含量低，难于满足甜瓜生长需要，特别是在生育初期磷的有效供应不足是缺磷的一个重要因素。

缺钾的病因有：甜瓜对钾的吸收量是氮肥的 1~2 倍，对连年种植的地块，虽然氮、钾肥在复合肥的施入量上常常是等同和同步的，但是钾会越来越少，并在甜瓜生长后期出现缺钾症状。土壤过干过湿，氧气减少，根系活性下降，钾的吸收能力降低。

（三）防治措施

缺氮症的救治方法有：平衡施肥，培肥土壤，增加土壤有机质。每 667m² 基施腐熟有机肥 5 000kg，追施尿素等氮肥。根外追肥，可喷洒 0.1%～0.2%尿素溶液，每 7～10 天喷 1 次。

缺磷症的救治方法有：磷肥施用宜早不宜迟，甜瓜苗期需磷肥多，应在定植前计划好磷肥的施用量，采用土壤补磷和叶面喷施的方法进行补磷，可在页面喷洒 0.2～0.3 磷酸二氢钾溶液 2～3 次。将磷肥与有机肥一起堆沤腐熟后施用，效果更好。

缺钾的救治方法有：施用足够的钾肥，特别在生长中后期注意不可缺钾。以甜瓜植株对钾的吸收量平均每株为 7g 确定施肥量，如果钾不足，每 667m² 可一次追施硫酸钾 3～5kg。施用充足的优质有机肥料，加强水肥管理；推荐测土配方施肥。

五、发酵果

为近年来甜瓜种植区普遍发生的一种生理性病害，尤其在 4～6 月发生严重。因该病以前发生较少，发病后瓜农常不能准确诊断病害类型而不能对症下药，导致盲目配药、滥施农药，结果防治效果不理想。

（一）危害症状

果实初期生长正常，表面先出现水渍状近圆形或不规则形褐色小病斑，逐渐变形，用手压果面，手感柔软，果面长有褐色凹陷病斑，剖开后果肉呈干腐褐变状。成熟期，果肉和瓜瓤呈水浸状，肉质变软发酵，发出臭味，腐烂。

（二）发病原因

植株缺钙是产生发酵果的最主要原因，在多氮、多钾的土壤

中，钙的吸收会受到阻碍，从而影响果实对钙的吸收与转移，果实在缺钙的情况下，果肉细胞间很早就开始崩坏，变成发酵瓜。此外，与高温、干旱有关，坐果期特别是后期持续高温、土壤缺水等原因也易形成发酵瓜。

（三）防治措施

（1）种植抗病品种，合理施肥，不偏施氮、钾肥，叶面喷施钙肥。

（2）培育壮苗，适时中耕，保证植株对营养元素的吸收能力。

（3）避免为促早熟果，对土壤进行过于干旱的管理，植株要保持一定的生长势，促使果实膨大并推迟果实成熟，可防止发酵果的发生。

4. 甜瓜成熟后及时采收。

六、生理性萎蔫

（一）危害症状

主要表现为全株萎蔫、叶片下垂。一般早晚恢复，中午萎蔫；天阴时正常，天晴时萎蔫严重。严重时萎蔫叶片不断增多，直至全株萎蔫，不再恢复，全株枯死。由肥害造成萎蔫，田间表现为整行萎蔫，或整片大面积萎蔫，萎蔫维持天数久，根茎叶无病症。

（二）发病原因

基本发生在果实膨大期，生长旺盛的植株易发病，与天气、施肥等因素有关。大多数发生在阴雨天气结束之后突然晴天、高温的阶段，或者是土壤干旱突然大水漫灌后温度偏高而通风不及时或者是通风方法不正确的温室。发生时过量施肥造成萎蔫。

（三）防治措施

（1）培育壮苗，在定植缓苗后要适当控水，促使植株根系深扎，提高根系对水肥的吸收能力。

（2）改变整枝方式，除保留 2 条蔓外，对长出的其余侧枝从基部打除。

（3）为了促进根系的发育，可对基部新生侧枝留 3～4 片叶后打尖，增强根系的发育和对水分的吸收；弱苗高节位坐果。

（4）加强通风管理，提高果实膨大期植株抗性。

第三节　甜瓜主要虫害及防治

甜瓜生产中由于受高湿多雨、重茬等因素影响，虫害发生严重，表现为世代重叠，少有越冬越夏现象。主要虫害有蓟马、蚜虫、斑潜蝇、斜纹夜蛾、甜菜夜蛾、黄守瓜、瓜螟、红蜘蛛、小地老虎等。

一、蓟马

在我国的台湾、广东、广西、浙江、福建、海南及长江中下游等地区均有发生。

（一）形态特征

成虫体长 1mm，黄色，头近方形，复眼稍突出，单眼 3 只，红色，排成三角形。触角 7 节，翅两对，周围有细长的缘毛，腹部扁长。卵长椭圆形，淡黄色。若虫黄绿色，3 龄，复眼红色。

（二）生活习性

一年发生多代，世代重叠。成虫借风力传播，雌成虫主要行孤雌生殖，偶有两性生殖。卵散产于叶肉组织内；每雌虫产卵 20～35 粒。1～2 龄若虫怕光，白天多在叶背或叶腋处活动。5～6 月份为危害盛期。到 3 龄末期停止取食，落入表土化蛹，羽化为成虫后出土，继续在作物上危害、产卵。

（三）危害症状

成虫和若虫挫吸甜瓜嫩梢、嫩叶、花和幼瓜的汁液。被害嫩叶、嫩梢变硬缩小，茸毛呈灰褐色或黑褐色，植株生长缓慢，节间缩短。被害叶形成许多细密而长形的灰白色斑纹，严重时扭曲、变黄枯萎。幼瓜受害后出现畸形、萎缩，严重时造成落果。成瓜受害时瓜皮粗糙有斑痕，布满锈皮，呈畸形。

（四）防治措施

（1）适时栽植，避开危害高峰期；瓜苗出土后，覆盖地膜，能大大减少害虫数量；早春清除田间杂草和残株落叶、集中处理，减少虫源。

（2）在盛发期，可用 0.3% 苦参碱水剂 800～1 000 倍液，或 20% 灭扫利乳油 2 000 倍液，或 10% 吡虫啉可湿性粉剂 1 500～2 000 倍液，或 5% 锐劲特悬浮剂 2 500 倍液，或 10% 溴氟菊酯 1 500 倍液，或 50% 巴丹可溶性粉剂 2 000 倍液等药剂防治，喷药时注意心叶及叶背等处。

二、蚜虫

俗称腻虫、蜜虫等，别名棉蚜。

（一）形态特征

见西瓜部分瓜蚜的形态特征。

（二）生活习性

见西瓜部分瓜蚜的生活习性。

（三）危害症状

隐藏在植株叶片的背面和嫩叶幼茎生长点，群集吸食汁液，使叶片卷缩、褪绿，生长受抑制，植株萎蔫。瓜蚜排泄的"蜜露"污染叶片，影响光合作用。为甜瓜病毒病的传播媒介，使植株出现花叶、畸形、矮化等症状，受害株早衰，产量下降，果实含糖量下降。

（四）防治措施

（1）清除大棚周围杂草和清洁瓜棚，减少虫源。

（2）利用瓜蚜的趋黄性，将黄色板放在大棚或温室内，涂上机油或黄漆，用来诱杀蚜虫。

（3）利用蚜虫对银灰的驱避性，对栽培甜瓜的畦垄铺银灰膜。

（4）用 10%吡虫啉可湿性粉剂 1 000 倍液，或 48%乐斯本乳油 3 000 倍液，或 2.5%功夫水剂 1 500 倍液，或 5%除虫菊素乳油 800～1 000 倍液喷雾防治。

三、斑潜蝇

我国于 1993 年 12 月在海南省三亚市首次发现美洲斑潜蝇，次年南美斑潜蝇随引进花卉而进入云南昆明，蔓延至农田。1994 年先后入侵的美洲斑潜蝇和南美斑潜蝇被列为国内检疫对象，现已分布 20 多个省、自治区、直辖市。因对气温的适应能力不同，南美斑潜蝇有取代美洲斑潜蝇的趋势，对南方甜瓜生产构成威胁。

（一）形态特征

南美洲斑潜蝇的形态特征为：成虫体长 1.7～2.3mm，亮黑色。额明显突出于眼，橙黄色，上眶稍暗，内外顶鬃着生处暗色，足基节黄色具黑纹，腿节基本黄色，但具黑色条纹直到几乎全黑色，腔节、附节棕黑色；卵圆形，长 0.3mm，乳白色，略透明；幼虫共 3 龄，蛆形，低龄幼虫体白色，老熟幼虫头部及胸部前端黄色，体长 2.3～3mm，无足，体大部为白色；蛹长约 1.5～2.5mm，长椭圆形，围蛹，初期呈黄色，逐渐加深直至呈深褐色，比美洲斑潜蝇颜色深且体型大；后气门突起与幼虫相似。

美洲斑潜蝇的形态特征为：成虫体长 1.3～2.3mm，暗黑色。触角和颜面为亮黄色，额略凸于复眼上方，复眼后缘黑色，外顶鬃常着生于黑色区，越近上侧额区暗色渐减变淡，内顶鬃位于黑

色区或黄色区。足的腿节和基节黄色，前足为黄褐色，后足为黑褐色。腹部大部分为黑色，背板两侧为黄色。卵为椭圆形，长0.2mm，米黄色，半透明。幼虫共 3 龄，蛆形，是无头蛆，乳白至鹅黄色。老熟幼虫体长 2～2.5mm，无足。蛹长约 1.3～2.3mm，椭圆形，围蛹，橙黄色至金黄色。

（二）生活习性

南美斑潜蝇的生活习性为：具有明显的趋光性、趋黄性和趋绿性。在保护地内于 2 月下旬虫口密度迅速上升，3 月份后便可造成严重危害，并可持续到 5 月中旬前后。5 月中下旬后数量急增，并造成危害，至 6 月下旬后，由于气温高等诸多原因，数量迅速下降。此时田间斑潜蝇主要为美洲斑潜蝇，至 9 月份以后，种群数量又开始上升，10 月份后陆续迁移到秋延迟的大棚中危害，亦可造成较大的损失。在温室中，12 月份常可大发生，进入 1 月份后，由于温度较低，数量又趋下降。

美洲斑潜蝇的生活习性为：美洲斑潜蝇为杂食性、寄主范围广、危害大。世代历期短，各虫态发育不整齐，世代严重重叠。在海南 1 年发生 21～24 代，广东 14～17 代，在海南、广东可周年危害，无越冬现象。发生期为 4～11 月，发生盛期有两个，即 5 月中旬至 6 月和 9 月至 10 月中旬。适宜温度为 20～30℃，超过30℃或低于 20℃则死亡率高，虫口下降；寄主作物多，虫源基数大，有利于其危害；降雨量大、降雨天数久，虫死亡率高。

（三）危害症状

南美斑潜蝇成虫用产卵器把卵产在叶中，孵化后的幼虫在甜瓜叶片上、下表皮之间潜食叶肉，喜食叶脉，被食成透明空斑，造成幼苗枯死，破坏性极大。幼虫常沿叶脉形成潜道，幼虫还取食叶片下层的海绵组织，从叶面看潜道常不完整，初期呈蛇形隧道，但后期形成虫斑，别于美洲斑潜蝇。成虫产卵取食时造成伤斑，使甜瓜叶片的叶绿素细胞和叶片组织受到破坏，受害严重时，叶片失绿变成白色。

美洲斑潜蝇成虫吸食甜瓜叶片汁液，造成近圆形刻点状凹陷。幼虫在叶片的上下表皮之间蛀食，造成曲曲弯弯的隧道，隧道相互交叉，逐渐连成一片，导致叶片光合能力锐减，过早脱落或枯死。

（四）防治措施

(1) 加强检疫是防治该类害虫的主要方法之一，严禁从疫区购进甜瓜种苗，一旦发现应立即销毁；对来自虫害发生地的茄果、豆类等蔬菜在运销过程中应禁止带茎、叶，对来自疫区的菜苗和其他繁殖材料进行药剂处理后方可用于田间种植。

(2) 早春和秋季甜瓜种植前，彻底清除棚内外杂草、病残体、败叶，并集中烧毁，减少虫源。种植前深翻菜地，深埋地面上的蛹。配合每 667m² 施 3% 米尔乐颗粒剂 1.5 ~ 2.0kg 毒杀蛹。

(3) 幼虫潜入叶片表皮内取食叶肉，加之世代重叠严重，给防治带来很大困难。药剂防治时应抓住卵孵化高峰期，利用具有胃毒和触杀机理的新型生物杀螨杀虫剂齐螨素，将 1.8%、0.9%、0.3% 齐螨素乳剂 3 种剂型分别稀释为 3 000 倍液、1 500 倍液和 500 倍液喷施。用 75% 灭蝇胺可湿性粉剂 1 000 倍液、或 1.8% 虫螨克 2 500 倍液、或 2.4% 威力特微乳剂 1 500 ~ 2 000 倍液、或 48% 乐斯本乳油 1 000 倍液、或 2.5% 功夫水剂 1 500 倍液、或 20% 多灭威 2 000 ~ 2 500 倍液、或 20% 阿维·杀虫单微乳剂 2 000 倍液等药剂。每隔 7 天喷 1 次，共喷 2 ~ 4 次。应注意交替使用农药种类，以延缓抗药性的产生。

四、黄守瓜

俗称瓜守、黄萤、黄虫等。

（一）形态特征

成虫椭圆形，体长约 9mm，体黄色，前胸背中央有一条弯曲横

沟，腹部末端稍露出鞘翅，有三条胸足。卵是卵圆形，长 0.7～1mm，淡黄色，表面有三角形皱纹，臀板长圆形，有褐色斑纹，并有纵凹纹 4 条。幼虫、老熟幼虫体长约 12mm，体黄白色，各节有小黑瘤，尾端臀板腹面有肉质突起。蛹是裸蛹，长约 9mm，纺锤形，浅黑色。

（二）生活习性

南方地区发生以 1 代为主，部分 2 代，少数 3～4 代。以成虫在避风向阳的杂草、落叶及土缝间隙潜伏越冬。第二年春天先在杂草、菜叶及其他作物上取食，再迁移到瓜地危害甜瓜幼苗。成虫喜在晴天以上午 10 时至下午 3 时之间活动最盛，在潮湿土壤中产卵，散产或成堆。幼虫孵化后在土壤中取食根及近地表的胚轴或幼果，老熟幼虫在土表下 7～10cm 处化蛹。成虫有假死性和趋黄性，行动活泼，不易捕捉。

（三）危害症状

成虫、幼虫均可危害。成虫要是叶片呈环形或半环形缺刻，严重时呈网状，还可咬食嫩茎，造成死苗，危害花及幼果。幼虫在土中咬食根茎，常使植株全株萎蔫死亡，也可蛀食贴近地面的果实。

（四）防治措施

（1）利用成虫假死性，于清晨露水未干时人工捕杀。

（2）瓜苗移栽前后到 5 片真叶前，及时喷药保护。防治成虫可用 90% 晶体敌百虫 800～1 000 倍液，或 20% 氰戊菊酯乳油，或 50% 辛硫磷乳油 2 500 倍液，或 21% 灭杀毙乳油 2 000～3 000 倍液喷雾。防治幼虫可用 90% 晶体敌百虫 800～1 000 倍液，或 50% 辛硫磷乳油 1 500～2 000 倍液浇根。

五、小地老虎

（一）形态特征

见西瓜部分小地老虎的形态特征。

（二）生活习性

小地老虎在各地发生代数不同，南方地区发生 4～6 代，以蛹态越冬。土壤湿度大、黏度大，发生危害严重。一般适应的温度为 18～26℃，适宜的湿度为 70%。高温致使成虫羽化不足、产卵量下降和初孵幼虫死亡率增加。低湿影响幼虫孵化率和存活率。

（三）危害症状

以幼虫食叶危害，群集叶背吐丝结网啃食叶肉，只留上表皮呈透明小孔，严重时吃成网状。4 龄后幼虫进入暴食期，叶片常咬成不规则孔洞，甚至全部吃光，仅剩叶脉或光杆，留有粪屑。也可危害果实，被啃食的甜瓜呈凹形缺刻，造成甜瓜污染腐烂。

（四）防治措施

参照西瓜部分的小地老虎的防治。

【第九章】
西瓜、甜瓜高效栽培模式

西瓜、甜瓜在田生育期较短，瓜畦较宽，易与各种农作物接茬或间作套种。近年来，随着西瓜和甜瓜设施栽培面积的逐年增加，我国南方各地根据自己的生产特点，探索总结了不少的高效栽培模式，既提高了土地和设施利用率，又取得了较理想的经济效益。不过在安排茬口和间作套种时除了要合理轮作外，还必须考虑以下几个原则：一是要综合考虑当地的气候、土壤、肥力、种植习惯、土地和劳力以及市场等综合因素来确立和选择适宜的栽培模式；二是要明确作物的主次关系，一般以西瓜、甜瓜为主，因此在套、间作时首先要满足西瓜、甜瓜生长发育的需要，其他作物应尽量避免与西瓜、甜瓜争夺光照和肥水以免造成西瓜、甜瓜生长不良而减产；三是套、间作物交叉共生的时间愈短愈好，旺盛生长期必须错开；四是高杆作物间作要严格控制密度，必须以保证西瓜、甜瓜通风见光不受影响为前提；五是与西瓜、甜瓜有许多共同病虫害的作物不宜套、间作。这里重点介绍南方各地总结的设施种植西瓜、甜瓜的部分高效栽培模式，仅供参考。

第一节　大棚西瓜–藜蒿栽培模式

湖北省武汉市近年来探索总结的"西瓜–藜蒿"塑料大棚高效栽培模式，通过早春西瓜和藜蒿搭配种植（其中藜蒿是一种人工栽培的野生蔬菜，地上嫩茎和地下根茎都可供食用，且其特有的香味深受消费者欢迎），取得了较理想的经济效益。一般每 $667m^2$ 春西瓜产量约 2000kg、产值 4000 元；藜蒿产量约 2500kg、产值 10000 元左右，剔除总成本 3000 元，年纯收入万元以上。

一、茬口安排

春西瓜嫁接苗元月初播种，自根苗元月中旬播种，2 月中、下旬定植，4 月上旬坐果，5 月上旬成熟，6 月中、下旬采收结束；藜蒿 7 月初扦插，11 月上旬扣棚，8 月中旬至翌年春节共可采收 4~5 批。

二、春西瓜栽培要点

（一）品种选择

早春西瓜宜选用生育期较短、外型美观、耐寒抗病、产量高、品质优的中小型西瓜，如万福来、早春红玉、早佳（8424）等品种。为规避早春育苗风险和培育壮苗，可订单选购工厂化生产的嫁接苗。

（二）搭棚施肥

元月底或 2 月上旬搭建大棚，棚宽 6~8m，棚高 2~3m，无滴膜覆盖；畦宽 3m 左右，畦中间开沟施底肥，每 $667m^2$ 用有机生物肥 500kg+ 三元复合肥 40kg+ 硼、锌、钼肥各 1kg 作基肥，充分混合拌匀后施入沟中，并将畦面整成龟背形或在畦中间做一条瓜垄，覆盖地膜。

（三）定植

2月下旬至3月初，棚内10cm以下土温稳定在15℃以上时抢晴定植于畦中间，每667m² 栽嫁接苗350～400株，或自根苗500～550株；嫁接苗移栽时不要将砧木子叶埋住，以免接穗发根而失去作用；定根水用0.2%磷酸二氢钾液浇足，搭好拱棚，密封棚膜4～5天，以利保湿增温促发苗。

（四）田间管理

1. 温度控制

缓苗后棚内温度白天控制在20℃以上，但不宜超过35℃，夜间不低于15℃。

2. 整枝留蔓

一般采用三蔓整枝。小果型西瓜苗长到5～7片叶时摘心，留3～4条健壮侧蔓；中果型西瓜可用1主蔓2侧蔓整枝法，其余侧蔓全部摘除；嫁接苗不要用土压蔓，防止产生不定根。

3. 坐果施肥

主蔓一般先开花，选留第2、第3雌花进行人工授粉，授粉后做好标记，3蔓留2果，小果型每蔓留1果；当幼瓜膨至鸭蛋大小时，打孔重施膨瓜肥，最好667m² 兑水施用硫酸钾复合肥15～20kg。

4. 病虫防治

早春因棚膜保护，病虫害较轻，以防病害为主，包括选择嫁接苗、使用新无滴膜、整枝采收后及时喷施杀菌剂等；生长后期要注意防治蚜虫、疫病。

三、秋冬藜蒿栽培要点

武汉地区藜蒿生产以秋季露地栽培＋冬季大中棚覆盖栽培为主，采用茎秆扦插无性繁殖方法。6月下旬至9月中下旬均可栽培，即剪取生长健壮植株上的枝条直接扦插。

（一）品种选择

我国栽培的藜蒿均为野生种驯化，尚无人工选育的品种。各地野生种的特征特性有所不同，目前最受市场欢迎的主要有绿秆藜蒿和白秆藜蒿。这2种藜蒿的嫩茎呈青绿色或淡绿色，较耐寒、萌发早、植株生长速度快、产量高、商品性好，如"云南白板"、"云南绿秆"就适合武汉地区种植。

（二）整地施肥

前茬西瓜罢园后，迅速清理瓜蔓，土地深翻炕晒、三耕三耙；因藜蒿的生长期和采收期长、需长效肥较多，故结合整地，要求分层重施底肥：一般667m² 施腐熟有机肥3 000～4 000kg，或优质生物有机肥300～500kg+碳酸氢铵100kg+过磷酸钙50kg+复合肥50kg。

畦宽（包沟）1.5～2m，沟深0.3m，整成平畦，既方便田间管理，又有利于排水防渍和沟灌抗旱。作畦时，喷施除草剂以防杂草，每667m² 可选用72%都尔60ml或48%氟乐灵100～150ml。沟畦整好后，浇一次透水，沟灌不漫畦。

（三）扦插定植

扦插前3天灌一次透水。选择生长粗壮充实、无病虫害的半木质化茎秆，去掉上部嫩茎叶，剪成8～10cm长的插条，然后按行距10～15cm、株距7～10cm开浅沟腋芽朝上摆放插条、边摆边培土，也可不开沟直接进行斜插，深度为插条的2/3，地上留3cm左右，每667m² 需插条量一般为250～300kg。扦插完毕后立即灌1次透水，并盖遮阳网。3～4天再灌水1次，以后经常保持畦面湿润，以促进新根和侧芽萌发。

（四）田间管理

1. 追肥

扦插后7天左右萌芽生根，嫩梢长至3cm时，每667m² 施10%腐熟人粪尿200kg或复合肥20kg作提苗肥；当幼苗长到5～

6cm 时，追施复合肥 30kg 或尿素 10kg；根据长势还可用 0.3% 磷酸
二氢钾或其他叶面肥进行叶面喷施；采收前 7 天，每 667m² 追施
尿素 25kg 作促产肥。注意每次追肥均要及时浇水，以提高肥效和
防止肥害。以后每收割 1 次，都要同量追肥。

2. 灌水

藜蒿耐湿怕旱，早秋高温干燥，插后 3 ~ 4 天宜浸灌 1 次透
水，发芽后可酌量减少灌水量，但必须以保持土壤湿润。以后每
施一次肥就沟灌 1 次透水，但水不要漫到畦面，以免引起土壤板
结影响通透性，导致插条腐烂。大雨后要注意及时排渍。

3. 中耕除草

扦插后由于经常灌水，土壤容易板结，萌芽后要适时中耕松
土。藜蒿苗小未封行前，可人工拔除杂草，以免影响其正常生长；
杂草生长较旺盛时，应喷施除草剂；如 6.9% 威霸或 10.8% 高效盖
草能或 15% 精稳杀得，每 667m² 用药量 50 ~ 80ml，兑水 30 ~ 40kg
喷雾。

4. 间苗

当幼苗长到 3cm 左右时要及时间苗，每兜保持 3 ~ 4 株小苗。
否则，幼苗过多，造成拥挤，会影响藜蒿的商品性。

5. 搭棚防寒

藜蒿最适宜的生长温度为 20 ~ 25℃，当气温在 10℃ 以下或霜
冻时，就生长缓慢、茎叶逐渐枯萎；而 10 月份后温度逐渐降低，
为保证藜蒿在元旦、春节期间正常上市，应在 11 月中、下旬气温
降至 10℃ 之前搭大棚保温防霜冻。一般棚宽 4 ~ 6m，南北向为宜，
用无滴膜覆盖。扣棚前追施一次浓人粪尿或复合肥，但要保持畦
面干燥，切忌湿地扣棚，以防灰霉病等病害发生。扣棚后保持棚
内温度 18 ~ 23℃，晴天中午应打开棚两头通风，以免因温度过高
而徒长，或因湿度过大、通风不良造成藜蒿腐烂或变黑。春节过

后气温上升时及时揭除盖膜。

6. 病虫害防治

藜蒿主要病害是菌核病，发病初期按每 667m² 用 10% 速克灵烟熏剂或 10% 百菌清烟熏剂 250g 悬挂于棚内熏烟，或用 40% 施佳乐或 40% 菌核净或 50% 扑海因 1000 倍液喷洒；每隔 7 天 1 次，连续防治 3~4 次。

藜蒿生长前期主要虫害有玉米螟、斜纹夜蛾、美洲斑潜蝇和蚜虫。防治玉米螟、斜纹夜蛾幼虫，一是将剪切好的扦插条装入塑料编织袋或篮、筐里，沉入水中浸泡 10~12 小时，将残留的幼虫淹杀死；二是利用电击式杀虫灯诱杀成虫；三是选用 15% 安打 4000 倍液或 10% 除尽 2000 倍液或 Bt 粉剂 500 倍液或者 5% 来福灵 1500 倍液防治，美洲斑潜蝇用 1.8% 的爱福丁或 10% 除尽 2000 倍液，蚜虫用 10% 的四季红或 20% 康福多 2000 倍液进行防治，如有地下害虫，可亩用 3% 米乐尔 3kg 结合整地深施防治。

（五）科学采收

当藜蒿嫩株长到 15~25cm、顶端心叶尚未展开、颜色浅绿色、茎秆脆嫩时贴近畦面收割。秋季气温较高一般 30 天左右收割 1 次，冬季需 50 天左右收割 1 次，上市期可一直持续到翌年 3 月份。

将割下的茎秆除留少数心叶外，其余叶片全部抹去；按不同粗细分级扎把，再用清水浸泡后，用湿布盖好放在阴凉处；经过 8~10 小时软化即可上市。

（六）合理留种

留种田在收割完最后一茬、追肥灌足水后，任其生长，待成株木质化后，即成为下季栽培的插条。选择预留种苗田，一般按 1:5 留足面积。若土地面积小，先缩小留种田，6~7 月前作收获后，增加面积进行扩繁。留种田的管理方法同上。

第二节 大、中棚西瓜套种苦瓜栽培模式

武汉市是南方地区设施栽培面积最大的地区之一。为了提高园艺设施的利用率，最大限度地提高经济效益，经过多年探索，总结出多个有示范性的西瓜高效栽培模式，"大棚西瓜套种苦瓜"就是其中的一种。

一、茬口安排

西瓜于元月上旬播种育苗，2月下旬定植，5月中旬陆续成熟上市至6月中旬罢园；苦瓜元月中下旬播种育苗，3月上旬套种定植，6月份开始收获上市，10月下旬罢园。

二、春西瓜栽培要点

（一）品种选择

一般选用较耐弱光低温、品质优良、商品性好、果实成熟期较短且采收成熟度要求不严的早佳（8424）、早春红玉、黄小玉等品种。

（二）育苗方式

（1）有条件的地方最好选择工厂化培育的嫁接西瓜苗，既可以预防枯萎病，又能保证定植的时间。

（2）无此条件必须采用双棚覆盖方式育苗，并在地面上铺设地热线，以保证苗床的地温。

（三）整地施肥

（1）每 667m² 施腐熟有机肥 1500kg，或有机生物肥 500kg+硫酸钾复合肥 50kg 作基肥。

（2）5m 宽竹架中棚可整成 2 个单畦；8m 宽的大棚可以整成

双行合畦和 1 单畦；配合整地，在西瓜定植行深沟施入肥料，不要集中 1 行而要形成肥层带。

（四）定植密度

嫁接西瓜一般每 $667m^2$ 定植 340 株左右，自根苗西瓜定植 500～600 株。双行合畦的瓜苗靠畦边 5～10cm 定植，尽可能拉大行距，提高土地的使用率，最好使用较宽的地膜实行整畦覆盖。

（五）牵蔓整枝

（1）嫁接西瓜可在西瓜苗 5 片真叶时摘除主蔓生长点，促使子蔓生长，选留 4 条健壮子蔓，顺同一方向牵蔓。

（2）自根苗西瓜除留主蔓外，另选留 1 条健壮子蔓引蔓，其余子蔓均及时摘除。

（六）人工授粉

（1）因设施西瓜花期处在低温阴雨阶段，昆虫活动少，必须进行人工辅助授粉。

（2）如天气恶劣，雄花常出现无花粉或花粉受潮而失去活力，这时需使用坐果灵溶液涂抹果柄帮助坐果。因生产厂家不同，请参考说明书进行浓度的配制。

（七）巧施膨瓜肥

膨瓜肥在大棚西瓜生产中十分重要，肥料施得好、施得巧不但能大幅度地提高单位产量，而且还能促进早熟、提高西瓜含糖量和植株的综合抗性。

（1）配合灌水进行施肥，施肥量根据相关植株的长势而定。要掌握 80% 的植株已坐果、并有鸭蛋大以上时进行。

（2）结合喷药进行叶面追肥，磷酸二氢钾的用量可以提高到 0.4% 左右，如果植株氮肥不足，需加入 0.3%～0.4% 的尿素混合喷施。

（八）及时疏果

两蔓整枝的中果型品种选留主蔓第 2、3 雌花的坐果；4 蔓整

枝则须选留两条子蔓上第 2、3 雌花上的坐果，其余幼果要及时摘除，避免耗费养分。

（九）病虫防治

大棚内西瓜植株不受外界气候影响，一般 7 天喷施 1 次预防病害的农药；叶面病可用百菌清、甲基托布津等杀菌剂交替使用。杀虫剂则根据当时虫害情况进行防治。

三、苦瓜栽培要点

（一）品种选择

选用植株生长旺盛、适应性广、分枝力强、坐果率高、耐寒耐热、易栽培、产量高、口感好、商品性状好的秀绿、秀绿 5 号等品种。

（二）整地施肥

配合西瓜整地，在大棚两侧分别开沟，每 667m² 条施复合肥 75kg 或腐熟鸡粪 750kg，整成畦面 50cm 宽、沟深 20cm 的高畦。

（三）适时定植

大棚套种苦瓜可迟于西瓜 10 天左右定植。因苦瓜长势较旺、分枝性较强，要适当稀播，一般以株距 60 ~ 80cm 单行定植。定植时可用 0.2% 磷酸二氢钾溶液浇足定根水，然后覆盖地膜。

（四）肥水管理

充足的肥料是丰产的基本保证。苦瓜蔓期不耐肥，宜轻施少施，一般用 0.2% 磷酸二氢钾溶液进行叶面喷施。坐果期或每采收 2 批果后每 667m² 可用 5kg 尿素 +10kg 复合肥混合于两株之间进行穴施，有条件的农户可以在定植时铺设滴灌带进行水肥同补。

（五）引蔓铺网

当主蔓长至 40cm 时，要及时引蔓上棚架，基部的侧蔓全部剪除。苦瓜引蔓一要勤，二要在晴天下午进行，以免将蔓折断。为了避免耗费养分，发挥主蔓结果的优势和充分透光，应勤摘侧蔓、卷须、多余的雄花、雌花和下部老叶，还要注意及时摘除第 1 雌花，选留第 2 雌花坐果。

铺网既可使苦瓜滕蔓均匀生长、提高产量，又能方便管理和采收。其方法有两种：一是直接将 12 ~ 45 丝、眼距 40cm × 40cm 的渔网铺盖在钢架棚上；二是在两边肩部离地面 2m 处用铁丝横向固定，棚顶用 3 根铁丝在中间匀距牵引，以免铁丝下垂，棚内按每 4 根架拉 1 根等距铁丝，然后将渔网铺在铁丝上。第 1 种方法不方便管理和采收，生产上多采用第 2 种方法。

（六）病虫防治

苦瓜主要有病毒病、白粉病、霜霉病等，病毒病目前无特效药，可用 20%病毒 A500 倍液连续喷施 2 ~ 3 次；白粉病可用 30%醚菌酯、或 15%粉锈灵、或 40%晴菌唑，均按 1 500 倍液交替防治；霜霉病可用 53%金雷多米尔锰锌水分散颗粒剂 500 倍液、或 75%可露可湿性粉剂 500 倍液、或 72.2%普力克水剂 800 倍液交替使用。苦瓜主要受蚜虫危害，在防病时可配入杀蚜虫的农药一起喷施。

（七）适时采收

当幼瓜充分长长增粗、果皮瘤状突起膨大、果实顶端开始发亮时即可及时采收。

第三节　大棚立架西瓜 – 洪山菜薹栽培模式

设施园艺的特点就是有效地利用其空间，充分发挥出产能，以提高经济效益。早春选用礼品西瓜进行立架栽培，不但可以大幅度提高产量，而且商品外观也比爬地栽培式好，并适合市民的自

由采摘，使经济效益倍增。洪山菜薹是武汉市特有的传统地方名菜，利用大棚栽培既能促进早熟，又可有效地防止冬季极端低温对菜薹产生的冻害。如果栽培管理技术措施跟上去，一般每 667m² 西瓜产量可过 3 000kg，洪山菜薹 1 500kg 左右，产值可达 2 万元。

一、茬口安排

早春小西瓜元月上旬开始工厂化嫁接育苗，2 月中下旬定植，5 月中下旬上市至 7 月中旬；洪山菜薹 8 月中下旬育苗，9 月中旬移栽，11 月下旬至翌年春节期间采收上市。

二、春西瓜栽培要点

（一）品种选择

因早春日照较短，阴雨天多，宜选用较耐低温弱光、早熟性好、雌花节位密、易坐果、品质佳的小西瓜品种，如早春红玉、红小玉、特小凤、秀丽等，也可选用中果偏小的早佳。

（二）育苗时间

根据洪山菜薹退地的时间来确定育苗期。考虑到每年春节时间的不同，洪山菜薹退地的时间也就不同，所以要求育苗时间有一定的灵活性。一般是 2 月中旬左右定植 3 叶 1 心西瓜苗为佳，以此推算时间并与嫁接育苗场签订合同。

（三）整地施肥

洪山菜薹罢园后，迅速铲除植株并运出棚外。按 1.5m 开沟整畦，配合整地，在瓜畦中间开深沟每 667m² 施入腐熟猪、牛或鸡粪 1 500kg，硫酸钾复合肥 50kg，条施后最好在沟内把土肥拌匀，然后整畦。

（四）定植密度

立架栽培一般每 667m² 定植 1 700 株左右，株距 35cm，双行错开定植。定植后用 0.2%的磷酸二氢钾液作定根水，略干后覆层细土，然后盖地膜、架拱棚、密封大棚膜。

（五）立架方式

1. 竹架方式

有条件的地方可以就地取材，用 2m 长的细竹竿采用豇豆架的形式插材搭架；也可每畦插两直排架材，架材间增加横梁交叉固定。

2. 铁丝吊绳

在定植行上方 2m 处设置固定的铁丝，每间隔 5m 左右用较粗的竹竿顶住铁丝（以减轻坐果后铁丝负重的压力），然后在每株的上方准确的固定一条塑料绳并延长到西瓜植株的根部。

（六）整枝理蔓

西瓜伸蔓后，留主蔓上架，另选 1 条健壮子蔓作为辅助营养蔓。当主蔓长 30cm 时开始绑蔓，以后每隔 30cm 左右及时绑蔓顺绳生长，防止蔓倒垂折断或受伤。地面的子蔓要严格地整枝、去除孙蔓，防止地面茎叶拥挤影响光合作用和病害产生。

（七）授粉留果

早春昆虫活动少，大棚内传粉昆虫就更少，因此西瓜开花期需要进行人工辅助授粉；而有些年份因低温阴雨时间长，会出现雄花无花粉现象，这时需使用坐果灵涂抹果柄或喷花强行坐果。

一般立架栽培选留第 2 雌花坐果，坐不住时选第 3 雌花坐果。低节位坐果或高节位坐果容易出现空心果或畸形果。

（八）肥水管理

立架栽培较常规爬地栽培需肥量大，伸蔓前用 0.2%磷酸二氢钾配合灌水进行提苗；伸蔓后配合灌水每 667m² 施 5kg 硫酸钾复合肥；坐果后灌施 40kg 硫酸钾复合肥，保证果实迅速膨大；防治病虫害时亦可混合喷施 0.2%～0.4%磷酸二氢钾作叶面追肥。

（九）适时采收

小西瓜八成熟即可采收上市，过熟不利于贮运，影响西瓜品质风味，同时还影响经济效益。

（十）留二茬瓜

头茬瓜坐稳后，植株基部产生的侧蔓有意选留 2 根作二茬瓜的瓜蔓；主蔓头茬瓜采收后从下部剪断主蔓和原爬地子蔓，清除藤叶，让新生侧蔓上架并加强肥水管理，促使二茬瓜生长。

三、秋冬洪山菜薹栽培要点

洪山菜薹与武昌鱼被誉为"楚天"两大名菜。洪山菜薹风味独特，具有色、香、味、美的特点，且营养价值极高，为历代进京的贡菜，畅销全国，并外销到日本、东南亚等国。洪山菜薹适宜在冷凉气候下栽培，但不耐 –2℃ 以下低温，对光照长短要求不严格，上市期长达近 5 个月。

（一）品种选择

洪山菜薹是武汉地方特产，目前有"大股子"、"胭脂红"等品种，"大股子"为早熟品种，长势旺盛、较抗病、品质较佳，667㎡产量 1250～1500kg；"胭脂红"为迟熟种，长势弱于"大股子"，耐寒性比"大股子"强，商品外观好，品质优良，抗病性较差，667m² 产量 1000kg 左右。一般大棚栽培多选用"大股子"。

（二）适时育苗

洪山菜薹适宜于 8 月中旬育苗。播种过早，不必要地延长营养生长时期，苗期受高温影响，且容易发生病毒病和软腐病；播种过迟，发棵慢，营养生长不充分就发育菜薹，菜薹产量不高。播后要覆盖遮阳网，防晒降温保潮，苗出齐后及时揭除遮阳网。自真叶开展后，分批间苗 2～3 次，单株在 10㎝ 左右见方，保证苗齐苗壮。

（三）深翻炕地

西瓜收获后给菜薹留下了相当长的空闲时间，又正值夏季，通过深翻炕地，既可提高土壤理化性状，又能杀灭一部分病菌虫卵。一般是清理藤叶后，每 $667m^2$ 撒生石灰 50kg，进行土壤消毒，然后翻耕闭棚炕地。

（四）整地施肥

8m 的钢架大棚可整成 5 条菜畦，结合整地每 $667m^2$ 沟施腐熟鸡粪 1 500kg，或生物有机肥 200kg，或饼肥 150kg；为了便于菜薹的栽培管理和采收，要求整成深沟高畦，沟面要略宽。

（五）适时稀植

大股子菜薹生长旺盛，栽植过密，会形成叶片相互拥挤，不但影响植株的生长，而且还会导致病害的发生。一般每 $667m^2$ 定植 2 700 株左右，株行距为 40cm×60cm。定植时不要栽得太深，否则容易引起腐烂，同时影响下部叶腋中侧芽的发生，其深度以不超过基生叶为原则。

（六）肥水管理

定植后用 0.2%磷酸二氢钾液作定根水。菜薹营养体的大小、健壮程度决定着其产量与品质。洪山菜薹比其他杂交菜薹的生长期要长，植株高大，肥水管理上要根据其生长情况给予满足；总的原则是基肥足、苗肥轻、薹肥重，不偏施氮肥，氮肥施用过多易引起徒长。

虽然洪山菜薹的生长期处在秋冬干旱期，但补水时不要大水漫灌，防止湿度过大导致软腐病、黑斑病和霜霉病的发生。中期要摘除老黄叶和病叶，增加植株的通风透光。

（七）病虫害防治

重茬易导致软腐病的发生，因此应尽量实行轮作。软腐病是

一种细菌性病害，主要通过昆虫、雨水和灌溉水传染，极难防治；田间发现病株及时拨除，并在发病穴及周围撒石灰粉消毒，发病初期或出现中心病株时，应立即喷药防治，可用 70% 敌克松 800 倍液或 200mg/kg 农用链霉素液或新植霉素 4 000 倍液喷洒，也可以于根部灌根连续 2~3 次。黑腐病防治同软腐病。黑斑病用 72% 克露 600 倍液或 75% 百菌清 600 倍液或 50% 多菌灵 800 倍液交替喷雾防治。其他叶面病害可选择相对应药物每隔 7 天喷施防治 1 次，雨后补喷。

在防治病害的同时，也要注意防治虫害，主要虫害有蚜虫、菜青虫、小菜蛾、斜纹夜蛾等，防病治虫的药剂可以混合喷施，以节约人工，亦可在大棚四周安上防虫网。病虫害防治时可和叶面肥喷施同步进行。

（八）科学采收

主薹不及时采收不但影响侧薹的萌发，而且还消耗养分，所以民间素有"头薹不掐，侧薹不发"的说法。当主薹生长至 50cm 高时要及时采收，促使萌发侧薹。

洪山菜薹的经济价值主要体现在每年春节前，除了及时采收主薹外，还应配合叶面喷施 0.3% 磷酸二氢钾液，以促进侧薹的形成和生长。主薹采收的部位不能过高，应在菜薹的基部采收。掐菜薹一定要用专用掐刀，以减少伤口面，切口略倾斜，避免积水，晴天采收有利于切口愈合防止感病。

第四节　大棚西瓜－西兰花栽培模式

"大棚早熟西瓜－秋茬西兰花二种三收栽培"是江苏省响水县大面积推广应用的一种规范化高效栽培模式。该模式 667m² 平均产量为西瓜 6200kg（头茬瓜 3600kg，二茬瓜 2600kg），西兰花 1260kg，年平均收入达 11580 元 /667m²。

一、茬口安排

大棚早熟西瓜 12 月中下旬育苗，2 月上中旬定植，5 月中旬和 7 月上中旬收瓜；西瓜收后拉秧耕地晒垡。秋茬西兰花 7 月中下旬育苗，8 月上中旬定植，10 月上中旬开始采收。

二、春西瓜栽培要点

（一）品种选择

选择早中熟、产量高、品质好、耐寒、商品性好的优良西瓜品种，如苏蜜一号、宁蜜、署保、日本大金星、甘甜无籽等。

（二）培育壮苗

采用大棚套小棚加地膜加盖草帘的"三膜一帘"四层覆盖方式育苗。苗床床温白天控制在 28 ~ 33℃，夜间控制在 20 ~ 25℃，夜间或阴雪天加盖草帘。出苗 70% 后揭去地膜，床温白天 20 ~ 26℃，夜间 10 ~ 17℃。定植前 7 天适当降温进行炼苗。苗龄 45 天左右，3 ~ 4 片真叶，定植前 1 天喷 1 次叶面肥 + 多菌灵 500 倍液，做到带药带肥定植。

（三）定植

1. 整地施肥

前茬作物收获后，尽早把土地深翻晾晒冬冻灭菌杀虫。施肥作畦、覆膜：每 667m² 施腐熟优质土杂肥 500kg 以上、三元复合肥（20-10-16）80kg、尿素 25kg、硫酸硼 20kg、硼砂 2 ~ 3kg，普施、沟施各半；另每 667m² 施用 3% 辛硫磷颗粒剂 1.5 ~ 2.5kg 分层施匀，整平后灌水 1 次，并于定植前 5 ~ 7 天作畦，每 667m² 用 80 ~ 100g 的杜尔兑水喷洒垄面，喷后盖地膜升温。

2. 适期定植

2 月上、中旬，棚内地温稳定在 11 ~ 12℃以上时，在晴天上午定植。浅沟畦栽，沟宽 40 ~ 50cm，沟深 20 ~ 30cm，适宜栽植密度为有籽瓜 700 株 /667m² 左右，无籽瓜 600 株 /667m² 左右，培好土，浇透定植水。

（四）定植后的管理

1. 温度管理

定植后 3 ~ 5 天内，保持棚温白天 30 ~ 32℃，夜间 15 ~ 18℃；坐果定形后白天提温，夜间降温，加大温差；晴暖天气温度超过35℃适当通风降温，中午要防止温度过高烧苗，把温度降至30℃以下，温度升高加大放风口，阴天不放风，遇连阴天关闭风口。

2. 肥水管理

前期控制浇水，勤中耕、松土、晒土。甩蔓坐瓜前不浇水，以防徒长化瓜。坐果后浇水，进入膨瓜期保持土壤见干见湿，3 ~ 7 天浇 1 次水。西瓜成熟前 5 ~ 7 天停止浇水。西瓜伸蔓初期，每667m² 穴施饼肥 50 ~ 75kg，或腐熟的禽粪肥 500 ~ 750kg。幼果鸡蛋大小时结合浇水每 667m² 冲施三元复合肥 （20-10-16） 8 ~11kg，硫酸钾 5 ~ 6kg；7 天后再施三元复合肥 15kg 左右，有利于第 2 批瓜坐瓜。第 1 批瓜采收后第 2 天施子蔓肥，促进子孙蔓生长；667m² 施三元复合肥 15 ~ 20kg+ 磷酸二氨钾 0.3 ~ 0.4kg+ 水200 ~ 250kg，后期用 0.3% ~ 0.5% 的尿素或磷酸二氢钾液叶面喷施，采收前 7 天停止施肥。

3. 植株调整

当主蔓长到 50cm 时选留主蔓和 2 条健壮侧蔓，坐果前不留叉，坐果后生长势弱的少留分叉，去掉第 1 雌花。西瓜长到碗口大时开始选留 1 ~ 2 条子蔓，将坐瓜节位前子蔓全部打掉；西瓜长到鸡蛋大小时疏瓜，主蔓保留 1 ~ 2 个瓜，子蔓留 2 个瓜，保留圆整瓜，疏去病瓜、弱瓜、畸形瓜；坐果前压蔓，瓜前重压，瓜后轻压，用土压在瓜蔓靠近生长点 1cm 处。

4. 人工授粉

晴天上午 9 时前，阴天上午 9～11 时进行，选留第 2～3 朵雌花进行授粉，侧蔓上第 1～2 朵雌花备用。人工把雄花摘下、将花冠瓣去，把雄蕊放在另 1 株的雌花柱头上轻轻涂抹，并插牌标记，定瓜后将多余的幼瓜和雌花全部去掉，在瓜膨大期采用松蔓、垫瓜、翻瓜等措施促进果实膨大，提高西瓜的商品性。

5. 病虫害防治

猝倒病、立枯病、枯萎病、疫病、病毒病等病害用 72.2% 普力克或重茬剂 1 号或 20% 病毒 A 等药剂防治，每 7～10 天 1 次，连喷 2～3 次；蚜虫、飞虱用 10% 吡虫啉或扑虱蚜 200 倍液防治。

（五）适时收获

第 1 批瓜在开花后 35～40 天成熟，第 2 批瓜在开花后 30～35 天成熟。采瓜根据皮色、卷须和果实的形态变化和授粉标记日期进行采收。采收在上午进行，要用剪刀剪收。5 月中旬开始采收，7 月下旬结束。采收成熟度根据市场远近决定，长途运输的收八成熟，短途运输的收八九成熟，当地销售的，在完全成熟时采收。

三、秋西兰花栽培

（一）品种选择

宜选择长势旺、抗逆性强的中早熟品种优秀、山水等。

（二）适时定植

定植前 10～25 天，翻耕土地，施足基肥，基肥每 667m² 一次性施用生物有机肥 120kg，三元复合肥（20-10-16）40～50kg，过磷酸钙（含磷 12% 以上）80kg，硼砂（含硼量 80% 以上）1.5kg，将肥料旋耙翻入土中；作畦定植，畦面行间交错定植，呈品字形，

定植密度 4200 株 /667m² 左右。定植深度 4～5cm，定植孔用土封严稍压，防苗坨与土壤接处虚空。晴天下午 3 时以后定植，阴天可整天定植。定植后当天浇足定根水，并充分浸透畦土。

（三）精心管理促生长

1. 肥水管理

遇伏旱适量灌水，可灌跑马水，只要求土壤湿润，不能漫灌水。每次灌水后及时中耕培土、除草。追肥第 1 次于定植后 5～7 天，每 667m² 追尿素 6～8kg。第 2 次于定植后 25～35 天、8～10 片真叶时。每 667m² 施用三元复合肥（20-10-16）15～20kg。于两株中间穴施，穴深 8～10cm，施后土盖严；第 3 次在定植后 45～55 天，植株 15～17 片真叶时，每 667m² 施三元复合肥 15～20kg。

2. 防治病虫害

西兰花主要病害有立枯病、霜霉病、黑腐病等，可用 72.2% 普力克、85% 乙膦铝、77% 可杀得等农药防治，5～7 天喷 1 次，连续用药 2～3 次；主要虫害有蚜虫、菜青虫、甜菜夜蛾、小地老虎等，可用 70% 艾美乐、2.5% 菜喜、10% 除尽、敌百虫等农药防治。在西兰花显现幼小花球后，禁止喷撒农药。

（四）适时采收保质量

保鲜出口的花球要求横径 11～14cm，纵茎长 15～16cm；速冻加工的花球横径为 16～18cm，纵茎长 16cm。采收时，下刀要准、稳、保留 3～4 片叶，花球紧密坚实，深绿色，花粒细小，没有黄花蕾、病斑及虫斑，单个花球质量 280g 以上，茎基部不空心。

内销标准要求：花球不松散，没有病斑和虫斑，花球深绿色，花球和茎长度不超过 12cm。每天早上 9～10 时，下午 3～4 时后进行采收，晴天上午 10 时以后停止采收，每天采收 1 次，下雨天不采收。

江苏省响水县小尖镇农技中心张立清等《长江蔬菜》2010 年 23 期

第五节　大棚西瓜套种番茄栽培模式

江苏省南京市"大棚西瓜与番茄作物套种"栽培模式，充分发挥了园艺设施的作用，做到了大棚周年供应，提高了单位面积的经济效益。

一、茬口安排

春西瓜1月下旬至2月上旬播种砧木（葫芦），7~10天后播种接穗，当接穗苗出苗1~2天进行嫁接，3月下旬定植，6月份采收采收第1茬，7~8月份采收第2茬；秋番茄在7月上中旬播种，8月上旬在瓜穴间定植，10月份开始采收至次年1~2月。

二、春西瓜栽培要点

（一）品种选择

选择品质好、产量高、抗病性强的品种，如小兰、京欣一号、和平、黑美人等中小果型品种。

（二）适时定植

嫁接后3天内以不见光、保湿为主，7~9天后可正常管理：水分以控为主，防止接穗苗窜高或影响伤口愈合。当瓜苗长至4叶1心至6叶1心，及时抢晴天定植。定植时浇足定根水，及时覆盖地膜、小拱棚、草帘等。

（三）肥水管理

每667m² 施腐熟农家肥5 000kg、过磷酸钙50kg作底肥；当果实长至鸡蛋大小褪毛时选留果，及时在距根30cm处穴施入膨大肥，每667m² 施硫酸钾10kg、尿素7.5kg、饼肥20kg，并浇足膨大水，以促进果实膨大。中期要浇水追肥，后期要先结先施，

多结多施，速效迟效肥结合，有瓜促瓜无瓜促藤，每只瓜结牢后要施 3 次肥。

（四）温度管理

西瓜 16～17℃开始发芽，适温为 25～30℃；生长发育的适温为 24～30℃，30℃时同化作用最强，35～40℃时同化作用仍强；结果成熟期的温度高，产量也高，温度降至 l2℃，植株正常的机能被破坏。

（五）病虫害防治

西瓜主要病虫害有炭疽病、病毒病、红蜘蛛、小菜蛾、蚜虫等，清除田间和瓜田附近杂草，减少虫源和病源。在生长期间发现病株、病叶，应及时整枝，剪下瓜蔓、病叶，带出瓜田，集中烧毁。用甲基托布津、百病清、多菌灵和菊酯类药剂防治。最好选用灭蚜烟剂、百菌清复合烟剂和甲基托布津等防治病虫害，有利于控制棚内温度、减少污染。

三、秋番茄栽培要点

（一）品种选择

可选择丰产、优质、早熟、抗病的品种如：宝大 903、宝大 906 等大红果型番茄。

（二）定植

当番茄苗长到 7～9 片叶、株高 15～20cm、植株出现第 1 花序时即可定植。定植时的株行距为 40～45cm，阴天可全天定植；定植后要及时浇水稳苗，并可在畦中间，行间覆盖稻草或麦草，同时在大棚上盖遮阳网。实行窄畦、深沟、高垄栽培，做到三沟配套，排水良好，切忌大水漫灌。

（三）肥水管理

在前茬施足基肥的基础上，每 667m² 再施腐熟农家肥 5 000kg、过磷酸钙 50kg；在番茄第 1 穗果实刚采收时，进行第 2 次追肥，

667m² 施尿素 10kg；结果盛期，可结合喷药用 0.2% ~ 0.3%尿素进行叶面喷肥。

定植时，在保证活棵的情况下，尽量少浇水。结果前应控制浇水或少浇水。第 1 花序坐果后浇 1 次水，以后每周浇 1 次水，浇水后次日上午至中午要及时通风排湿。在生长前期，田间以湿润为主，中后期见干见湿。最好全膜覆盖，采用滴灌技术灌溉。在盛果期 4 ~ 5 天浇 1 次水，浇水量要多，应在下午或傍晚进行。遇暴雨天气及时排水。

(四) 田间管理

为便于植株均匀分布，在开始结果后要及时搭架。为了保证高产优质，应进行疏花，当达到所需果数时，要摘除多余的花穗和幼果并摘心，及时摘除侧枝。番茄使用植物生长调节剂不仅可以防止落花落果、提高坐果率和产量，同时还可以提早成熟。早期用防落素或 2.4-D 点花，防止落花落果。后期当果实变白变黄时，用乙烯利催红可提早上市。10 月搭建大棚，温度低于 10℃时盖棚膜保温，11 月下旬盖小拱棚保温。

(五) 病虫害防治

番茄主要病虫害有病毒病、早疫病、灰霉病、叶霉病及蚜虫、小地老虎、美洲斑潜蝇等。根据播期选用具有较好丰产性和抗（耐）病性的不同品种；合理轮作，改善土壤理化性质、培肥地力，消灭病虫来源，减轻病虫害发生；番茄应避免与茄科蔬菜轮作，可与草莓或葫芦科蔬菜轮作；注意使用有机肥，增施磷钾肥；培育无病虫壮苗，大力推广使用营养钵、营养块、穴盘育苗；保持苗床湿润，可防治多种病害。定植前若发现病株应立即拔除，发现病虫要及时消灭。必要时采用药剂防治。

江苏省南京市江宁区农业局李婷婷《现代农业科技》2010年23期

第六节 大棚西瓜、甜瓜双季栽培模式

江苏省无锡市"大棚西瓜、甜瓜双季栽培"技术，每 667m² 春季产商品西瓜 2 500kg，收入 6 000 余元，产商品甜瓜 1 000 余 kg，收入 7 000 余元；秋季产商品西瓜 1 250 余 kg，收入 5 000 余元，商品甜瓜 1 000 余 kg，收入 4 000 余元。通过春秋两季栽培，全年收入超万元，纯收入也较为可观。

一、茬口安排

早春甜瓜在 1 月 20 日左右温床育苗，3 月上旬定植，6～7 月份上市；西瓜 2 月 5 日左右播种（冷床育苗可推迟到 2 月 20 日左右），3 月上中旬定植，6～7 月份上市。秋甜瓜 7 月上旬播种，7 月下旬定植，国庆节前上市；西瓜 7 月上旬至 8 月 10 日播种，苗龄 15～20 天定植，9 月 20 日至 12 月中旬采收上市。

二、西瓜栽培要点

（一）品种选择

春季可选用"早佳"，该品种皮薄质脆、爽口、味甜多汁，剖面均匀，不易倒瓤，耐湿性强；秋季栽培可选用"苏星 058"，为早中熟品种，秋栽外观漂亮，瓜形圆整，个形较大，且膨瓜速度快，皮薄、质脆、耐裂，味甜多汁，商品性佳，一般秋栽单瓜重可达 4kg 以上，大的可达 6.5kg，市场价比一般无籽西瓜高 1 元/kg 左右。

（二）春西瓜栽培

1. 大田准备

选 7 年以上没种过葫芦科作物的水稻田。水稻收获后抢晴天田土干爽时，及时用中拖双铧犁耕翻，打破犁底土层，并通过冬垡，熟化土壤，提高土壤肥力。冬耕后约 30 天，再用中拖翻倒并开沟，栽前 1 个月每 667m² 施腐熟有机肥 1 000kg、进口硫酸钾复合肥 35kg、尿素 10kg，3% 米乐尔 15kg 或喷 50% 辛硫磷 200ml，并翻倒和开始作塄搭棚。栽前 15 天，距大棚中心 50cm 处铺设滴灌水带，并喷 72% 都尔 110 ~ 150ml；全塄覆盖地膜增温。

2. 定植

栽前 1 天按 550 株 /667m² 密度打好栽植孔，并浇足底水，一般每穴浇水量不少于 2kg，选晴好天气栽种，栽后再浇淋根水。

3. 温度管理

栽后闷棚 3 ~ 5 天，气温低时要搭小拱棚，甜瓜还需加盖草帘，或增加一层中棚膜，伸蔓期白天温度控制在 25 ~ 30℃，夜间 15 ~ 18℃，开花期白天 20 ~ 30℃。夜间 18 ~ 20℃，结果后白天 25 ~ 35℃，夜间 15 ~ 20℃，随温度升高，小拱棚、中棚可逐渐撤掉，通风量随植株长大也加大，通风时间延长。

4. 水肥管理

视生长情况通过滴灌调节土壤水分及补充肥料。西瓜膨大肥，经几年观察，一般当大批西瓜达 1 ~ 1.5kg 时，通过滴灌每 667m² 施进口高浓度硫酸钾复合肥 15 ~ 20kg，同时也可再增施一些腐熟的鹌鹑鸟粪（这种施肥方法仅限于"早佳"），之前西瓜田墒情宁干勿湿。

5. 整枝理蔓

人工授粉双蔓整枝，并将蔓并行理顺，用细铅丝将蔓固定，第 2 雌花授粉坐果，授粉时间以早上 7 ~ 9 时为好，授粉后插标记，以方便采收。

6. 病虫害防治和根外施肥

春西瓜主要病害有叶枯病、病毒病和炭疽病，可用 50% 速克灵、20% 阿米西达、10% 世高、20% 病毒克星等农药防治。春西瓜主要虫害是红蜘蛛、美洲斑潜蝇和蚜虫，可用 1.8% 阿维菌素、

10%阿克泰、10%吡虫啉防治。

西瓜坐果后 15 天开始，每隔 3~5 天进行 1 次根外追肥，可明显提高西瓜品质，可选用正大植物营养宝、滴滴神、酵素菌液肥及磷酸二氢钾等叶面肥。

（三）秋西瓜栽培

1. 清茬灭菌

要及时处理前茬瓜蔓、杂草、地膜等，并在垄面上及时喷施80%百菌清（100~150g/667m²）。

2. 施肥整地

栽前 7 天每 667m² 施酵素菌有机无机复合肥（8-8-9）160kg，并喷施 50%辛硫磷 150~200ml 或撒施 3%米乐尔 1.5~2kg，喷后立即耕翻，再平整田面，并作垄铺设滴灌水带，全垄盖银灰色地膜，滴管水带铺设在距棚边 50cm 处。

3. 定植

栽前 1 天按 667m² 栽 480~500 株密度打孔，并浇足水分，栽时要带药下田，营养钵也要浇足水分，栽后再浇适量淋根水。

4. 整枝、摘心、留果

两蔓整枝，第 3 朵雌花前的侧蔓都要去掉，坐果节位以上部分不整枝，雌花坐果后留 10 片叶摘心。一般每株只留 1 个圆整的果。

5. 撤膜、盖膜

秋西瓜在开花前，为促进地下根系下扎，达到稳长增产的目的，可撤除大棚膜，待开花前 2~3 天再将大棚膜拉上，因露天生长，必须加强蚜虫、病毒病和瓜绢螟的防治。

6. 肥水管理

因秋西瓜生育期短，生长速度快，故前期要加强水分供应，促进其快速生长，中期要稳长，适当控制水分供应，坐果后膨大肥施用量与春西瓜相同，但要适当提早。

三、甜瓜栽培要点

（一）品种选择

春秋两季均可选用"火炬"牌厚皮甜瓜，该品种质脆、爽口、多汁含糖量高，香味浓郁，市场售价高，且供不应求。

（二）适期早播

"火炬"甜瓜品质好，瓜形大，但成熟期长达45天以上，为达到国庆节前上市，并保证以后所结瓜能成熟，秋季育苗时间安排在7月上旬比较妥当；而春播时间安排在1月20日左右。

（三）定植

栽前1天按500株/667m² 密度打好栽植孔，并浇足底水，一般每穴浇水量不少于2kg，选晴好天气栽种；秋季移栽时要带药下田，栽后再浇适量淋根水。

（四）整枝、摘心、授粉、选留果

爬地栽培，全垧地膜覆盖，滴灌渗透浇水。当子蔓长50cm时，趁晴天进行双蔓整枝，掰除前7节孙蔓，7节后孙蔓留2~3叶摘心，8~10节坐果，坐果后孙蔓留2叶摘心，子蔓25~30叶打顶，顶端留2条孙蔓作营养枝放任生长，一般子蔓留果，每枝留圆整的瓜果1个，以后视生长情况，在子蔓20节左右再留一果。

（五）全程覆盖

厚皮甜瓜耐旱怕渍，受到风吹雨打很易生病，造成栽培失败，故必须在全生育期都要覆盖棚膜，春季还要采取多层膜覆盖，以确保其合适的生长条件。

（六）保持干燥

甜瓜喜干怕湿，特别是后期如浇水不当易造成大批裂果，前期土壤湿度大易引起蔓枯病、枯萎病和霜霉病，所以甜瓜整个生育期宁干勿湿。

（七）病虫防治

甜瓜主要病害有枯萎病、霜霉病、蔓枯病和病毒病，主要虫害有瓜绢螟和蚜虫，可用药剂50%敌克松、64%杀毒矾、40%福星、20%病毒克星、2.5%植病灵、2.5%苏阿维、10%吡虫啉、10%阿克泰等防治。

江苏省无锡市锡山区东港镇农业服务中心骆文忠等《上海农业科技》2005年4期

第七节　中棚西瓜－大白菜－辣椒栽培模式

江苏省响水县"中棚春西瓜－夏大白菜－秋延后辣椒"高产高效栽培模式。每667m² 可生产优质西瓜4 000kg、产值6400元、纯收入4 500元；大白菜4 500kg、产值3 000元、纯收入2 300元；辣椒5 000kg、产值4 000元、纯收入3 200元。667m² 合计纯收入10 000元以上。

一、茬口安排

早春西瓜1月下旬播种育苗，3月上旬定植，5月下旬至6月中旬采收上市；夏大白菜6月上旬育苗，6月20日左右移栽，8月上旬上市；秋辣椒7月中下旬育苗，8月下旬定植，10月初即可上市，以后可采收至春节期间。

二、春西瓜栽培要点

（一）品种选择

适宜春大棚栽培的小型西瓜品种有春光、早春红玉等；中型品种有抗病苏蜜、早抗京欣、佳宝等；大型品种有西农8号、抗病苏红宝等；无籽品种有暑宝、郑抗无籽4号。这些品种在保护地栽培条件下，适应性、抗逆性强，易于夺取高产高效。

（二）培育壮苗

早春西瓜育苗，可用电热加西瓜专用基质加穴盘育苗法最为适宜，生产上应选用50或72孔穴盘；有条件的地方，可直接从育苗企业订购壮苗，以规避早春育苗风险。

（三）定植

1. 整地施肥，搭棚覆膜

冬季深翻冻垡，于2月下旬按每棚两垄，垄宽1.9m，棚内垄间距20cm、棚外垄间距60cm整地筑垄，在棚内垄间沟两侧垄上各挖宽50cm、深35~40cm丰产沟，丰产沟内按667m² 施入腐熟鸡粪2 000~2 500kg或腐熟农家肥4 000~6 000kg，加腐熟饼肥100kg，尿素20kg，硫酸钾多元复合肥50kg，回填20cm深土壤，并将回填土与所施肥料充分混合均匀，再将剩余土全部回填整平。然后搭棚（宽4m、高1.5~1.7m）、覆盖地膜、棚膜，以提升地温、棚温，准备定植。

2. 合理密植

3月上旬，瓜苗4叶1心时在丰产沟上开穴定植。定植时，瓜苗要分级、整体移栽，边开穴边定植、边浇水边封膜。定植密度根据品种特性不同而不同，667m² 早熟品种960株、中熟品种830株、晚熟品种730株。定植结束，随即架设小拱棚并覆盖薄膜。

（四）田间管理

1. 温度管理

为缩短缓苗期，在活棵前不通风，以保持高温。白天棚温控制在28~30℃、夜间18℃以上。活棵后适当通风，利于降湿。伸蔓期白天温度控制在25~28℃、夜间15℃以上。开花坐果期白天保持棚温25~35℃、夜间18℃以上，提高坐果率。4月中旬，当

白天气温稳定在 12℃以上时，撤掉小拱棚，适当加大通风量，且便于肥水运作。

2. 肥水管理

定植 1 周左右，选择晴天 11～15 时浇水 1 次，以水带肥，尿素水的浓度掌握在 0.3%～0.5% 之间。伸蔓前控制浇水量，开花坐果期一般不浇水，防止徒长，促进坐果。当幼瓜长到直径 5cm 时，应加大浇水，促进西瓜膨大。瓜长至直径 15cm 时，进入果实膨大盛期，在距瓜根 35cm 处按 667m² 追施尿素 10kg、硫酸钾 15kg，同时浇透水。采收前 10 天停止浇水，加快成熟，提高品质。

3. 整枝压蔓

早中熟品种常采用三蔓整枝，保留主蔓和 2 个健壮侧蔓，及时摘除多余侧蔓，减少养分无谓消耗。中晚熟品种常采用双蔓整枝，并使两蔓间隔 15～20cm。当蔓长达 50～60cm，通过压蔓固秧，使各蔓均匀分布于田间。

4. 人工授粉

摘除第 1 雌花，当第 2 雌花开放后，由于棚内昆虫活动少，需及时在上午 9 时前进行人工辅助授粉。

(五) 病虫害防治

春大棚西瓜主要病害有炭疽病、枯萎病、白粉病、病毒病等，虫害有蚜虫、红蜘蛛等。以综合防治为主，即选用抗病品种或嫁接苗、温汤浸种，深沟排水、降低地下水位，加强管理、增强生长势，轮作（杜绝棉花）换茬等方法加以综合控制，并实行生态防治，其主要措施是及时开膜通风，控制高温高湿，创造有碍病虫害发生而利于西瓜生长的环境条件。特殊情况下实行化学防治，选用高效、低毒、低残留的多菌灵、代森锰锌、杀毒矾、托布津、吡虫啉、乐果乳油及生物农药等，实现无公害生产。

（六）适时采收

西瓜是以生理成熟的果实供食，采收过早，生瓜多，甜度差；采收过迟，会发生倒瓤，因此，要根据品种耐贮性及上市远近来确定采收期。品种的耐贮性好、就近上市的可在九成熟时上午采收，品种的耐贮性差、需要远途运销的可在八成熟时下午采收。采收时要留有 5cm 长的果柄，用剪刀剪断瓜蔓，动作要轻，以防机械损伤。采收后对果实分级销售，提高商品性和经济效益。

三、夏大白菜栽培要点

8 月份正值本地蔬菜一年中最紧缺时期，此时上市经济效益较好。

（一）品种选择

根据当地生长情况和消费习惯，宜选用耐热、抗病、早熟的品种，如鲁抗 50、夏阳 50、豫艺夏绿 55 等。

（二）适时育苗

上茬西瓜采收前 10 天左右育苗，由于此时温度较高，大白菜苗龄不宜过大，以 15 天为宜。采用 72 孔穴盘育苗，每穴播 2 粒种子。齐苗后要立即定苗，每穴留 1 株。667m² 用种量 25～30g。播前应浇足水，播后搭架覆盖遮阳网，遮阳网选用遮光率 65% 的为宜。出苗后遮阳网应晴天盖、阴天揭，雨前盖、雨后揭，高温盖、低温揭，以防高温灼伤、暴雨冲涮或光照不足。

（三）施足基肥

6 月中旬西瓜采收后将中棚膜拆去，并及时清棚耕翻施肥。因夏大白菜生育期短，为夺取高产，必须结合耕翻施足基肥，每 667m² 施充分腐熟的有机肥 2500～3000kg、复合肥 100kg、碳铵 50kg。

（四）整地做畦

施入基肥后，在棚内仍按西瓜整地方式整成两畦。畦宽 1.9m，

畦间距 20cm，并使畦间沟与外沟相连，达到旱能灌、涝能排。

（五）合理密植

移栽前中棚薄膜上全部覆盖遮阳网，当苗龄 15 天左右时移栽，每畦栽 5 行，最外 1 行距棚边 10cm，行距 45cm、株距 35cm，保持 667m² 栽植 4200 株，过稀过密都不利于夺取高产。

（六）肥水管理

大白菜移栽后浇好活棵水，莲座期追好结球肥，每 667m² 用人粪尿 2000kg 深施。由于大白菜根系较浅，吸收能力较弱，发叶速度快而生长量大，蒸腾水量多，同时又采取防雨栽培措施，故需经常浇水。总体原则是幼苗期根系弱而浅，应保持地面湿润，以利幼苗吸收水分，防止地表温度过高灼伤根系。莲座期需水较多，掌握地面见干见湿，对莲座叶生长既促又控。结球期需水量最多，应适时浇水。结球后期则需控制浇水。

（七）病虫防治

生长过程中田间作业时，尽量减少机械损伤。夏大白菜主要病虫有软腐病、病毒病、霜霉病、蚜虫、菜青虫。软腐病可用 3000mg/kg 新植霉素加稳得 600 倍液或农用链霉素 5000 倍液防治，病毒病可用 20% 病毒 A500 倍液防治，霜霉病用代森锰锌 700 倍液防治。蚜虫、菜青虫可用 10% 吡虫啉可湿粉 1000 倍液、50% 避蚜雾可湿粉 2000～3000 倍液、1.8% 阿维菌乳油 3000 倍液交替防治。

四、秋辣椒栽培要点

8 月下旬定植的延秋辣椒一般在 10 月初即可上市，以后产量逐渐增加，上市高峰在元旦左右，如加盖小拱棚可上市至春节期间。

（一）品种选择

选抗病、抗逆性强、耐低温的牛角椒类品种，如镇研 12、洛椒 616、康大 401、淮椒 2 号等。

（二）培育壮苗

用 50～55℃温水浸种 15 分钟，或用 50%多菌灵可湿性粉剂 500 倍液浸种 1 小时，洗净后即可播种。播种期为 7 月中下旬。采用遮阳网、棚膜覆盖、辣椒专用基质 128 孔穴盘育苗，播种后 5～6 天即可出苗。出苗前床温控制 25～30℃，保持湿润，湿度 75%以上。叶片展开后保持床温 20～25℃，适当控制水分。

（三）定植

1. 定植前准备

8 月上旬大白菜收获后随即清除棚内残茬，结合深翻施好基肥，667m² 施腐熟有机肥 3 000～4 000kg、过磷酸钙 50kg、腐熟饼肥 100kg，然后整地筑畦。要求深沟高畦，以利排水。

2. 定植

8 月下旬，当苗长到 7～8 片真叶、苗龄 30～35 天时，选健壮的秧苗移栽，棚内两个 1.9m 宽的畦面各栽 4 行，行距 60cm，株距 40cm，每 667m² 大棚定植 3 300 株左右。浇足定根水，每天浇水 1 次，连续 3～4 天，成活后撤去薄膜和遮阳网。

（四）田间管理

1. 肥水管理

辣椒喜肥耐肥，在重施基肥的基础上，生长期要合理追肥，即轻施苗肥，重施果肥，注意施用完全肥料。定植后 1 周用稀人粪尿浇 1 次，以后每 10 天左右每 667m² 施 1 次多元复合肥 5～10kg，连续 2 次。开花结果时重施追肥，每 667m² 施复合肥 15kg。盛果期每 10 天每 667m² 追施 1 次腐熟人粪尿 1 000kg、复合肥 10kg。

2. 温度管理

10 月中下旬盖上薄膜，盖膜要逐渐进行，切不可一时将全棚扣严。初期通风量要大，防止高温高湿，以减轻病害。至 11 月中

下旬，夜间不再通风，将棚扣严，防寒保温。

3. 中耕培土

生长前期结合清除杂草进行中耕，中耕宜浅不宜深，深度为5~6cm。待苗高30cm左右时，中耕可较深，以8~10cm为宜。植株封行前进行1次培土，防止植株倒伏。

（五）病虫害防治

1. 病害

苗期病害主要有猝倒病、立枯病，生长期病害有炭疽病、疮痂病、疫病、病毒病等。猝倒病可用64%杀毒矾500倍液防治；立枯病可用75%百菌清可湿粉600~700倍液防治；炭疽病可用75%百菌清可湿粉800倍液加50%甲基托布津可湿粉800倍液混合喷洒，每7~10天喷1次，连喷3次；疮痂病在发病初期及时喷药。用农用链霉素(或新植霉素)、代森锰锌等防治；疫病可在辣椒定植时、缓苗后和开花盛期等阶段喷施64%杀毒矾500倍液或50%甲霜铜600倍液防治，注意药剂的交替使用；病毒病可喷洒20%病毒A可湿性粉剂500~700倍液防治，每隔10天左右喷1次，连喷3~4次。

2. 虫害

辣椒虫害主要有蚜虫、棉铃虫和烟青虫。定植后及生长前期可采取遮阳网覆盖的方法阻隔蚜虫潜入危害，后期可叶面喷施40%乐果乳油1 000~1 200倍液或10%大功臣可湿性粉剂2 500倍液以及蚜虱净、蚍虫啉等，药剂交替使用，每5~7天喷1次，连喷2~3次。棉铃虫和烟青虫可在幼虫前期用2.5%天王星乳油1 500倍液或2.5%功夫乳油2 000倍液喷洒防治。

江苏省响水县蔬菜生产技术指导站吴从大等《上海蔬菜》2007年6期

第八节 大棚西瓜－番茄－甜玉米栽培模式

湖北省恩施市"大棚西瓜－番茄－甜玉米"一年三熟模式，在二高山地区种植，经济效益大大提高。每667m²产值可达14 000多元，纯收入超万元。其中立架西瓜产量2250～2500kg，产值3 000～4 000元；番茄2000～2500kg，产值4 000～5 000元；玉米棒4 000个，产值4 000～5 000元。

一、茬口安排

早春小西瓜于元月上旬育苗，2月下旬移栽，5月下旬至6月上旬上市；番茄5月下旬育苗，6月中下旬移栽，10月上旬收获结束；甜玉米于9月中旬育苗，10月上中旬移栽，12月下旬收获结束。

二、春西瓜栽培要点

（一）品种选择

适合塑料大棚栽培的品种较多，但尽量选用早熟、生育期短、品质好的小型西瓜品种，如：黑美人、特小凤、小兰、秀丽、红小玉、黄小玉1号、黄小玉2号等。

（二）培育壮苗

通过三膜覆盖加电热线加营养块来培育壮苗，3叶1心后，停止电热线通电，每天10时揭开小拱棚两头通风炼苗，16时后再盖上小拱棚。

（三）移栽

1. 开沟施肥

大棚内每1.5m开1条施肥沟，沟宽20cm，沟深10cm，为了

便于管理，要科学的留出人行走道；每 667m² 施入猪牛粪 3 000kg，枯饼 100kg，磷肥 50kg，硫酸钾肥 20kg，硼肥 0.5kg，锌肥 1.5kg，硫酸亚铁 1.5kg，然后起垄。

2. 定植

株距 30cm，每 667m² 定植 1 200～1 500 株，同时用 500～800 倍的多菌灵溶液，加入 0.2% 的尿素进行灌兜，起到追肥、湿墒、防病的效果，然后及时覆盖地膜。采用地膜覆盖栽培，可提早成熟 10～15 天。

（四）大棚管理

1. 掉绳

在西瓜垄的上方设置牢固的铁丝或铁管，再准确的对准西瓜植株套上塑料绳，延长至西瓜植株根部。

2. 理蔓

当瓜蔓长至 7～8 片叶时，将蔓缠绕在细绳上，使瓜蔓向上生长。此后每隔 1～2 天将瓜蔓向上缠绕 1 次。当瓜蔓长到棚顶时，将下部的蔓轻轻向下拉，降低蔓的垂直高度。当瓜坐稳后，立即将瓜蔓离瓜 7～8 片叶摘心封顶。

3. 大棚管理

主要抓好四个环节：一是彻底解决草荒，西瓜定植后，用禾耐斯或都尔芽前除草 1 次；二是理蔓时，同时打掉侧蔓；三是做好人工授粉，雌花开花后，必须每天进行人工授粉，以早晨 7～8 时最为适宜，最迟不得超过 9 时；四是及时施入壮瓜肥，当西瓜有拳头大小时，需要大水大肥膨瓜，这时是决定西瓜产量的关键，每 667m² 施入尿素 20kg，硫酸钾肥 15kg，磷肥 25kg，也可直接施入硫酸钾复合肥 40kg。

4. 及时收获上市，争取好的商品效益

西瓜坐瓜以超过 25 天接近八成熟时，要及时采收上市，这时的市场与效益是最佳时期。

三、夏番茄栽培要点

（一）品种选择

由于夏季栽培气温高、时间短，从播种到收获完毕不到 5 个月时间，整个生产过程都在高温季节和塑料大棚内完成，对品种的抗病性要求不是很严格，宜选择大果型、高产量如合作 903、908、美国英石大红等为主栽品种。

（二）培育壮苗

1. 苗床的选择与播种

育苗床可选择在大棚内进行，以每平方米施入稀粪水 50kg，复合肥 50g，做成 4cm×4cm 的营养块，在营养块正中打孔，孔深 2cm，每孔播 1 粒种子，然后盖上过筛的细土。厚度 1cm，盖土后用 500 倍多菌灵或托布津药液喷雾，以防苗期病害。

2. 苗床的管理

主要抓好四个环节：一是设置小拱棚，盖上遮阳网，防止高温烧苗；二是视其情况喷水，保持苗床湿度；三是及时拔除杂草；四是防治苗期病害，每 7～10 天，轮换喷洒多菌灵 500 倍液、或代森锰锌 800 倍液、或甲基托布津 500 倍液 1 次，防治猝倒病及早疫病。

（三）整地定植

西瓜收获完毕，及时将番茄移栽大棚。在定植时，先开沟，每 1m 开 1 条沟，沟宽 20cm，沟深 15cm，然后施足底肥，每 667m² 施农家肥 50 担，三元复合肥 50kg，肥料施入沟内，然后起垄栽培，株距 30cm，每 667m² 栽 1 500～2 000 株。

（四）大棚管理

1. 肥水管理

此时定植番茄苗，正值高温季节，应根据情况及时浇水；成活后，要及时追肥 3～5 次，前 2～3 次以淡水粪为宜，定植 1 个月后，加大施肥量，每 667m² 施稀粪 40 担，三元复合肥 25kg，硫酸钾肥 10kg，连续追 2 次，每 20 天 1 次。

2. 防止草荒

要及时扯除杂草，防止杂草与番茄争光争肥。

3. 防治病害

病害以防为主，活苗后每 10～15 天用甲霜灵或甲霜灵锰锌 500～800 倍液喷雾 1 次；

4. 保花保果

番茄现蕾开花后，要及时用番茄灵浸花，确保坐果。

（五）收获

8 月中下旬，番茄开始成熟，在恩施此时番茄是市场上的抢手货，每 1kg 价格 2～3 元左右，要及时采收与上市。

四、秋甜玉米栽培要点

（一）品种选择

选用早熟耐寒，生育期短的品种，如：华甜玉 1 号、华甜玉 3 号、超甜 28、华甜玉 8 号等都可用于秋季甜玉米用种。

（二）育苗

甜玉米于 9 月中旬育苗，不得过早也不得过晚。育苗过早，大棚中番茄还未完全收获，过早拔除番茄，影响番茄的产量和效益；育苗过晚，晚秋气温下降，玉米难以传花授粉，要掌握好授粉期在 11 月中旬开始，11 月底结束，授粉期大棚内的温度白天不得低于 25℃，夜晚不低于 12℃。

1. 做营养块

做营养块的地选择在大棚外，每 1m² 施入稀水粪 50kg，锌肥

50g，硼肥 10g，复合肥 50g，充分搅拌，切块 4cm×4cm。

2. 播种

将营养块正中打孔，每孔 1 粒种子，播后盖细土 2~3cm。

3. 苗床管理

以防高温，播后厢面设置小拱棚，盖上遮阳网。同时，要视其情况经常浇水，以保持湿润，幼苗长出后，要经常除杂草，确保苗齐苗壮。

（三）定植

1. 开沟施肥

沟宽 20cm，深 15cm，每间隔 1m 开 1 条沟。每 667m² 施入腐熟动物粪便 2 000kg，磷肥 50kg，钾肥 30kg，均匀施入沟内。

2. 覆土作畦

沟内施入基肥后，覆土作畦，浇足水份，畦高 15cm。然后在上面喷施 1 500 倍禾耐斯除草剂药液，盖上地膜保墒，把四周压紧。

3. 移栽

采用大苗移栽，缩短生育期，等苗长到 4 叶 1 心时进行移栽，每畦移栽两行，株行距为 20cm×30cm，每 667m² 4 000~4 500 株。先在地膜上开孔，将玉米苗及营养块一同移栽，栽后浇足定根水，然后用手按稳后用细土将地膜封口。

（四）田间管理

一是水的管理，要视其情况，即时给予浇水；二是追肥，栽后 20 天要及时追施穗肥；三是防治玉米螟危害，每 667m² 用敌百虫 500g 拌毒土 100kg 撒入喇叭口中，可收到很好效果；四是搞好人工辅助授粉，每天 8~11 时进行 2~3 次，连续 10 天即可。

（五）收获

玉米粒可用手拨剥离时即可收获上市，一般在 12 月中、下旬。

湖北省省恩施职业技术学院温建荣《农村经济与科技》2011 年 8 期

第九节　大棚西瓜－菜心－草莓栽培模式

广东省韶关市"大棚春西瓜－秋菜心－冬草莓"的种植模式，每 667m² 年产值 2.2 万元，扣除折旧，投资共 6 000 元，净收入 1.6 万元。

一、茬口安排

春西瓜 3 月中旬播种，4 月初间作定植，6 月中旬至 7 月底为采收期，每 667m² 产量约 2 000kg。秋菜心 8 月上旬播种，9 月初为采收期，每 667m² 产量约 1 000kg。草莓 4 月下旬育苗，9 月中下旬定植，12 月下旬至翌年 4 月中旬为采收期，每 667m² 产量约 1 250kg。

二、春西瓜栽培要点

可选用拿比特小型西瓜，用穴盘育苗，小拱棚覆盖。

（一）定植

4 月初间种于前茬草莓畦上，6m 宽大棚种 2 行，株距 35cm，每 667m² 种植 500 株。

（二）整地施肥

前茬草莓结束后及时平整土地，西瓜定植 15 天后，在距植株 40cm 处开浅沟，每 667m² 施腐熟有机肥 2 000kg、复合肥 50kg、硫酸钾 10kg、过磷酸钙 20kg。

（三）田间管理

定植后的初期，为确保植株成活，白天棚内温度保持较高（30～35℃）水平进行管理，植株顺利成活后，棚外气温保持高于 15℃，大棚可全天通风。在水肥管理方面，根据地力情况可少施甚至不施氮肥，适量施用腐熟有机肥及磷钾肥；若长势较弱，可结合治虫适当喷施 0.3%磷酸二氢钾、0.2%尿素溶液或其他叶面肥。水分应在定植期和坐果期充分供应，其他时期以控为主。

（四）整枝与坐果

采用三蔓整枝栽培，定植后植株长至 5 叶时打顶，侧枝（子蔓）长出后，选留 3 条长势基本一致的侧枝，并调整侧枝从 1 个方向伸出，在每条子蔓的第 2 雌花（一般为第 15～20 节）上坐果。坐果方法可使用蜜蜂或人工辅助授粉，摘取坐果前的所有孙蔓，用涂料或挂牌方法对每个雌花做好开花日的标记，3 蔓整枝留 2 果，坐果达不到目标果数时，必须在其后的雌花上继续授粉让植株继续坐果，直至每株达到目标果数为止。

（五）病虫害防治

常见病害有枯萎病、白粉病、炭疽病、疫病，虫害有蚜虫、瓜实蝇、瓜绢螟、红蜘蛛、黄胸蓟马。病虫害防治应做到"预防为主，综合防治"。

病害防治：在苗期和伸蔓期用 64%杀毒矾镁可湿性粉剂 500～600 倍液防治疫病，每隔 7～10 天喷 1 次，连续喷 2～3 次；在开花结果期用 70%的敌克松 500～1 000 倍液防治枯萎病，每隔 7 天淋 1 次，连续淋 2 次。

虫害防治：伸蔓期每 667m² 大棚用 1.5%虱蚜克烟剂 300g，傍晚密闭大棚熏烟防治蚜虫；开花和坐果期间用 40%三氯杀螨醇乳油 1 000～3 000 倍液防治红蜘蛛；用广东省昆虫研究所生产的瓜实蝇性引诱剂防治瓜实蝇；用锐劲特 1 500～2 000 倍防治瓜绢螟和黄胸蓟马。

（六）采收

根据雌花上的开花日标记及时采收上市，为了减少采摘时出现裂果现象，可在采摘前 1 天下午将果柄剪断。

三、秋菜心栽培要点

(一) 品种选择

选用耐热、耐温、早熟品种，一般选用宝青 40 天菜心、四九菜心 19 号等优良品种。

(二) 施肥整地

西瓜拉秧后，清洁田园，每 667m² 撒施腐熟有机肥 2 000kg 或复合肥 30kg，深翻晒垡。地耙平后，6m 宽大棚整成 3 畦，畦宽 1.3m，每 667m² 用种量 400g，采用撒种，种子撒播后浇透水。

(三) 田间管理

苗期采用遮阳网覆盖，防止暴晒，降低温度，减少暴雨冲击，保证质量和稳产。田间管理：菜心除要施足基肥外，必须追肥，追肥要做到早施、薄施、勤施，一般 4~5 天追肥 1 次。追肥可用速效氮肥，如尿素，也可用腐熟人粪尿或花生麸等，并结合淋水。菜心对水分要求较严，淋水时，应使水滴均匀地洒在畦面和叶面，避免水点过大。一般晴天早晚各淋水 1 次，炎热天气上午 11 时淋 1 次"过午水"。

(四) 病虫害防治

主要病虫害有黑斑病、丝状菌核叶片腐烂病、霜霉病、黄曲跳甲、菜蚜、小菜蛾、斜纹夜纹、菜青虫等。苗期用 25% 多菌灵可湿性粉剂 600 倍防治丝状菌核叶片腐烂病，用 75% 百菌清可湿性粉剂 800 倍液防治霜霉病。播种前每 667m² 用米乐尔 1~2kg 撒于土壤中防治黄曲跳甲，用 20% 速灭杀丁 800 倍液防治菜蚜，用阿维必虫清 800 倍液防治菜青虫，用 20% 兴棉宝 1500 倍液防治小菜蛾和斜纹蛾。

(五) 采收

菜心采收时，以菜薹"齐口花"为标准，太早收产量低，迟收则品质差。

四、冬草莓栽培要点

（一）培育壮苗

选用休眠期短的大果型品种丰香。选用头年结果多、产量高、无病虫危害的健壮植株做母株，选择前作为水稻的田块做苗地，于4月底定植，定植前每 $667m^2$ 施腐熟有机肥 1 500kg、三元复合肥 20kg 作基肥，苗地畦宽 2m，每畦中间种 1 行，株距 80～100cm，每 $667m^2$ 植母株 50～100 株，种后浇定根水和加强管理。

（二）整地施肥

整地时用 48% 乐斯本 800 倍液喷洒土壤，每 $667m^2$ 施腐熟有机肥 2 000kg、石灰 50kg、花生麸 50kg、三元复合肥 40kg，经二犁二耙后作畦，畦面宽 50cm，沟底宽 30cm，畦高 30cm。

（三）定植

在 9 月中下旬定植，选用叶柄短，具 5～6 片叶，叶大，叶肉厚，基粗 1～1.3cm，根系发达，白根多的壮苗移栽在畦上，每畦种双行"三角形"排列，种时弓背朝沟，株距 13～15cm，每 $667m^2$ 栽 8 000～9 000 株。定植后立即浇定根水，每天浇 1～2 次，直至苗成活，以后经常浇水，防止干旱。

（四）田间管理

草莓栽植成活后要及时中耕，以促进生根和根系生长，提高养分积累。在追肥方面，苗期追肥第一次在苗成活松土后，第二次在覆膜前，均用沤制腐熟的花生麸兑水浇施。以后分别在各花序顶果采摘期和采果盛期各追肥 1 次，促进花果发育，促成大果，提高品质和产量。草莓是需水较多的植物，全年都要求充足的水分。还要注意及时疏花疏果、摘除枯叶、去弱芽、摘匍匐茎、间苗、垫果、割老叶、喷施生长调节剂以及防霜防寒等。

要促进草莓生长发育，提高草莓着色和产量，大棚内恒温至关重要，在果实膨大期到果收期白天温度控制在 25～27℃，夜间保持在 7℃以上。湿度对草莓开花授粉影响大，湿度大，草莓花药开药率低和发芽低。开花后大棚内应尽量保持 50%～60% 的相对湿度。中午气温高时揭膜通风，以降低棚内温度。

（五）病虫害防治

草莓的病害主要有病毒病、叶斑病、炭疽病，防治上除采用土壤消毒、清扫园地等措施外，还应拔除病株，摘除病叶，并结合药剂防治。防治病毒病由苗期开始治蚜防病或用 1.5% 植病灵乳剂 1000倍液，防治叶斑病可用 50% 托布津 800 倍液，防治炭疽病可用 80%炭疽福美 800 倍液。虫害主要有蚜虫、地老虎、红蜘蛛、斜纹夜蛾等。防治蚜虫可用乐果 500 倍液，防治地老虎可在整地时每 667m² 撒益舒丰 1kg，防治红蜘蛛可用 73% 克螨特乳油 1500 倍液，防治斜纹夜蛾可用锐劲特 1500 倍液。用药时严格安全间隔期。

（六）采收

草莓成熟后，应及时采收。采摘应从晨露刚干至午间高温到来前进行，或在傍晚天气转凉露水来临前采收，采摘草莓时要求轻拿、轻摘、轻放。可采用边采收，边分级的方法，以保证商品外观品质。

广东省韶关市农业科学研究所童小荣等《广东农业科学》2007 年 1 期

第十节　大棚茄子－黄瓜－礼品西瓜栽培模式

浙江省遂昌县大棚"茄子－黄瓜－礼品西瓜"一年 3 熟栽培

模式，每 667m² 总产量为 6 950kg，实现产值 13 260 元，扣除成本投入 3 970 元，净收入达 9 290 元。

一、茬口安排

茄子头年 9 月播种，11 月中旬定植，次年 2～6 月采收，6 月 20 日前倒茬；夏黄瓜于 6 月下旬直播，8 月上旬上市；秋西瓜 7 月下旬育苗，8 月中旬移栽，10 月中下旬上市。

二、春茄子栽培要点

（一）品种选择

选用抗寒性较强、较耐弱光、生长势强、始花节位低，早期坐果率高，果实生长速度较快的早熟品种抗茄 1 号。

（二）育苗

种子经 60℃ 热水处理 6 小时，将黏液洗净、催芽、播种。播种时间为 9 月下旬，床温控制在 25～30℃，出苗后，白天温度控制在 25℃，夜晚 15℃ 左右。2 片真叶后，分苗于营养钵内并浇足底水，以利缓苗。

（三）定植

定植前整地。每 667m² 施腐熟有机肥 3 000～3 500kg、过磷酸钙 50kg 和蔬菜专用复用肥 50kg 作基肥。每个大棚做 4 畦，宽畦 1.4m（包沟），畦面覆盖地膜，于 11 月中旬选晴天定植，每畦 2 行，株距 30cm，密度 2 200～2 400 株 /667m²，随栽随浇水，栽植深度以茄苗土坨上面略低于畦面为宜。

（四）定植后管理

定植后的保温防寒是关键。通常采用四层覆盖法，即地膜 – 小拱膜 – 草苫 – 大棚天膜。上午 8～9 时揭开拱膜，以增加光合作用，增加养分积累。下午 3～4 时覆盖好拱棚、草苫，关好大

棚门。

（五）肥水管理

茄子为喜肥作物，生育期长，防早衰尤为重要。每采2次果要喷施磷酸二氢钾加0.2%尿素水溶液、481叶面肥等根外追肥以补充养分，保证植株生长需要。如干旱严重，灌"跑马水"，切忌"灌死水"，以减少病害；中后期加强通风透光。

（六）整枝打叶

将根茄以下的过分繁密的分枝及老病叶除去，根茄上部的整枝要遵循偶数开张型整枝法。随着采收，在生长旺盛的田块，可打掉根茄以上老叶及不良枝条，增加通风透光性、集中养分、促进果实成熟及防止诱发病害。

（七）保花保果

用2，4-D水溶液或防落素水溶液加50%速克灵可湿性粉剂1000倍液进行蘸花或涂抹花梗，注意不得重复使用。

（八）病虫害防治

以防为主，茄子病害主要是灰霉病、菌核病，用速克灵、百菌清、多菌灵药剂交替防治，天气连阴或雨天时用一熏灵防治；虫害主要有蚜虫、茶黄螨、红蜘蛛、蓟马等，可用克螨特、杀虫素、一遍净等药剂防治。

（九）适时采收

茄子从开花到采收约需20天，门茄、对茄等前期果要尽量早采摘，采摘过迟会影响植株和以后茄子的生长。3、4、5三个月进入旺果期每隔3~4天采收1次；采收期应考虑到市场价格及植株长势，生长势过旺时，要适当推迟采摘；生长势弱时，要适当提前采收。

越冬大棚茄子有利于提早产品上市，有利于反季节供给，从而能提高经济效益。

三、夏黄瓜栽培要点

（一）品种选择

选用耐热抗病、丰产优质、主侧蔓同时结瓜的津春四号。

（二）适时播种

前茬茄子倒茬期为 6 月 20 日左右，土地经消毒处理 7 天后，夏黄瓜于 6 月 30 日前直播。播种前 2 天用 0.4% 盐水漂种，洗净后用 0.1% 多菌灵浸泡 20 ~ 30 分钟，洗净后，放在水中浸泡 3 小时催芽，晴天傍晚播种，每畦播种 2 行，株距 40cm，每 667m² 密度为 2 000 ~ 2 400 株，播后淋水并覆盖黑色地膜。

（三）苗期管理

在大棚下面拉 1 层遮阳网，起遮荫降温作用。出苗后，由于夏季日照强烈，温度很高，土壤易干旱，视情况及时浇水，浇水宜傍晚进行，并防止高脚苗。夏黄瓜苗期虫害非常突出，要注意防治黄曲跳甲和蚜虫的危害。

（四）施足基肥

黄瓜进入结瓜期吸收养分急剧增加，要从土壤中吸收大量养分。基肥以腐熟的有机肥为佳，每 667m² 施 2500kg；另每 100kg 基肥中，可拌入 1 ~ 2kg 的过磷酸钙。

（五）整枝搭架绑蔓

在主蔓第 23 ~ 24 节处打顶、主蔓第 1 ~ 6 节生长出的子蔓应及早摘除，第 6 节以后的子蔓第 2 叶摘心。黄瓜架要早搭、搭牢，瓜蔓要早绑、勤绑。

（六）植物生长调节剂的应用

在黄瓜 2 ~ 5 片叶期，喷施 150 ~ 200ml/L 的乙烯剂溶液，可增加雌花数量、提高黄瓜产量。

（七）根外追肥

每采 2 次果，喷施磷酸二氢钾加 0.2%尿素水溶液、481 叶面肥补充养分。

（八）采收

根瓜应尽量早采收，夏季温度高，瓜条生长快，视瓜条生长情况隔天或每天采收 1 次。

四、秋西瓜栽培要点

（一）品种选择

西瓜秋延栽培中，后期气温下降较快，选择生育期较短、成熟期较早、果型适中、适做礼品的嘉玲为宜。

（二）适期播种

进入 10 月份后，气温下降较快，不利于西瓜的正常生长、养分的积累及成熟，要将秋延西瓜控制在 10 月底前成熟。因此，秋延西瓜栽培在该地适宜的播种期为 7 月下旬。

（三）培育壮苗

播前将种子浸种消毒，搓洗干净，在 28～32℃的环境中催芽，直接播在营养钵内，出苗期温度控制在 25～30℃。当子叶出土后应加强通风，降低床温、湿度，同时苗床上架设遮阳降温设施，以防高温、强光伤苗。

（四）施肥整地

小西瓜需肥量较普通大西瓜少，前茬黄瓜收获后土壤经处理消毒，每 667m² 施腐熟有机肥 2 000kg、腐熟饼肥 100kg、过磷酸钙 50kg、复合肥 15kg。

（五）合理密植

选晴天傍晚或阴天移栽，栽后及时补浇稀粪水、覆盖银灰色地膜，每个大棚整 4 畦，每畦种 1 行，株距 40cm，密度 1 000 株 /667m² 左右，采用吊蔓栽培。

（六）整枝及合理留瓜

出现第 1 朵雌花时，应及时吊蔓整枝；采用 2～3 蔓整枝法，除去其余侧蔓，待果实坐稳后，停止整枝。为及时坐果，在第 2～3 朵雌花开放时，每天早晨 7 时左右进行人工授粉，每株授粉 3～4 朵，待果实定形后及时疏果，剔除异形果，每株留瓜 2～3 个。

（七）病虫害防治

早秋高温干旱，病虫害较多，防治病毒害除了用银灰色塑料薄膜驱避蚜虫外，再用病毒 A$^+$绿邦 98 进行防治；瓜绢螟、菜粉蝶、烟青虫等用万灵和杀虫剂交替使用防治；黄守瓜可用人工捕捉和药剂防治相结合。

（八）适时采收

为提高其商品性，坐果 15 天后开始翻瓜，使之均匀受光，确保外形美观。翻瓜时要轻，切忌损伤果柄。为防后期早衰，增加养分积累，坐果后及时根外追肥；用磷酸二氢钾液喷雾，每隔 7 天喷 1 次，采收前 15 天停用。礼品西瓜果型较小，皮薄、质好，坐果后 28～30 天即可上市。采收时轻放，运输时垫放稻草等，减少碰撞，防止破裂。

浙江省遂昌县石练镇农业推广中心朱菊花《农技服务》2007 年 6 期；遂昌县农业局赖根茂等《农村科技开发》2002 年 4 期

第十一节　大棚毛豆套种西瓜－红辣椒栽培模式

江苏省涟水县"大棚毛豆套种西瓜－秋延后红椒"栽培模式是一种新的高效栽培模式，经济、生态效益显著。

一、茬口安排

2月上旬播种毛豆，4月下旬至5月上旬收获；1月下旬西瓜育苗，3月上旬移栽，5月中旬前后采收；7月中旬红辣椒育苗，8月中旬移栽，11～12月陆续采收红椒，也可用4层覆盖，加强保温延迟后至春节期间采收上市，红辣椒还可抓市场空档于6月育苗，7月移栽，提前上市。

二、早春毛豆栽培要点

（一）品种选择

选择早熟品种，且具有优质、高产、抗病性强、结荚集中的优良特点，如沈鲜3号等。

（二）整地

播前15天按2000kg/667m²施足优质有机肥，深翻20cm，播前7天按40kg/667m²施足45%硫酸钾复合肥，精耕细耙，做到土壤疏松。

（三）适期播种

播前防除杂草，使用除草通或氟乐灵。提前支好小拱棚。2月上旬选择冷尾暖头，按行距50cm、株距20cm开穴播种，每穴播4粒左右。中间走道两侧各留2行西瓜种植行，行距1.5m。播后覆盖地膜，盖好小棚膜，夜间加盖草帘，出苗前白天不要揭开小棚膜以提高温度，促进出苗，出苗后白天要揭去小棚膜。

（四）田间管理

幼苗出土后，破膜放苗，用土封严洞口。前期注意防寒保温，每天8～9时揭去小拱棚上的草帘，待温度升高后再揭去小棚膜。15～16时覆好小拱膜，并盖好草帘。后期随温度升高，要及时通风，最高温度不宜超过30℃。基肥不足的可施少量尿素；基肥充足时前期不施肥。初花期施尿素15kg/667m²，也可用冲施肥对水冲施。前期宜保持较低的土壤湿度。开花期后要供足水分，同时应避免涝渍。

（五）病虫害防治

幼苗期、中后期分别防治地下害虫、霜霉病。防治霜霉病可用64%杀毒矾600倍液喷雾。

（六）采收

宜分2次采收。当约80%的豆荚饱满时、10~15天后分别进行第1、2次采收。

三、春西瓜套种栽培要点

（一）品种选择

选用高产、早熟、抗病、适销对路的小型西瓜品种，如早春红玉等。

（二）培育壮苗

于1月下旬采用穴盘育苗，播前做好电热线铺设等准备工作。播前催芽，每穴播1粒种子，上盖1cm厚的基质，播后平铺地膜搭好小棚。

出苗前，不揭膜通风，保持白天床温28~32℃，夜间20~25℃，出苗50%及时揭去平铺地膜。齐苗后，每天8~9时揭去草帘，增加光照，白天床内温度保持在25~28℃，傍晚覆盖草帘，夜间保持15~20℃。移栽前7~10天进行炼苗。

（三）定植

掌握苗龄40天左右定植。在预留行按穴距35~45cm开穴定植，坚持轻起轻运，大小苗分开移栽，定植后及时浇水，促进活棵，封好定植口。

（四）定植后管理

1. 温度管理

定植后白天保持25~30℃，超过30℃通风。毛豆采收前田间

管理措施以毛豆为主。毛豆采收后通风，当外界夜间最低气温超过15℃时可昼夜通风。

2. 吊蔓整枝

当西瓜蔓伸长到40~50cm时吊蔓，可用塑料绳吊蔓，缚蔓间距为20cm。主侧蔓4~5个时开始打蔓整枝。一般采用双蔓整枝，即在主蔓长到30cm以上时，在基部选留1个健壮侧蔓作为副蔓或预备蔓，其余侧蔓一概除去，至瓜果坐稳后，即可打顶，同时停止整枝。

3. 人工授粉

一般选第2、第3雌花于每天8~11时进行人工授粉。

（五）病虫害防治

采用农业、物理、生物和化学防治相结合的方法对枯萎病、病毒病、炭疽病、疫病、白粉病、小地老虎、红蜘蛛、蚜虫、瓜蛆、黄守瓜、潜叶蝇等病虫害进行综合防治。

四、秋辣椒栽培要点

（一）品种选择

应选择成熟果呈鲜红色的品种，且具有商品性好、产量高、耐热、耐低温性强、抗病性强的特点，可选择至尊红霸、109等。

（二）育苗

采用穴盘育苗，一般在7月中旬前后播种。出苗前后在育苗棚上加盖遮阳网。用种量80~100g/667m²。齐苗后降低苗床温度，保持基质表面呈半湿润状态。

（三）定植

苗龄约30天时进行定植。8月中旬选择阴天或晴天的傍晚移栽，定植密度约4 000株/667m²。定植前约15天施45%硫酸钾复合肥40~50kg/667m²、优质有机肥3 000kg/667m²。定植时浇好"定根水"。将大棚四周膜卷起，以降低棚内的温、湿度。

（四）田间管理

定植后至门椒挂果前一般不施肥，门椒挂果后施 45% 硫酸钾复合肥 15kg/667㎡，或辣椒专用冲施肥。门椒膨大前，保持土壤湿润。门椒膨大时结合追肥，浇 1 次大水；以后每隔约 15 天施 1 次肥。及时整枝，疏去细弱及无果侧枝、下部老叶，以利于通风透光，保证下部果实充分见光，促进转色。当植株挂果达 15 个左右时摘心。后期结合使用乙烯利进行催红；棚外夜间气温高于 15℃时，可昼夜通风。夜间棚外气温降至 15℃以下时，夜间应关闭通风口，并适时加扣小拱棚，白天气温高时放风。夜间最低气温降至接近 0℃时，立即在小拱棚上覆盖草帘。

（五）防治病虫害

在生产过程中，应采用农业、物理、生物、化学相结合的方法综合防治根腐病、病毒病、疫病、枯萎病、地下害虫、蚜虫、白粉虱、烟青虫等辣椒的病虫害。可以用杀毒矾 500 倍液防治疫病；用植病灵、菌毒清等预防病毒病；用 70% 甲基托布津 600 倍液防治根腐病或者枯萎病；用异丙威·哒螨灵烟剂熏烟防治白粉虱；用阿维菌素或其复配剂防治烟青虫。

江苏省涟水县蔬菜栽培技术指导站程志超等《现代农业科技》2014 年 8 期

第十二节　大棚蚕豆套种西瓜－小青菜－西兰花栽培模式

浙江省三门县"大棚蚕豆套种大棚西瓜－小青菜－西兰花"高效种植模式，全年 667㎡ 产值 1.41 万元，净收入 7 300 元。其中蚕豆鲜荚 667㎡ 产量 520kg，产值 1 500 元，纯利润 1 100 元；西瓜每

667m² 产量为 3 250kg，产值 8 000 元，纯利润 3800 元；小青菜 667m² 产量 900kg，产值 1 100 元，纯利润 900 元；西兰花 667m² 产值 3500 元，纯利润 1 500 元。

一、茬口安排

上年 10 月下旬播种蚕豆，4 月收获；2 月下旬套种西瓜，5 月下旬至 7 月下旬采收；8 月上旬播种小青菜，9 月上中旬采收；西兰花 8 月中旬育苗，9 月中旬定植，10 月中旬进入始收期。

二、冬蚕豆栽培要点

（一）品种选择

大棚栽培可选用粒大质优的白花大粒蚕豆系列品种如慈溪大白蚕、日本一寸豆等。该系列品种鲜豆熟食皮薄酥软，肉质细糯，口感尤佳，商品价值高；特别是速冻鲜豆商品性符合出口日本、东南亚和西欧等国质量标准，经济效益高。

（二）整地施肥

以间距 6.2m 为中心开沟筑畦，长度按具体地块确定，沟宽 40cm、深 40～50cm，每畦中间开 1 条操作沟，分为两个小畦，开沟时使沟畦相互交错，以利于棚内通风散热。

结合整地每 667m² 撒施三元复合肥 10kg 和腐熟栏肥 1 000kg。如果没有有机肥也可条施三元复合肥 40kg。

（三）搭棚铺管

用 7.6m 长竹片搭建拱形大棚，同时在每小畦中各铺设 1 条滴灌软管，覆盖地膜。

（四）合理种植

10 月下旬，在大棚中间过道两边各种植两行蚕豆，株距 25～50cm，每 667m² 种植 1 200～1 650 株，同时在行间播适量备用苗，以作缺苗补株。

（五）大棚管理

1. 肥水管理

苗期视苗长势，667m² 施尿素 3～5kg，以促进壮苗和根瘤形成；初花期 667m² 施花荚肥（尿素）8kg，以利提高大荚率和大籽粒；苗期和花期要预防积水，否则会造成根系生长不良、花荚大量脱落和严重病害，但花荚期也不可干旱缺水。

2. 整枝技术

12 月～1 月中下旬，株高 25cm 左右时，结合施肥去除主茎，使养分集中供给冬前分生的次生茎，促进次生茎多开花、多结果，每丛选留 4～8 个强壮分枝；初花期除去立春后发生的分枝，这些分枝很少开花，而且与年前发生的有效枝争光、争水、争肥；2 月中下旬盛花期根据长势，选择晴天，酌情及时打顶约 5cm，促进养分集中供给花荚。

3. 温度管理

1 月中下旬覆盖大棚膜，在蚕豆进入开花结荚期后，大棚内温度应控制在 23℃以下，晴天要注意大棚揭膜通风，避免高温对蚕豆结荚和豆角膨大的影响。

（六）病虫害防治

蚕豆主要虫害有蚜虫和蚕豆象等，病害主要有赤斑病等。蚜虫可用 10% 吡虫啉可湿性粉剂 2 500 倍液喷雾防治（安全间隔期 7 天）；蚕豆象在蚕豆初花期至盛花期每 667m² 用 20% 速灭杀丁 20ml 兑水 60kg 喷雾毒杀成虫，7 天后再喷 1 次。赤斑病在发病初期喷施 1：2：100 的波尔多液防治，隔 10 天，喷 50% 多菌灵 500 倍液，连喷 2～3 次。

（七）适时采收

4 月上中旬当豆荚饱满，豆粒充实完善，豆粒皮色呈淡绿、嫩而不老，种脐有头发丝般一条不明显黑线为采收期。鲜豆荚需要

长途运输的，宜在下午豆荚含水分相对较低时采摘，切不可将鲜荚在烈日下堆放。雨天采收后不可高堆，否则会影响品质。

三、春西瓜栽培要点

(一) 品种选择

可直接选用西瓜专业合作社培育的西瓜嫁接苗（砧木为日本葫芦，接穗为"早佳"）。

(二) 适期移栽

1月大棚覆盖塑料薄膜，2月底前后选晴天上午10时前后进行西瓜套种移栽，株距70cm，667m² 栽 200～280 株，三膜覆盖。

(三) 大棚管理

1. 温度管理

移栽后1周内密闭大棚保温，保持小拱棚内温度30℃左右，促进西瓜生长；1周后，及时查苗补苗，并于晴天午后进行通风降温，以防高温烧苗；后期随着气温上升，可进行全天通风。蚕豆采收后及时拔除茎秆，以免对西瓜遮荫。

2. 肥水管理

为防止病害，除在西瓜果实膨大期结合追肥适当补充水分外，其他生长时期一般不浇水，浇后2～3天要加大通风。当幼瓜长至鸡蛋大小时，追肥1～2次，一般结合浇水每667m² 施用三元复合肥 45～50kg 加尿素 10～15kg。

3. 理蔓整枝

西瓜伸蔓后，要及时进行理蔓，让蔓往两边爬，使畦面茎叶分布均匀；理蔓应在下午进行，避免伤害蔓上茸毛或碰伤花器。当主蔓长至50～70cm、侧蔓长至20cm左右时，在4～6节叶腋处选留1～2条健壮侧蔓，去掉其余全部侧蔓，以后及时摘除主、侧蔓上长出的侧蔓，以利于雌花坐果。

4. 授粉坐果疏果

一般在4月上中旬进行人工辅助授粉，授粉时间应选在上午7～9时，授粉后5天内检查幼瓜坐果情况。当西瓜长到鸡蛋大小时，要及时去除歪、病瓜，保留符合品种特性的瓜。

（四）病虫害防治

1. 病害

大田栽培前期主要病害有流胶性蔓枯病、疫病、菌核病等，栽培中后期有枯萎病、炭疽病、白粉病、叶枯病、蔓枯病等。枯萎病可用20%瓜丰600倍液或50%多菌灵800倍液在发病前或发病初期滴根，连续防治2～3次；蔓枯病、炭疽病、叶枯病可选用68.75%易保1500倍液加43%好力克7000倍液防治，重点喷分枝处蔓部，用药2～3次；疫病可选用72%克露600倍液防治；菌核病可用20%禾益一号800倍液防治；白粉病可用43%好力克6000倍液均匀喷雾，667m² 喷水量200kg以上，在初发病时连续用药2～3次。棚内温度超过35℃以上时不宜喷药，以免发生药害。

2. 虫害

主要有黄蓟马、红蜘蛛、夜蛾、瓜绢螟等。红蜘蛛可用50%托尔克4000倍液防治，蓟马、瓜绢螟可选用5%锐劲特1500倍液防治，斜纹夜蛾、甜菜夜蛾可用15%安打4000倍液防治。

（五）适时采收

5月下旬可采收第1茬西瓜，6月下旬采收第2茬西瓜，第3茬西瓜在7月底采摘结束。西瓜采收时宜将果柄留在瓜上，有利于西瓜保鲜、延长贮藏时间。长途运输的商品瓜可适当提早采收，但不应早于七成熟，以免造成生瓜上市。第1批瓜由于温度低，在雌花开放后37～40天采收，第2批由于气温上升，一般雌花开放后30天左右即可采收。采收时要轻拿轻放，头茬瓜采摘时，有一部分二茬瓜已坐果，所以不要过多扯动藤蔓。

四、夏小青菜栽培要点

(一) 品种选择

夏季由于温度较高，应选用耐热、生长快的蔬菜品种，如上海小青菜、苏州青等。667m² 用种量 1.5～2kg。

(二) 整地播种

西瓜采收后，去除大棚膜，清除田间杂草杂物，耕翻土壤深 10～15cm。为杀死残留在土壤中的病菌和害虫，阻断害虫的传播途径，可用绿亨一号 5 000 倍液进行土壤消毒。为防草害，播后苗前喷洒 48% 氟乐灵乳油除草剂。播种时，分畦称量，用细纱拌种，精量匀播，然后浇足水，3 天后即可出苗。

(三) 覆盖防虫网

在大棚架上覆盖 20～25 目银灰色防虫网，四周用土压严实，棚架间用压膜线扣紧，留大棚正门揭盖，便于进棚操作。

(四) 合理浇水

气温较高时，防虫网内温度较网外高，给蔬菜生产带来一定影响。因此在气温特别高时，可增加浇水次数，保持网内湿度，以湿降温。

(五) 采收

夏季小青菜播后 20 天左右即可根据市场需求分批上市。

五、秋西兰花栽培要点

(一) 品种选择

选择抗病性强、耐低温、丰产性好、商品性优的绿雄 90。

(二) 育苗

播种育苗时间在 8 月上中旬，苗地选择地势高燥，排灌方便的地块，精细整地，每 667m² 大田用种 20～25g，将种子均匀撒播于床面，覆细土（药土）0.6～0.8cm厚，在床土不湿的情况下适度镇压，铺双层遮阳网，然后浇水等待出苗。出苗后不宜多浇水，特别在第1片真叶展开前更不能轻易浇水，否则极易引起秧苗徒长及猝倒病的发生，应加强通风透光，降低温度和湿度，控制秧苗的过度生长。

（三）定植

9月中旬在小青菜收后整地定植，6～7片真叶时进行，定植行距0.6～0.7m，株距0.40～0.45m，即每667m²种植2100株。

（四）肥水管理

西兰花既不耐涝又怕干旱，缓苗后以排水为主，防止徒长和渍害。根据大田实际情况，除施足基肥外，追肥2次，在缓苗至现蕾1个月内中耕松土2～3次，促进根系发育，后期松土可与追肥结合。第1次追肥为定植后10天，667m²条施磷酸二铵8～10kg；第2次追肥在当花蕾直径2～3cm时，667m²施优质复合肥25～30kg和氯化钾5～10kg。西兰花现蕾至采收以保持土壤湿润为原则，结球后期控制滴水量，采收前1周停止滴灌。

（五）主要病虫害防治

大田时期主要病虫害为霜霉病、菌核病、黑腐病、小菜蛾、菜青虫、甜菜夜蛾、斜纹夜蛾、蚜虫和菜螟等。霜霉病可用58%甲霜灵锰锌500倍液喷雾。菌核病可用50%扑海因1000倍液喷雾。黑腐病可用77%可杀得500～800倍液喷雾。小菜蛾、菜青虫、夜蛾类害虫用5%锐劲特1500倍液防治。菜螟在初见心叶被害时抓住低龄幼虫高峰期选用20%菜喜1000倍液防治。

（六）适时采收

绿雄90在10月中旬进入花球始收期，当花球充分膨大、花蕾较整齐、颜色一致、不散球时用不锈钢刀具收割。

浙江省三门县农业局郑绚烂等《长江蔬菜》2010年13期；楼亦献等《上海蔬菜》2009年2期

第十三节　大棚西瓜 – 伏菜 – 四季豆 – 菠菜栽培模式

江苏省连云港市"大棚西瓜 – 伏菜 – 四季豆 – 菠菜"一年四熟高效栽培模式，每 667m² 产西瓜 2 750kg，伏菜 1 350kg，四季豆 1 150kg，菠菜 1 100kg，总产值 12 380 元，扣除成本 3 300 元，净收入 9 080 元。

一、茬口安排

西瓜 1 月中旬育苗，2 月下旬带地膜定植，4 月中下旬开始采收上市；伏菜 6 月底播种，大棚上覆盖防虫网，7 月中下旬上市；7 月下旬套播四季豆，8 月中下旬吊蔓，9 月下旬采收；菠菜 11 上旬播种，春节前后分批采收。

二、春西瓜栽培要点

（一）品种选择

早春大棚西瓜要选择早熟、易坐果、品质优、抗病性强的品种，如"早佳"、"早春红玉"等。

（二）育苗

种子催芽露白后采用穴盘基质、温床育苗，盖好大棚及小拱棚，准备好草帘。出苗前高温高湿促发芽，白天温度控制在 28 ~ 30℃，夜间 18 ~ 25℃；出苗后低温控湿促发根，即出苗后至第 1 片真叶展开前尽量少浇水，白天在 25℃左右，夜间 15 ~ 18℃。

（三）定植

当幼苗具 3 ~ 4 片真叶时即可带地膜定植。每 667m² 撒施优质有机肥2000kg、尿素20kg、复合肥50kg作基肥。定植密度视品种而定，小型西瓜每667m²（爬蔓）800株左右，株距40cm左右；普通西瓜600株，株距50cm左右。浇定根水，封定植穴。

（四）大棚管理

1. 整枝留果

定植5～7天及时查苗、补苗；采用3蔓整枝，既保留主蔓及2个健壮侧蔓；开第2或第3朵雌花时采用人工授粉，以提高坐果率。坐果后，小型西瓜每株留2～3个瓜，普通品种只留1个瓜。

2. 温度管理

授粉期以白天保持温度25～28℃，昼夜温差10℃为宜；膨瓜期白天可增至28～32℃，加大昼夜温差。

3. 肥水管理

坐果后每667m²穴施复合肥20～30kg；伸蔓后适当浇水，果实膨大期增大浇水量，保持田间湿润。

4. 病虫害防治

疫病可用杀毒矾防治，白粉病可用粉锈宁防治，叶枯病和炭疽病可在开花初期用甲基托布津防治。

5. 适时采收

分次陆续于下午采收适度成熟的果实，以提高商品性。

三、伏菜栽培要点

（一）品种选择

可选择耐热性强、生长迅速的速生叶菜类，如绿优一号、热抗青等品种。

（二）播种

西瓜收获后立即扯蔓清棚整地，基肥施用同西瓜，每667m²撒播种子500g，两次播种间隔10天。

（三）大棚管理

夏季气候炎热，速生叶菜生产受虫害影响较重，宜采用防虫措施，大棚顶盖遮阳网，四边上盖 40～60 目防虫网。用多菌灵、甲基托布津等药剂预防病害，采收前 10 天不再用药。间秧上市，采收期保持土壤湿润。

四、秋四季豆栽培要点

（一）品种选择

四季豆宜选用耐热、耐低温、抗病、适应性强、结荚率高的蔓生品种，如白子四季豆等。

（二）播种

在伏菜采收后期直接点播，播前可用多菌灵拌种，每穴播种 3～4 粒，行距 50～60cm，株距 20～25cm。

（三）田间管理

1. 查苗补缺

每穴留健壮苗 2 株。

2. 及时引蔓

"甩蔓"用麻绳吊蔓。

3. 肥水管理

吊蔓后每 667m² 穴施尿素 10kg，花期、结荚期以追施复合肥为主。

4. 通风透光

前期及时掀、盖遮阳网，后期清理老叶病叶，保证棚内通风透光，降低病虫害，提高结实率。

5. 病虫防治

炭疽病用百菌清防治。

6. 采收

菜豆一般在花谢后 10 日左右采收。

五、冬菠菜栽培要点

（一）品种选择

菠菜越冬栽培易受低温影响，选用耐寒、耐抽薹的品种，如日本大叶菠菜。

（二）播种

基肥施用方法同西瓜，采用条播或撒播，播后覆土并浇足底水。

（三）田间管理

1. 中耕

4 片真叶时及时中耕。

2. 保墒防寒

12 月中旬浇 1 次透水，以保墒保苗，冬季大棚防风、防寒保温。

3. 灌水追肥

翌春菠菜返青时，结合灌水每亩施尿素 25kg 和复合肥 20kg，促进菠菜生长。

4. 降湿防病

菠菜在大棚生长时期易感染霜霉病，勤揭膜放风，降低棚内湿度。

5. 适时采收

菠菜长至 20～30cm 时即可采收，收获前通风，促进叶片厚、叶色绿。

江苏省连云港市农科院杨海峰《种植天地》2013 年 22 期

【附　录】

一、瓜类嫁接苗工厂化穴盘育苗技术规程（湖北省地方标准 DB42/T758-2011）

1. 范围

本标准规定了西瓜、甜瓜、苦瓜、黄瓜、冬瓜等瓜类嫁接苗工厂化穴盘育苗的工艺流程、品种选择、基质准备、砧木苗准备、接穗苗准备、嫁接、嫁接苗培育及种苗出圃。

本标准适用于湖北地区，长江中下游地区亦可参考使用。

2. 规范性引用文件

下列文件对于本文件的应用是必不可少的。凡是注日期的引用文件，仅所注日期的版本适用于本文件。凡是不注日期的引用文件，其最新版本（包括所有的修改单）适用于本文件。

GB4286　农药安全使用标准

GB/T8321（所有部分）农药合理使用准则

GB16715.1-1996　瓜菜作物种子　瓜类

3. 术语和定义

下列术语和定义适用于本文件。

3.1

工厂化育苗　industrialized seedling raising

在人工创造的最佳环境条件下，采用科学化、机械化、自动化等技术措施和手段，批量生产优质秧苗。

3.2

穴盘苗　plug-tray seedling

用穴盘为容器培育的秧苗。

4. 工艺流程

瓜类嫁接苗工厂化穴盘育苗工艺流程见图1。

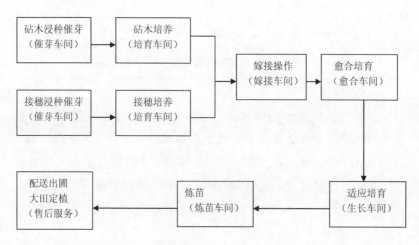

图1　瓜类嫁接苗工厂化穴盘育苗工艺流程

5. 品种选择

5.1　砧木

应选亲和力好、抗逆性强、无检疫病害且不改变接穗品质的品种。瓠瓜宜小仔品种，南瓜宜选新土佐类型品种。

5.2　接穗

应选适宜湖北地区种植的西瓜、甜瓜、苦瓜、黄瓜、冬瓜等瓜类品种，其中西瓜应通过湖北省品种审定委员会审定或者国家审定而且栽培地区湖北省区域审定的品种。不同种类种子质量指标应符合表1的要求。

表 1 不同类型接穗品种种子质量要求　单位为百分数

种类	纯度不低于	净度不低于	发芽率不低于	水分不高于
西瓜[a]	95.0	99.0	90	8.0
甜瓜	97.0	99.0	85	8.0
苦瓜	95.0	99.0	80	8.5
黄瓜	95.0	98.0	90	7.0
冬瓜[a]	96.0	99.0	60	9.0

a 为 GB 16715.1–1996 第 4 章规定的最低指标。

6. 基质准备

砧木和接穗播种用的基质宜为东北草炭土或海南椰糠、珍珠岩、生物有机肥及黄沙，其配比宜为 60% 草炭：20% 珍珠岩：10% 黄沙：10% 生物有机肥，或 60% 腐熟椰糠：20% 炭化谷壳：10% 黄沙：10% 生物有机肥。配制时宜每 1m³ 基质加加 20% 多菌灵 +20% 硫磺 0.1kg 和氮：磷：钾为 15：15：15 的复合肥 0.5kg，搅拌均匀。

7. 砧木苗准备

7.1 浸种

砧木种子浸种前宜摊晒 4～8h。

瓠瓜砧播种前 4d 用清水浸种 2h，再用 1：100 倍甲醛溶液浸种 1h，以后改用清水浸种 1h，洗净后用甩干机甩掉种子表皮明水，最后用氟咯菌腈拌种，每 10ml 拌种子 2kg。

南瓜砧木播种前 3d 用清水浸种 2h，再用 1：100 倍的甲醛溶液浸种 1h，以后改用清水浸种 1h，洗净后用甩干机甩掉种子表皮明水。

7.2 催芽

7.2.1 催芽床

宜采用电热沙床催芽，床宽 80cm、长 120cm，电热线间距

5cm，铺 2cm 厚经灭菌的黄沙覆盖电热线。宜将种子摊平于 45cm×45cm 的方盘中，厚度不超过 2cm，种子上覆一层湿润棉布，置于电热沙床上催芽，同时方盘与黄沙层之间亦覆盖一层湿润棉布。催芽期间，方盘上再覆一层棉被或塑料薄膜。

7.2.2 变温催芽

宜为昼温 28～30℃（16h）、夜温 20℃（8h），催芽翌日翻动种子。葫芦砧木种子催芽 48h 发芽率可达 80%，72h 可达 90%；南瓜砧木种子催芽 36h 发芽率可达 90%。

7.3 砧木培养

7.3.1 播种时期

砧木播种时间应根据秧苗预期出圃时期安排。预期 2 月份出圃者，宜提前 55d 播种；预期 3 月份出圃者，宜提前 45～50d 播种；预期 4 月上中旬出圃者，宜提前 30～35d 播种；预期 4 月下旬至 9 月下旬出圃者，宜提前 25d 播种。

7.3.2 播种穴盘

穴盘可选用 50 穴硬盘或 70 穴软盘，将备好的营养土装入穴盘并刮平，播种前一天用 800 倍～1 000 倍 50% 多硫悬浮液均匀浇透，水分控制在用手紧捏营养土开始滴水为度。之后，用专用打孔器在播种前打孔。

7.3.3 播种方法

将种子平放，芽尖朝下，按同一方向摆放，再覆盖一层基质，把种子覆盖并刮平。覆盖用基质宜为草炭土、黄沙、珍珠岩按 5：3：2 比例配制，并喷洒加 20% 多菌灵 +20% 硫磺 800 倍～1 000 倍液，湿度以手紧捏时开始滴液为度。播种后，宜用 95% 恶霉灵 15 000 倍液喷施苗床。2 月至 4 月中旬，宜于播种后覆盖一层地膜，并覆盖拱膜；4 月下旬至 9 月下旬，宜用 70% 遮阳率遮阳网覆盖。

7.3.4 播种后的管理

7.3.4.1 温度控制

以穴盘表面温度为准，出苗前昼温宜为 25～30℃，夜温宜为 18～23℃。宜于出苗 50%～70% 时，揭除地膜或遮阳网，保持昼温 20～25℃、夜温 13～15℃。

7.3.4.2 病害防治

重点防治猝倒病。揭除地膜或遮阳网后，宜用 95% 恶霉灵 1 500 倍 +72.2% 丙酰胺 1 500 倍 +72% 农用链霉素 3 000 倍液喷雾一次；齐苗后宜用 95% 恶霉灵 1 500 倍 +72.2% 丙酰胺 1 500 倍 +72% 农用链霉素 3 000 倍液喷雾一次。

7.3.4.3 脱帽

幼苗出土时，应及时人工脱帽（摘除种壳）。

7.3.4.4 肥水管理

幼苗露出心叶后，宜叶面喷施 800 倍～1 000 倍氨基酸叶面肥或补水时浇 0.3% 的复合肥溶液。晴天以浇复合肥为主，阴雨天以叶面喷氨基酸叶面肥为主。

7.3.4.5 补苗

检查苗盘，如发现缺苗或弱苗，宜选用大小一致的砧木替换补齐。

7.3.4.6 摘心

第 1 片真叶伸展至指盖大小时，用手指朝第 2 真叶方向抹除真叶，然后喷施 25% 嘧菌酯 1 500 倍液一次。

8. 接穗苗准备

8.1 浸种

接穗种子浸种催芽时期应与砧木苗齐苗时期或播种时期（见 7.3.1）以及接穗种子预期播种时期（见 8.3.1）协调一致。播种前 3d 浸种，用 55℃ 温水浸种搅拌，自然冷却继续浸种 6h～8h 后捞起，阴干或甩干脱水至无明水。

8.2 催芽

8.2.1 催芽床

同 7.2.1。

8.2.2 变温催芽

昼温宜为 30～32℃，夜温宜为 24～25℃。西瓜、黄瓜、甜瓜催芽 36h 后发芽率可达 85%以上；冬瓜、苦瓜催芽 36h 发芽率可达 40%。对于冬瓜和苦瓜，宜先挑出已发芽种子，其余未发芽种子用温水洗净后甩干，至无明水，再催芽，2～3d 发芽率可达 90%。

8.3 接穗培养

8.3.1 播种时期

接穗种子播种时期应与浸种时期（见 8.1）及砧木苗齐苗时期或播种时期（见 7.3.1）协调一致。西瓜、冬瓜宜在砧木苗出齐后播种；厚皮甜瓜、黄瓜、苦瓜宜与砧木同时播种或延迟 2～3d 播种；薄皮甜瓜宜比砧木提前 7～10d 播种。

8.3.2 播种穴盘

穴盘可选用长×宽 56.5cm×32.7cm 70 穴软盘或者长×宽 28cm×53.5cm 50 穴硬盘。将配好的营养土用 20%多菌灵 +20%硫磺 1 000 倍液调湿，水分以手捏营养土指间开始滴液为度，然后装填穴盘，营养土厚度以穴深的 2/3 为宜，最后用小木板压实到穴深的 1/2。

8.3.3 播种方法

将出芽的种子撒播在平盘上，嫁大芽者宜稀播，嫁黄芽宜密播，播种密度以种子不重叠为度。播种后宜覆盖 1cm 厚消过毒的黄沙。之后，用 95%恶霉灵 5 000 倍液喷施苗床。2 月至 4 月中旬，宜于播种后覆盖一层地膜，并覆盖拱膜；4 月下旬至 9 月下旬，宜用 70%遮阳率遮阳网覆盖。

8.3.4 播种后的管理

8.3.4.1 温度控制

出苗前，昼温宜为 28～30℃，夜温宜为 22～25℃；出苗率至 50%～70%时，揭除地膜；齐苗后，昼温宜为 25～28℃，夜温宜为 18～20℃。

8.3.4.2 病害防治

出苗率至 50%～70%时，用 95% 恶霉灵 1 500 倍 +72.2% 丙酰胺 1 500 倍 +72% 农用链霉素 3 000 倍液喷雾一次；齐苗后，用 800 倍代森锰锌喷雾一次，并通风见光。

8.3.4.3 脱帽、补光及营养补充

幼苗出土后应及时脱帽（摘除种壳）。如遇低温阴雨天气，宜人工补光，同时叶面喷施氨基酸类型叶面肥。

9. 嫁接

9.1 时期

砧木苗宜于 1 叶 1 心时嫁接。西瓜、冬瓜接穗苗宜于子叶平，刚露心叶时嫁接；甜瓜、黄瓜宜于穿心后嫁接；苦瓜宜嫁接小苗。嫁接操作应避开寒潮、持续低温阴雨天气。

9.2 消毒

宜于嫁接前 1d 用 600 倍甲霜灵锰锌 +72.2% 丙酰胺 1 500 倍液 +72% 农用链霉素 3 000 倍混合液喷雾砧木和接穗，至叶片滴液为度。嫁接人员双手及工具用 0.1% 高锰酸钾溶液清洗。

9.3 方法（顶插接法）

9.3.1 工具

竹签和刀片。竹签一端削成与接穗下胚轴粗度相同的楔形，先端渐尖。嫁接时左手食指缠胶布，右手夹嫁接竹签和刀片。

9.3.2 切砧木

嫁接时，先将砧木真叶基部连同生长点摘除。竹签夹在右手

的无名指与中指之间，左手捏住砧木子叶下端，竹签沿砧木子叶叶柄中脉基部向另一子叶柄基部成 45 斜插，竹签稍穿透砧木表皮，露出签尖，以左手手指有感觉为宜，右手松开嫁接签。

9.3.3 切接穗

左手选择接穗苗，大拇指和食指捏合接穗苗子叶，摊平在食指上，右手中指与食指之间夹住刀片，在距离子叶基部 0.5cm 处，用刀片将下胚轴切成楔形切面（如果接穗比较粗壮，使用切两刀的方法），切面长 1cm。接穗切口角度应与竹签插入砧木的角度一致。

9.3.4 插接穗

接穗由左手顺时针方向传给右手，右手用大拇指和食指捏住接穗苗子叶；左手扶住砧木子叶下端，右手无名指和中指再夹住嫁接签抽出，之后快速用右手的接穗苗插进砧木切口（插孔）内。接穗茎尖应稍穿透出砧木茎外，且与砧木吻合，接穗子叶与砧木子叶形成"+"字形交叉。

9.4 愈合培育

9.4.1 温度控制

嫁接后 3d 内，昼温宜为 25～30℃（不应高于 35℃），夜温宜为 18～22℃。3d 后，昼温宜为 18～25℃，夜温宜为 16～20℃；在保持接穗不萎蔫的前提下，尽量通风见光。应避免避免昼温低于夜温。

9.4.2 湿度管理

嫁接后的前 3d 以保湿为主，适当通风、见光，以接穗苗心不出现积水为度；嫁接 4d 后，以通风见光为主。

9.4.3 光照管理

在室内温度不超过 35℃、接穗不萎蔫的前提下，尽量增加光照。

9.4.4 通风换气

嫁接后第 2d 开始早晚通风，以后逐渐延长通风时间，以叶片

上没有水珠、接穗不出现萎蔫为度。

10. 嫁接苗培育

10.1 肥水管理

宜每 5～7d 浇一次 0.3%～0.5%的三元复合肥溶液。如果连续阴雨天超过 3d 以上，则可适当补充氨基酸叶面肥。

10.2 水分管理

早春采用地热线加温时，应避免烧干基质而造成嫁接苗萎蔫。冬季育苗浇水时宜于上午进行。

10.3 病虫害防治

虫害主要有蚜虫、蓟马、潜叶蝇、菜青虫等，可选用 90%灭多威可湿性粉剂 1 500～2 500 倍液、50%斑潜净 1 000 倍液防治。病害主要有猝倒病、疫病、炭疽病、白粉病、叶斑病、霜霉病等，可选择 70%甲基托布津 800 倍液、70%代森锰锌 800 倍液、75%百菌清 600～800 倍液、25%甲霜灵 1 500 倍液、64%杀毒矾 600～800 倍液、10%世高 2 500～3 000 倍液、72%农用链霉素 4 000～5 000 倍液，杀虫、杀菌剂交替轮换使用，每 7～10d 喷雾 1 次。化学农药的使用应符合 GB4286 和 GB/T8321 的规定。

10.4 除萌蘖

对于砧木上发生的萌蘖应及时去除。

10.5 拼苗

将大苗、壮苗与小苗、弱苗分盘移栽，同时销毁病苗。

10.6 炼苗

秧苗出圃前 5～7d，移至炼苗区，进行大田移栽前适应性训练。

11. 种苗出圃

11.1 质量

4 片子叶完整；元月至 4 月份育出圃者为 2 叶 1 心至 4 叶 1 心，5 月份至 9 月份出圃者为 1 叶 1 心至 2 叶 1 心；茎秆粗壮，叶片绿色，无病斑，株高 18～30cm，根系缠绕基质。

11.2 包装

采用专用苗箱包装。标签内容应包括品种名称、数量、级别、执行标准、生产批号、出圃时间、生产单位及地址。

11.3 运输

采用箱式货车运输，种苗运输时间不宜超过 2d。

二、大棚西瓜一播多收（长季节）栽培技术规程 (武汉市地方标准 DB4201/T375-2008)

1. 范围

本标准规定了西瓜春、夏、秋季全程大棚覆盖、爬地式、一次播种多批次采收的栽培技术。

本标准适用于武汉市郊区推广，可供湖北省同类地区参考应用。

2. 规范性引用文件

下列文件中的条款通过本标准的引用而成为本标准的条款。凡是注日期的引用文件，其随后所有的修改单（不包括勘误的内容）或修订版均不适用于本标准，然而，鼓励根据本标准达成协议的各方研究是否可使用这些文件的最新版本。凡是不注日期的引用文件，其最新版本适用于本标准。

GB4285-1989 农药安全使用标准

GB/T8321.3-2000 农药合理使用标准

GB/T18406.1-2001 农产品安全质量

NY/T394-2000 绿色食品 肥料使用标准

NY/T391-2000 《绿色食品产地环境技术条件》

3. 产量目标及构成

3.1 产量目标

小果型西瓜 4 000～6 000kg/667m²，中大果型西瓜 4 500～

6 300kg/667m²。

3.2　产量构成

小果型西瓜每 667m² 定植 400 株，单株连续坐果 10 个，单果重 1.0 ~ 1.5^{kg}。

中大果型西瓜每 667m² 定植 300 株，单株连续坐果 6 个，单果重 2.5 ~ 3.5^{kg}。

4. 选用品种

小果型早春红玉、中果型早佳 8424（又名冰糖瓜）。

5. 生育进程

2 月上旬播种、3 月上旬定植、4 月上旬坐果、5 月上旬首批瓜成熟，10 月中旬采收结束。

6. 栽培技术

采用大棚全程覆盖、滴灌平衡施肥、巧用生长调节剂、喷施叶面肥料、人工辅助授粉，严防病虫危害的保根护叶技术措施，延长生育期实现多批次采收。

6.1　备耕

6.1.1　选地

选择符合 NY/T391 – 2000《绿色食品产地环境技术条件》的水稻田或间隔 5 年以上未种植瓜类的旱地。

6.1.2　整地作畦

年前翻耕炕土，年后一耕两耙，按 6.0 ~ 7.0m 开厢搭建大棚，在棚厢中间开沟形成 3.0 ~ 3.5m 的瓜厢，在瓜厢中间开一条施肥沟施基肥。

6.1.3　开沟

瓜地必须做到三沟相通，便于排灌。围沟宽 0.35 ~ 0.45m、深 0.4 ~ 0.6m；棚间沟宽 0.2 ~ 0.4m、深 0.3 ~ 0.5m；厢沟宽 0.25 ~ 0.35m、深 0.25 ~ 0.35m。

6.2 备料

6.2.1 架材

选长度 7.5～8.5m、宽 3.5～4.5㎝的楠竹 100～120 片或直径 2.5～3.5㎝、韧性强的小圆竹 210～230 根搭建大棚，选长 2.5～2.7m、宽 1.8～2.2㎝的竹片 140～160 根搭建小拱棚，另选长度 2.1～2.3m、直径 10㎝的小圆木 14～16 根作顶撑，选型号为 14# 钢丝绳 130～140m 固定棚架。

6.2.2 棚膜

大棚膜 60kg，选用宽 8.0～9.0m、厚度 0.07mm 的无滴抗老化膜；小拱棚膜 15kg，选用宽 3m、厚 0.027mm 的无滴膜；地膜 10kg，选宽度 3m、厚度 0.016cm 的地膜。

6.2.3 压膜线

选用强度大的塑料绳作压膜线。

6.2.4 滴灌带

分别选直径 75mm、50mm 的塑胶管做主管和支管：配置接头、分水阀等配件。滴灌动力设备：选扬程 30m 水泵，以功率 2.2KW 电动机或 175 型 6 马力柴油机配组；施药动力设备：选 40 型水泵 +6 马力柴油机，按 3000m² 面积配 1 组套。

6.3 建棚

按照标准搭建长 40m、宽 5.2m、棚高 1.8m，棚间间距 1.0m，净面积 208m² 的竹架中棚，667m² 可建大棚 2.5 个。

6.4 育苗

6.4.1 苗床选择

选择避风向阳、地势高燥、排灌方便、靠近电源的地段作苗床，育苗大棚采用四层膜覆盖，电热线加温，营养钵育苗。床宽 1.2m，挖成深 5cm 的凹形槽，底垫稻壳或草木灰，上铺一层地膜，在地膜上铺设电热线（100W/m²），电热线上覆土 2～3cm。

6.4.2　配制营养土

选用未种过瓜类的肥土，按每立方米 70% 的土壤 +30% 的腐熟过筛有机肥 +1.5kg 过磷酸钙配制营养土，加入 0.3kg50% 多菌灵粉剂充分拌匀堆置备用。每立方米可制钵 2 000 个。

6.4.3　浸种催芽

选择籽粒饱满的种子，先放入 50% 多菌灵可湿性粉剂 500 倍液中消毒 30min，用清水冲洗后再放入 55℃温水中浸泡 15min，自然冷却并浸种 6～8h，反复清洗种子后，用湿纱布包裹恒温催芽。

6.4.4　播种

2 月 5 日前后播种，播种前 1 天将营养钵浇透水，通电升温，1 钵 1 芽，种子平放，盖籽土厚 1.5cm，覆盖地膜，夜晚在小供棚加盖麻袋或草毡，封严三层棚膜。

6.4.5　苗床管理

6.4.5.1　播种 – 出苗阶段

快出苗，争全苗。白天控制在 25～30℃，夜晚保持 18℃以上。出苗前不需浇水，如遇雨雪天气，及时清除大棚上的积雪；出苗 – 出现真叶阶段：预防高脚苗。苗床温度白天控制在 25℃左右，夜间稳定在 15℃左右，预防出现高脚苗。早揭晚盖小拱棚上的覆盖物，中午逐渐加大通风量。

6.4.5.2　1–3 片真叶阶段

发根促壮苗，白天控制在 20～25℃，夜晚在 15℃。勤揭勤盖覆盖物，延长光照时间，加大通风量，适度练苗。营养钵面土干燥时，上午 10 时浇 30～35℃温水，撒一层细土以利保墒。

6.4.5.3　抓炼苗　促早发

定植前 7d 逐渐揭掉草毡和小拱棚膜，以适应大棚环境，定植前 3d，喷施一次杀菌药，适量浇 1 次水，保持营养钵的湿度，便于取苗定植。

6.5 定植

6.5.1 整地施底肥

定植前 10 天，在整好的瓜厢中间开施肥沟，667m² 施 250kg 有机生物肥 +25kg 三元复合肥 +1kg 硼砂 +1kg 硫酸锌充分混合，40%施入定植沟中，60%均匀撒往畦面上，用耕整机耙，让土肥融合，划好定植线并覆盖地膜。

6.5.2 安装滴灌带

将支管平行铺设在离定植行 30cm 处，要求拉直不卷曲，便于水流畅通。在大棚头铺设主管，安装分水阀，扎紧接头。

6.5.3 选壮苗定植

选晴天定植，去除病苗、弱苗、畸形苗。取苗时不要损伤根系，栽苗时扶正，用营养土壅兜。每厢栽 1 行，小果型品种株距 55cm，中果型品种株距 75cm，用 0.2%磷酸二氢钾溶液浇足定根水。满幅覆盖地膜，扣紧小拱棚，密封大棚。

6.5.4 覆盖小拱棚

瓜苗定植后，用长 2.5 ~ 2.7m、宽 1.8 ~ 2.2cm 的竹片 140 ~ 160 根，及时搭建小拱棚。

6.6 田间管理

6.6.1 棚温管理

6.6.1.1 缓苗期

缓苗期需要的温度较高，白天维持 30℃左右，夜间 15℃。夜间 3 层覆盖，日出后由外向内逐层揭膜。午后由内向外逐层盖膜。及时查苗补苗，促单株平衡生长。

6.6.1.2 团棵期

白天保持 30℃，超过 35℃时应揭开小拱棚膜通风。

6.6.1.3 伸蔓期

白天维持 25 ~ 28℃，夜间维持在 15℃以上，随着外界温度的

升高和瓜蔓的伸长，撤掉小拱棚，当大气温度稳定在 15℃时，看风向将大棚的一头揭开通风。

6.6.1.4 开花结果期

白天维持 30～32℃，夜间 15～18℃，以利于花器发育，有足量的花粉传粉受精，促幼瓜迅速膨大。当外界气温稳定通过 25℃时将大棚两侧开口通风。

6.6.2 水分管理

定植时一次性浇足定根水，以后观察土壤墒情和瓜苗长相决定是否浇水，瓜苗出现失水症状，及时用滴灌浇水，到开花座果期，逐步加大滴灌次数和浇水量。

6.6.3 肥料管理

缓苗肥以追平衡肥和叶面肥为主，用 0.2%磷酸二氢钾溶液或翠康生力神或氨基酸叶面肥喷雾，长势较弱的瓜苗用 2%的三元复合肥液体点施；伸蔓肥：看苗追肥，长势强劲的瓜苗不施，反之可酌情轻施；膨瓜肥：第一批瓜长到鸡蛋大小时，每 667m² 施三元复合肥 10～15kg，采用滴灌方法，在采收前后再滴灌一次，用肥量看苗情长势而定；以后每采收一批瓜就要及时施一次肥。

6.6.4 整枝理蔓

合理调整植株调节营养生长，在伸蔓以后，及时整枝，整枝方式有 2 种：一是留 1 条主蔓和 2 条侧蔓，其余的分枝全部抹除，二是摘心留 3 条子蔓，团棵期去掉生长点，选留 3 条健壮的子蔓。两方法均留足 3 条蔓，在坐第一批瓜以前，彻底整枝抹芽，避免枝条丛生消耗养分，集中供应花芽分化，有利多结瓜。整枝以后经常理蔓，将瓜蔓斜向均匀地摆放在畦面两侧，在采收第二批瓜后进入高温季节，需要增加分枝，可放任生长。

6.6.5 授粉

摘除瓜蔓上的第 1 朵雌花，出现第 2 朵雌花时，进行人工授粉或用强力坐果灵稀释喷施瓜柄，并用不同颜色的油漆进行标记，记录坐果日期，以便计算天数，采收时鉴别成熟度，坐瓜后应适度理蔓。

6.6.6 采收期的管理

大棚覆盖一播多收的关键措施是要保证瓜蔓不早衰。在各批次采收过程中，注意保护瓜蔓不受损伤，合理应用生长调节剂，看苗情及时补追肥水，严防病虫危害。

6.6.6.1 肥水管理

在采收每批瓜以后，要及时追施接力肥，保证有充足的养分维持根系、叶片的活力。施用量一般看苗情而定，苗相正常生长旺盛的田块每 667m² 追 10kg 三元复合肥，长势较差者用量为 20kg，施肥以前将肥料充分溶解，然后进行滴灌。

6.6.6.1.1 精施微肥

在西瓜上应用的微肥主要有磷酸二氢钾、氨基酸等，作用是刺激生长，护根保叶、增加花芽分化数量，促进果实膨大、改善品质等功效。用法既可勾兑冲施又可叶面喷施。

6.6.6.1.2 巧用调节剂

在西瓜生产中使用植物生长调节剂，主要是促发生根、延缓叶片衰老、增加甜度，改善品质。在第二批瓜采收后，适当使用植物生长调节剂。

6.6.6.1.3 坚持喷用座瓜灵

进入高温季节，大棚内温度高达 40 多度，抑制花芽分化，也导致雄花发育不正常，因此，会造成产量下降，要坚持使用座瓜灵,浓度按说明书配置，见到雌花就喷。

6.6.6.2 暑期预防高温

我市 7~8 月进入高温酷暑期，棚内温度较高，必须在大棚中间开窗降温，方法是：用竹片或木条等撑起大棚的裙膜，散发棚

中间的热气。

6.6.6.3 病虫害防治

在大棚全程覆盖栽培条件下，西瓜茎叶避免了雨水淋刷，但棚内的小气候诱发病虫危害，早春季节叶部病害主要是疫病、炭疽病、白粉病。虫害有蚜虫、蓟马等，夏、秋季两季主要防治病毒病、蚜虫、蓟马、飞虱、斜纹夜蛾、瓜绢螟等。

6.6.6.3.1 病害防治

疫病、炭疽病、白粉病：用大生 M-45（80%可湿性粉剂）、代森锰锌（可湿性粉剂）500 倍喷雾；病毒病：用福尔马林 100 倍液进行种子消浸种 1 小时，大田防治选用病毒必克、病毒 A 两种药剂 600 ~ 800 倍液。

6.6.6.3.2 虫害防治

防治蚜虫用"锋芒必透"、"蚜敌"2 000 ~ 2 500 倍液；菜青虫、斜纹夜蛾、瓜绢螟用"海正三令"1500 倍液防治。

6.6.6.4 后期扣棚防低温

武汉地区寒露风到来时间一般在 9 月中下旬，最早年份在 9 月初，作好防寒工作是延长西瓜生长期、增加产量和效益的重要措施。当大气温度下降至 25℃以下时，夜晚必须封闭大棚，以免西瓜受到寒害，温度急剧下降时，将茎蔓集中，再加盖小弓棚，确保尾期茎叶和幼瓜不受冻害。

三、小果型西瓜有机生态无土栽培技术规程（武汉市地方标准 DB4201/T407-2010）

1. 适应范围

本标准规定了小果型无籽西瓜有机生态型无土栽培技术规程。

本标准适用于武汉市地区，可供长江中下游流域其他地区参考使用。

2. 规范性引用文件

下列文件中的条款通过本标准的引用而成为本标准的条款。凡是注日期的引用文件，其随后所有的修改单（不包括勘误的内容）或修订版均不适用于本标准，然而，鼓励根据本标准达成协议的各方研究是否可使用这些文件的最新版本。凡是不注日期的引用文件，其最新版本适用于本标准。

GB/T18406.1-2001　农产品安全质量

NY/T394-2000　绿色食品肥料使用标准

NY/T391-2000　《绿色食品产地环境技术条件》

3. 有机生态型无土栽培系统

3.1　栽培槽的设置

有机生态型无土栽培采用基质栽培槽的形式，在无标准规格的成品槽时，可用塑料膜围成宽 60～70cm、深 20～30cm 的栽培槽，槽南北走向，塑料膜将基质和土壤隔开，以防土壤病虫传播，四周用竹棍固定；或用当地易得的材料建槽，如用木板、木条，甚至砖块，实际上只要建没有底的槽边框，所以不需要特别牢固，只要能保持基质不散落到走道上就行。槽长应依保护地棚室建筑状况而定，一般为 5～30m。中央铺设一根滴灌管，定时灌水。

3.2　基质的选择与配比

栽培基质的选材遵循就地取材的原则，充分利用本地资源丰富、价格低廉的基质材料。经筛选试验结果表明，武汉地区栽培基质由泥炭、菇渣、珍珠岩等三种基质混合而成，体积比为 3∶3∶1 混合，基质经甲醛和 20%氯氰·辛硫磷乳油灭菌杀虫后再利用。

3.3　养分供给

有机生态型无土栽培区别于营养液栽培的主要特点是可以采用固态有机肥代替营养液供给养分，从而大大降低了设施成本和操作管理难度。参考有关资料及笔者所做试验结果，基肥按每立

方米基质施入高温消毒鸡粪 20kg、硫酸钾复合肥 1kg（N∶P₂O₅∶K₂O=15∶15∶15 和适量的微量元素），追肥按每立方米基质施入高温消毒鸡粪 3.00kg、硫酸钾复合肥 0.75kg。

4. 栽培管理技术

4.1 育苗前准备

4.1.1 品种选择

小果型无籽西瓜品种蜜童、小王子等。

4.1.2 育苗基质

育苗基质按草炭:蛭石 =3:1 的比例配制，每立方米基质加 2.0kg 消毒鸡粪、0.3kg 硫酸钾复合肥，基质充分混合后，装入育苗穴盘中，播种前 1 天浇透水，穴盘规格为 50 孔或 72 孔。

4.1.3 浸种催芽

小型无籽西瓜由于种子较小，催芽育苗较一般大果型无籽西瓜稍难。催芽时在 55℃温水中浸种 10～20min，待水温降至 25～30℃时在水中浸种半小时后破壳催芽。催芽温度 32～33℃。一般 24h 即可出芽，芽长 1.0～1.5cm 时播种。

4.2 适时播种

播种期依各地气候条件及栽培方式而定，湖北省大棚春季栽培一般在元月底至 2 月上旬播种，秋季栽培一般在七月中下旬播种。苗床设在大棚或温室内，播种前要将床土浇透并进行床土消毒，可在前一天下午用 0.1% 的托布津水溶液淋透育苗钵。挑选出芽的种子播种，已浇过水的育苗钵上，每钵放入已催出芽的种子 1 粒，芽尖向下平放，种子上面覆盖湿润的基质 1.5～2.0cm，播后育苗钵上覆盖 1 层地膜，增温保湿，待有 70% 子叶出土后，揭开地膜。

4.3 苗期管理

4.3.1 温度管理

出苗后至真叶展期适当降温，白天保持 20～25℃，夜间 15～

18℃；真叶展开后床温可适当提高，以白天 25～30℃为宜；定植前一周开始炼苗。

4.3.2 水分管理

真叶展开前一般不浇水，真叶展开后，如旱象严重，床面发白时适当浇水，浇水应在晴天上午进行。

4.4 定植

生理年龄以两叶一心为准，春季苗期为 40～45 天，秋季苗期为 20 天左右。定植时期春季应选在 3 月上旬至中旬，晴天定植；秋季较合适的定植时期为 8 月中旬。并配以 10% 的二倍体西瓜作为授粉品种。注意合理密植，双行定植，株距为 50～60cm，每 667m² 栽 1 000 株左右。定植后浇足定根水。春秋两季均须注意控温缓苗。春季须塑料大棚内，也可是保护地小拱棚，以增温保温为主，夏季以遮阳通风降温为主；有利于缩短缓苗期，促进发根，提高成苗率。

4.5 定植后管理

4.5.1 水肥管理

水分供给采用滴灌，根据天气情况、基质、植株状况灵活掌握。从定植缓苗后到伸蔓前应控制浇水，一般 2 天浇 1 次水，每次 0.75 升/株。选择晴天上午灌溉，阴天不浇水。到伸蔓期适当增加给水量，开花后 7～10 天应再次控水，以防止植株徒长影响坐瓜。定植后进入膨瓜期，植株生长发育旺盛，需水量最多，此时水分供给应及时，为 1～2 次/天，总灌水量以 0.9～1.0 升/株·天为宜。在瓜采收前 15 天，应适当控浇水，2 天浇 1 次水。西瓜定植后 20 天不必追肥，以后每 15 天追 1 次肥，伸蔓期和膨瓜期应重追肥，追肥按前述的西瓜追肥标准进行，拉秧前 30 天停止追肥。

4.5.2 整枝及留果

在真叶 5～6 片时留 5 叶摘心，2～3 天一次把多余的枝蔓打

掉了，把剩下的枝蔓理好，采用 3 蔓整枝法，当子蔓长至 40～50cm 时，选留长短、大小差不多的 3 条健壮子蔓，其余子蔓及以后 3 条子蔓上长出的孙蔓应及时摘除，在坐果瓜节位上留 10～15 片叶后即可打顶。当幼瓜长至鸡蛋大时，以一株 2～3 果为目标，选留果柄粗而长、发育快、无损伤、不畸形、大小较一致的幼瓜。

4.5.3　人工授粉

作为花粉来源的普通二倍体西瓜品种，可以选择武汉地区的主栽品种，如早花蜜王、早佳 8424 等。人工辅助授粉和一般无籽西瓜授粉相同，授粉品种与蜜童按 1∶4 的比例定植。作为授粉的品种应能和蜜童区分开来，以免收混。

4.5.4　采收

蜜童和小王子的果实发育期在 28～32 天，采收时可依据果实发育天数或其他性状指标适时采收。采收以 9 成至 9 成半熟时最好，此时品质最好；需长途运销可适当提前。采收时间以上午为宜。采收前一周应停止灌水，以免降低果实品质。如遇降雨天，可推迟 1～2 天收获。

4.6　病虫害防治

有机生态型无土栽培小果型无籽西瓜，因基质都经过严格消毒，故土传病害发生很少。播种前种子经过严格消毒，水分供给采用滴灌，使得棚室内相对湿度小，植株生长期间管理上，采取通风、降温、控温及田间卫生等措施加以控制，故病害发生很少。

虫害主要有蚜虫、红蜘蛛、斑潜蝇等，可以采用黄板诱杀、"一熏净"烟剂熏杀等办法加以控制，或选择高效、低毒、低残留农药，如黄守瓜、蚜虫、红蜘蛛可用 10%吡虫啉 1 000 倍液或 1.8%阿维菌素乳油 3 000 倍液或 2.5%功夫乳油 5000 倍液等喷施。

四、厚皮甜瓜大棚栽培技术规程（武汉市地方标准 DB4201/T448-2014）

1. 范围

本标准规定了厚皮甜瓜大棚栽培的产地环境条件、品种选择、种子质量、播种育苗、栽培设施、整地施肥、定植、大棚生产管理、病虫害防治和生产档案的基本要求。

本标准适用于武汉地区厚皮甜瓜大棚栽培及生产，可供周边气候相似地区参考使用。

2. 规范性引用文件

下列文件对于本文件的应用是必不可少的。凡是注日期的引用文件，仅注日期的版本适用于本文件。凡是不注日期的引用文件，其最新版本（包括所有的修改单）适用于本文件。

GB4285　农药安全使用标准

GB16715.1　瓜菜作物种子　第一部分：瓜类

NY5074　无公害食品　瓜类蔬菜

NY5181　无公害食品　哈密瓜产地环境条件

3. 术语和定义

下列术语和定义适用于本文件。

3.1

厚皮甜瓜 Cucumis melo L.

按生态学特征，甜瓜分为厚皮甜瓜和薄皮甜瓜。厚皮甜瓜的果肉厚大于 2.5cm。

4. 产地环境条件

产地环境质量应符合 NY5181 的规定。选择背风向阳、地势高燥、灌溉方便、通透性好的砂质土或壤土田块。前作宜为大田作物，不能与其他瓜类蔬菜作物接茬。轮作年限不少于 3a。

5. 品种选择

应选择抗病、优质、高产、商品性好，适合武汉地区大棚栽培和市场需要的品种。春季栽培宜选择相对耐低温、弱光和对病害多抗的品种，如风味 4 号、风味 5 号、雪里红、黄皮 9818 等；秋季栽培宜选择抗病虫害的耐高温品种，如伊丽莎白、银蜜、鄂甜瓜 3 号、鄂甜瓜 4 号等。

6. 种子质量

种子质量应符合 GB 16715.1 的规定，纯度不低于 95.0%、净度不低于 99.0%、发芽率不低于 85.0%、含水量不高于 8.0%。

7. 播种育苗

7.1 播种期

春季栽培的播种期为 12 月下旬至 2 月上旬，夏秋季栽培播种期为 6 月下旬至 8 月上旬。

7.2 育苗方法

春季栽培应在大棚或温室内铺设地热线进行营养钵育苗或穴盘育苗。

7.3 育苗准备

7.3.1 选用清洁、无虫卵、无其他作物及杂草种子、有机质丰富、结构疏松、3a 内没有种过瓜类作物的土壤配制营养土，或用泥炭、蛭石配制育苗基质。用于营养土配制的土壤应该在育苗前一年夏季经过高温暴晒和粉碎过筛。营养土的配制比例为干细土 90%、腐熟有机肥 10%；育苗基质的配制比例为泥炭和珍珠岩体积比为 2：1。每 1m³ 营养土或基质加 0.5kg 含硫三元复合肥（N：P_2O_5：K_2O=15：15：15，下同）。

7.3.2 配制营养土和基质时每 1m³ 加入 0.1kg 25% 的多菌灵可湿性粉剂用于消毒，肥料和杀菌剂应化水后喷洒到营养土或基质中并混合均匀，或用 40% 的福尔马林 200～300ml 加水 25～30

kg，搅匀后洒到营养土或基质中，然后覆盖塑料薄膜闷 2 ~ 3d，之后揭开塑料薄膜充分通风 2 ~ 3d。播种前 2 ~ 3d，将营养土装入口径和高均为 8cm 的塑料营养钵，或将育苗基质装入 50 孔或 72 孔穴盘内整齐排放于苗床。

7.4　种子处理

选择晴天晒种 1 ~ 2d，55℃温水浸种并搅拌 15min，待自然降温至室温后浸种 4 ~ 6h；也可用福尔马林 100 倍液浸种 30min 或 10%的磷酸钠浸种 20min，然后用清水充分冲洗干净，再用清水浸泡 4 ~ 6h。种子捞起后充分清洗表面粘液，然后在 28 ~ 30℃保湿通气的条件下催芽 24h 即可出芽。待种子芽长 1 ~ 3mm 时播种。

7.5　播种

播种前 1d 将营养土浇透水，将营养土或基质打孔后喷施 96%恶霉灵可湿性粉剂 3000 倍液防治猝倒病。每个营养钵播发芽种子 1 粒，穴盘育苗的每穴播发芽种子 1 粒，将萌芽的种子平放，其上覆盖 0.5cm ~ 1.0cm 厚的细营养土或基质，再覆盖地膜保温保湿。

7.6　苗床管理

出苗前温度宜控制在 28 ~ 30℃。当 40% ~ 50%的种子出苗后及时揭去地膜。出苗后床温降至白天 25℃左右，夜间 20℃左右，以免高温产生高脚苗。在定植前 7 ~ 10d 进行常温炼苗，夜温降至 15 ~ 18℃。苗期适当控制水分，苗床表面发白时可适量浇水，浇水宜在上午进行。

春季育苗期间应注意保温，夏秋育苗期间应保持通风降温。

8　栽培设施

采用跨度 6 ~ 8m，顶高 2.5 ~ 3.5m 的镀锌钢管或水泥架大棚。棚内顺着畦的走向在畦上方 2m 处架设铁丝，以便后期吊蔓和吊果。

9. 整地施肥

9.1 整地施基肥

在定植前 10～15d 整地施基肥。每 667m² 施用优质腐熟有机肥 2 000～3 000kg，含硫三元复合肥 50kg 作为基肥，耕深 30～40cm，整细、耙平、做畦，整成畦面宽 1m，高 20～25cm，沟宽 50cm 的高畦。定植前 5～7d 盖好地膜。采用滴灌栽培的应在盖地膜之前顺着畦的走向在畦中间铺好滴灌带。

10. 定植

10.1 定植时期

苗龄 2 叶 1 心时定植。

10.2 定植方法

采用立架栽培，每厢栽两行，株距为 0.5m，每 667m² 定植 1500 株～1800 株，定植后浇足定根水，封好定植孔。

11. 大棚生产管理

11.1 温度湿度管理

定植后保温保湿缩短缓苗期，白天温度保持在 28～30℃，夜间 18～25℃。缓苗后恢复适温管理，白天 23～28℃，超过 35℃要适当通风，夜间 15～20℃。当日平均温度稳定达到 22℃时，大棚拆除边膜，仅保留顶部薄膜遮雨。

保持空气流通，空气相对湿度应控制在 70%以下。

11.2 肥水管理

定植后根据土壤墒情，在蔓长 30cm 时、坐瓜后和果实膨大期各浇水一次。幼瓜长到鸡蛋大小时，结合浇水，每 667m² 施含硫三元复合肥 25～30kg。也可进行叶面追肥，在营养生长期每 7d 喷施一次氨基酸水溶肥料"宇花灵 1 号"800 倍液。

进入果皮硬化期或网纹形成期，应控制浇水，以防裂果和形成粗劣网纹。成熟前一周停止浇水。

11.3　植株调整

采用单蔓整枝，主蔓生长至 5 片～6 片叶时开始吊绳引蔓。及时摘除第 8 节以下的子蔓，选择主蔓第 9 节～15 节上的子蔓坐瓜，第 15 节以上的子蔓也全部摘除，主蔓长到第 25 片～30 片叶打顶，下部老叶也应及时清除。坐瓜子蔓雌花前留 1 片叶摘心。

11.4　人工辅助授粉

在开花期每天上午 7：00～10：00 进行人工辅助授粉。授粉时将雌花上的花冠去除，用毛笔蘸雄花花粉在雌花柱头上轻轻涂抹。标记授粉时间以便计算采收时间。

11.5　选瓜留瓜

当幼果直径 5～7cm 时进行选果，选择瓜型周正，无伤无病的幼果，每株保留 1 个果。选果后及时吊果，即用细绳吊住果梗部，固定到铁丝上。

11.6　采收

当果实达到该品种发育天数，坐瓜节位处卷须干枯，叶片颜色失绿、变黄、上卷，果实充分显示其固有色泽，网纹品种网纹硬化突出，有香味的品种开始发出该品种所特有的香味时即为成熟。

当地上市销售的瓜宜九成熟采收，外运销售的瓜宜八成熟采收。采收时保留果柄和 10cm 长的瓜蔓，呈"T"字形，用剪刀剪断瓜蔓，采收过程中轻拿轻放，以利于延长储藏保鲜期。

产品质量应符合 NY5074 的规定。

12.　病虫害防治

12.1　主要病虫害

主要病害有猝倒病、立枯病、白粉病、蔓枯病、炭疽病、枯萎病、细菌性果斑病、细菌性叶斑病、病毒病等。

主要虫害有蚜虫、烟粉虱、蓟马、瓜绢螟、黄守瓜及美洲斑潜蝇等。

12.2 防治原则

预防为主，综合防治。优先采用农业防治、物理防治和生物防治，配合药剂防治。

12.3 农业防治

选用抗病品种，针对当地主要病虫害控制对象，选用高抗多抗的品种。严格进行种子消毒，减少种子带菌传病。培育适龄壮苗，提高抗逆性。创造适宜的生育环境，控制好温度和空气湿度，适宜的肥水、充足的光照和二氧化碳，通过放风和辅助加温，调节不同生育期的适宜温度，避免低温和高温危害。清洁田园，将残枝败叶和杂草清理干净，集中进行无害化处理，保持田间清洁。

12.4 物理防治

设施防护。设施的放风口用防虫网封闭，覆盖塑料薄膜、防虫网和遮阳网，进行避雨、遮阳及防虫栽培。

诱杀与趋避。黄板诱杀蚜虫、美洲斑潜蝇，蓝板诱杀蓟马。

12.5 生物防治

采用性诱剂诱杀。

12.6 药剂防治

使用药剂防治应符合 GB4285 的规定，严格控制农药使用浓度及安全间隔期。

主要病虫害防治药剂及使用方法见资料性附录 A。

13 生产档案

生产者应建立生产档案，记录品种、施肥、病虫草害防治、采收以及田间操作管理措施；所有记录应真实、准确、规范，并具有可追溯性；生产档案应有专人专柜保管，至少保存 2a。

附录 A (资料性附录)
主要病虫害防治药剂及使用方法

防治对象	药剂名称及使用方法	安全间隔期（d）
猝倒病	64%杀毒矾可湿性粉剂 500 倍液，或 25%瑞毒霉可湿性粉剂 600 倍～800 倍液，或 50%多菌灵可湿性粉剂 500 倍液等喷雾。	5～7
立枯病	发病初期用 64%杀毒矾可湿性粉剂 500 倍液，或 25%瑞毒霉可湿性粉剂 600 倍～800 倍液，或 58%甲霜灵锰锌可湿性粉剂 500 倍液，或 72.2%普力克水剂 800 倍液等喷雾。	7～10
白粉病	15%粉锈宁可湿性粉剂 1 000 倍～1 500 倍液，或 20%粉锈宁乳油 1 500 倍～2 000 倍液；或 70%甲基托布津可湿性粉剂 1 000 倍～1 500 倍液，或 75%百菌清可湿性粉剂 500 倍～800 倍液，或 40%多－硫胶悬乳剂 500 倍液等喷雾。	7
蔓枯病	70%甲基托布津 700 倍～800 倍液，50%扑海因可湿性粉剂 800 倍～1 000 倍液，70%代森锰锌可湿性粉剂 500 倍液，或 70%百菌清可湿性粉剂 600 倍液，或 50%混杀硫悬浮剂 500 倍～600 倍液等喷雾。也可用 70%甲基托布津或 75%敌克松可湿性粉剂 50 倍液涂抹病部。	7
炭疽病	80%大生 M-45 可湿性粉剂或 10%世高水分散颗粒剂 3 000 倍～6 000 倍液，或 75%百菌清可湿性粉剂 500 倍～700 倍液等喷雾。	7
枯萎病	20%强效抗枯灵可湿性粉剂 600 倍液，或 96%恶霉灵可湿性粉剂 3 000 倍液灌根 2 次～3 次，每株用量 200ml。	5
细菌性果斑病	40%甲醛 100 倍液浸种 30min，或 Tsunami100（苏纳米 100）80 倍液浸种 15min，或 2%春雷霉素可湿性粉剂 400 倍液浸种 30min，彻底水洗后浸种。2%春雷霉素可湿性粉剂 500 倍液＋农用硫酸链霉素可湿性粉剂 3 000 倍液，或 2%春雷霉素可湿性粉剂 500 倍液或新植霉素可湿性粉剂 200mg/L 喷施植株。	7～10

防治对象	药剂名称及使用方法	安全间隔期（d）
细菌性叶斑病	47%加瑞农可湿性粉剂800倍液,72%农用链霉素可溶性粉剂3 000倍~4 000倍液，或50%退菌特可湿性粉剂800倍~1 000倍液，或10%双效灵水剂300倍~400倍液等喷雾。	7
病毒病	发病初期用5%菌毒清可湿性粉剂250倍液，或20%病毒A可湿性粉剂500倍液等喷雾2次~3次。	7
蚜虫	10%吡虫啉可湿性粉剂1 500倍液，或20%好年冬乳油2 000倍液，或27%皂素烟碱乳油300倍~400倍液等喷雾。	7
烟粉虱	2.5%天王星乳油3 000倍液，或10%吡虫啉可湿性粉剂1 000倍液，或3%啶虫脒1 000倍液,10%扑虱灵乳油1 000倍液(对成虫无效)喷雾。	5~7
蓟马	10%扑虱灵乳油1 000倍液，或2.5%功夫乳油5 000倍液，或2.5天王星乳油3 000倍液等喷雾。	7
瓜绢螟	5%抑太保乳油1 500倍~2 000倍液，或5%卡死克乳油1 500倍~2 000倍液，或1.8%阿维菌素1 500倍~2 000倍液等喷雾。	7
黄守瓜	8%丁硫·啶虫脒乳油1 000倍液，或5%鱼藤精乳油500倍液等喷雾。	7
美洲斑潜蝇	当叶片出现小潜道时用药，选择5%卡死克乳油或5%抑太保乳油2 000倍液，或1.8%爱福丁乳油3 000倍~4 000倍液等喷雾。	7

五、设施瓜类蔬菜病虫害无公害防治技术规程（武汉市地方标准 DB4201/T435-2013）

1. 范围

本标准规定了设施瓜类蔬菜病虫害无公害防治技术规程，包括农业防治、物理防治、生物防治及化学防治。

本标准适用于武汉地区，长江中下游地区的专业苗厂和设施大棚栽培可参考使用。

2. 规范性引用文件

下列文件对于本文件的应用是必不可少的。凡是注日期的引用文件，仅所注日期的版本适用于本文件。凡是不注日期的引用文件，其最新版本（包括所有的修改单）适用于本文件。

GB4285　农药安全使用标准

GB/T8321（所有部分）　农药合理使用准则

NY5074　无公害食品　瓜类蔬菜

3. 设施瓜类蔬菜病虫害的防治技术

3.1　农业防治

3.1.1　品种选择

因地制宜选用适应当地气候、抗逆性强、抗耐病虫害、高产优质的优良瓜菜品种。其商品种子要求无自毒、不带检疫性病害的健康种子。

3.1.2　消毒

宜采用：①福尔马林 $30ml/m^2 \sim 50ml/m^2$，加 3L，喷洒床土，用塑料膜密闭苗 5d，揭膜 15d 后再播种。②50%的多菌灵可湿性粉剂与 50%的福美双可湿性粉剂按 1：1 混合，或 25%的甲霜灵可湿性粉剂与 70%的代森锰锌可湿性粉剂按 1：1 混合，用药 $85g/m^2 \sim 10g/m^2$ 与 $45g/m^2 \sim 5g/m^2$ 过筛细土混合，播种时 2/3 铺在床面，1/3 覆在种子上。③育苗器具用 300 倍液的福尔马林或 0.1%的高锰酸钾溶液喷淋或浸泡消毒。另外，育苗要用新土或基质。在栽培管理中，不允许人员随便出入，出入人员必须消毒，严防病虫的带入传播。发现病点、虫源及时消除。

3.1.3　种子处理

使用种衣剂保护或阳光、高温直接杀菌，化学药剂拌种杀菌防治等。播种前将种子在太阳光下暴晒 1d 并精选。种子处理有可根据病害选用下列方法之一：

——用 50%多菌灵可湿性粉剂按种子重量的 0.3%拌种，能防治立枯病、猝倒病。

——用 50%多菌灵可湿性粉剂 500 倍液浸种 1h，或用福尔马林 300 倍液浸种 1.5h，捞出洗净催芽，预防枯萎病、黑星病。

——将种子置于 70℃恒温处理 72h，然后浸种催芽，能预防病毒病、细菌性角斑病。

——用 55℃温水浸种 15min，并不断搅拌至水不烫手时（30℃）停止，其间需保持水温 10～15min。经温汤浸种后的种子用 1%高锰酸钾溶液浸种 15min，药液用量以淹没种子为宜，或用 50%多菌灵可湿性粉剂 500 倍液浸种 1h，清洗干净后继续浸泡 4h，可预防炭疽病、病毒病、菌核病等。

3.1.4 培育无病虫壮苗

宜在中棚或温室内，采用营养钵或穴盘基质育苗，可育早缓苗、健壮苗、提高种苗抗病性苗。

3.1.5 合理轮作

避免同类瓜类蔬菜长期连作，可与葱蒜合理轮作。

3.1.6 深翻整地，施足腐熟基肥

播种前深翻土壤，疏松土层，灌水 1～15cm，保持 15d 以上，施足腐熟基质。

3.1.7 改进栽培方式，加强栽培管理

采用垄作或高畦栽培，降低棚室温湿度，合理密植，增施腐熟的有机肥，配方施肥，提倡大量使用生物肥，科学灌水，中耕除草。

3.1.8 嫁接换根

宜使用嫁接苗，如使用黑籽南瓜作砧木嫁接黄瓜，使用葫芦做砧木嫁接西瓜，托鲁巴姆嫁接茄子等。

3.1.9 田园清洁

蔬菜收获后和种植前清除棚室内遗留的植株及杂草，集中烧毁或深埋，减少病菌及害虫基数，减轻病虫害的传播蔓延。

3.2 物理防治

3.2.1 黄板及光诱杀

烟粉虱、斑潜蝇和蚜虫等，在发生初期，将黄板（0.5m×0.2m）涂上 10 号机油悬挂于棚室植株行间，高度与植株相平，每隔 7d ~ 10d 涂一次机油，每 667m² 棚设 32 块诱虫板。另外，利用黑光灯、频振式杀虫灯可诱杀多种蔬菜害虫。

3.2.2 利用银灰色膜避蚜

秋季播种前，在设施四周骨架上平拉银灰色膜条（条宽和间隔各为 8 ~ 10cm）；在苗床周围铺 15cm 宽银灰色薄膜，苗床上方挂银灰色薄膜。

3.2.3 隔离保护

使用防虫网防止害虫危害,使用遮阳网减少秋延迟瓜类蔬菜的病毒病发生。

3.3 生物防治

3.3.1 以虫治虫

利用害虫的天敌防治瓜类蔬菜害虫。白粉虱立即悬挂丽蚜小蜂卵卡片，每株有成虫 0.3 头 ~ 1 头时放蜂 3 头 ~ 5 头，每隔 10d 左右放 1 次，共 3 ~ 4 次，可减轻烟粉虱、蚜虫的危害。

3.3.2 以菌治虫

用苏云金杆菌（BT）系列 150 ~ 200ml 防治菜青虫、小菜蛾等害虫。用 10% 浏阳霉素、阿维菌素 2500 倍 ~ 3000 倍液防治瓜类蔬菜上红蜘蛛、斑潜蝇等。

3.3.3 以菌治菌

使用农抗 120 的 150 倍液灌根防治瓜类枯萎病、白粉病，用 2% 武夷菌素 150 倍液防治黄瓜黑星病，用农用链霉素、新植霉素 4000 倍～5000 倍液喷雾防治瓜类蔬菜细菌性病害，用井冈霉素对防治瓜类蔬菜的青枯病、猝倒病、白绢病及炭疽病等。

3.4　化学防治

3.4.1　原则

应符合 GB4285 和 GB/T8321（所有部分）的规定，常见农药安全间隔期见表 A.1，产品安全指标应符合 NY5074 的规定。

3.4.2　瓜类蔬菜霜霉病

发病初期用 25%甲霜 600 倍液，或 50%甲霜铜 600 倍～700 倍液，或 58%甲霜灵锰锌 500 倍液，或 40%乙磷铝 200 倍液，或 64%恶霜锰锌 500 倍液，或 72%霜脲锰锌 600 倍～750 倍液喷雾，每 5～6d 喷一次。

3.4.3　黄瓜菌核病

发病初期用 50% 腐霉利 1 000 倍～2 000 倍液，或 40%菌核净 500 倍～800 倍液，或 50%异菌脲 1 000 倍～2 000 倍液，或 50%乙烯菌核利 1 000 倍液，或 20%甲基立枯磷 1 000 倍液，或 25%咪鲜胺 1 500 倍～2 500 倍液喷雾。

3.4.4　黄瓜细菌性角斑病

发病初期用 50%琥胶肥酸铜可湿性粉剂（DT 杀菌剂）400～500 倍液，或 77%可杀得可湿性粉剂 500 倍液，或 72%农用硫酸链霉素可溶性粉剂 4000 倍液，或 60%琥乙膦铝可湿性粉剂 500 倍液喷施。

3.4.5　瓜类病毒病

发病初期用 8%宁南霉素 800 倍～1000 倍液，或 20%盐酸吗啉胍 1000 倍液，或 1.5%硫铜·十二烷·三十烷 800 倍～1000 倍液，或 83 增抗剂 100 倍液，或 0.2%氨基寡糖素 2500 倍～3000 倍液喷雾，每隔 10d 喷施一次，连续 2 次～3 次。

3.4.6　瓜类炭疽病

发病初期用 25%溴菌清 800 倍～1 000 倍液，或 45%咪鲜胺 1 000 倍液，或 50%多菌灵 600 倍液，或 50%炭疽福美 500 倍液，或 75%百菌清 600 倍液，或 70%甲基硫菌 600 倍～800 倍液，或农抗"120"100 单位喷雾，每隔 6～7d 一次，连续 2～3 次。

3.4.7　瓜类枯萎病

发病初期用 15%恶霉灵水剂 500 倍液，或 25.9%络铜·络锌·柠铜（抗枯灵）500 倍～600 倍液，或 10%混合氨基酸铜（双效灵Ⅱ）200 倍液灌根，每株用药液 0.25kg，10d 后再灌一次。

3.4.8　瓜类疫病

宜用 25%甲霜灵 600 倍液，或 25%苯醚甲环唑乳油 5 000 倍～8 000 倍液，或 40%乙磷铝 200 倍液，或 64%恶霜灵锰锌 400 倍液，或 75%百菌清 500 倍液，或 50%烯酰吗林 800 倍～1 000 倍液，或 72.2%霜霉威 1 000 倍液喷雾。

3.4.9　瓜类灰霉病

发病初期用 50%乙烯菌核利 500 倍～600 倍液，或 50%腐霉利 1 500 倍液，或 50%异菌脲 1 000 倍～1 500 倍液，或 50%多菌灵 500 倍液，或 50%硫菌灵 500 倍液对瓜果喷雾，不同药剂轮换施用，隔 5～6d 喷一次，连续 2～3 次。

3.4.10　瓜类白粉病

发病初期用 25%三唑酮 2 000 倍液，或 25%苯醚甲环唑 5 000 倍～8 000 倍液，或 30%醚菌脂 3 000 倍～5 000 倍液，或 45%硫磺胶悬剂 500 倍液，或 27%高脂膜 80 倍～100 倍液，或 30%氟菌唑（特富灵）1 500 倍～2 000 倍液喷雾，每 7～10d 喷一次，连续 2 次。

3.4.11　瓜类蔬菜苗期猝倒病和立枯病

发病初期拔除病苗带出田外烧毁或深埋。然后，用铜氨合剂（硫酸铜 0.5kg+ 碳铵 3.75kg，混匀后加硝石灰 1kg 混合，置容器内

密闭 24h），使用时加 750kg 浇施；或用 75%百菌清或 50%多菌灵600 倍液喷施。

3.4.12 蔬菜蚜虫

蚜虫用 10%吡虫啉 3 000 倍～5000 倍液，或 40%乐果 1 000倍～1500 倍液，或 3%啶虫脒 1 000 倍～2 000 倍液，或 50%抗蚜威可湿性粉 2 000 倍～3 000 倍液，或 4.5%高效氯氰菊酯 2 000倍～3 000 倍液，或 2.5%溴氰菊酯乳油 2 000 倍～3 000 倍液喷雾，每 6～7d 一次，连续 2～3 次。

3.4.13 蝼蛄

成虫发生盛期用 2.5%敌百虫粉或 0.04%二氯苯醚菊酯粉，每666.7m² 用 2～2.5kg，或用 90%敌百虫 1 000 倍液喷施；防治幼虫每 666.7m² 用 50%辛硫磷乳油 0.2kg 或 2.5%敌百虫粉 2kg～2.5kg拌细土 150kg，撒于播种穴内，后再盖一层薄土；在幼苗危害期用50%辛硫磷 1 000 倍液灌根，每株灌 0.25kg 药液。

3.4.14 黄守瓜

成虫盛发时期用硫酸铜 0.5kg，生石灰 0.5kg，加水 50kg 配成波尔多液，再加 90%敌百虫 50g，喷雾，每 7～10d 一次。幼虫危害时用 90%敌百虫 1 000 倍～150 倍液浇根防治。

3.4.15 红蜘蛛

用 20%复方浏阳霉素乳油 1 000 倍液，或 73%炔螨特乳油3 000 倍液，或 50%苯丁锡或 5%噻螨酮 2 500 倍～3 000 倍液，或45%微粒硫磺胶悬剂 300 倍～400 倍液喷雾，不同药剂交替使用，每 6～7d 喷一次，宜喷叶背。

3.4.16 斑潜蝇

产卵盛期至卵孵化初期进行防治。用 90%敌百虫 1 000 倍液，或 1.8%阿维菌素 3 000 倍～5 000 倍液，或 30%灭蝇胺 3 000 倍液，或 2.5%溴氰菊酯 2 000 倍液，或 20%氰戊菊酯 2 000 倍～3 000 倍液，或 40%菊杀乳油 2 000 倍～3 000 倍液，或 50%辛硫磷乳油 1 000 倍液喷雾，每 7～10d 一次，连续 2 次～3 次。

3.4.17　蓟马

初孵化若虫聚集危害时喷药防治。用 20%啶虫脒 1 000 倍液，或 40%乐果乳剂 800 倍～1 000 倍液，或 2.5%溴氰菊酯乳油 2 500 倍～4 000 倍液，或 50%辛硫磷乳油 1 000 倍液喷雾，每 7～8d 喷一次，连续 2～3 次。

3.4.18　斜纹夜蛾

初孵幼虫未分散危害前，用 5%甲维盐 8 000 倍～10 000 倍液，或 80%敌敌畏 1 500 倍～2 000 倍液，或 90%敌百虫 1 000 倍液喷雾，每 5～7d 一次，连续 2～3 次。

3.4.19　温室烟粉虱

宜在初孵幼虫未分散危害前用 35%虱净蚜绝烟剂，或 15%虱蚜克烟剂，或 10%吡虫啉，或 3%啶虫脒可湿性粉剂 1 000 倍～1 500 倍液喷雾，每 6～7d 一次，连续 2～3 次。

3.4.20　小地老虎

幼虫三龄前喷药或毒土防治。宜用 90%敌百虫 800 倍液，或 2.5%溴氰菊酯 3 000 倍液，或 5%甲维盐 8 000 倍～10 000 倍液，或 50%辛硫磷 800 倍液喷雾；或每 666.7m^2 用 2.5%敌百虫粉剂或 0.04%二氯苯醚菊酯粉剂 2～2.5kg，加细土 200～300kg，拌匀后施在心叶里。

附录 B（规范性附录）
蔬菜常用病虫害防治药剂安全间隔期

序号	农药名称	安全间隔期（d）	序号	农药名称	安全间隔期（d）
1	敌百虫	7	21	乙磷铝	3
2	敌敌畏	5	22	混合氨基酸铜	2
3	乐果	7	23	恶霜灵锰锌	3
4	辛硫磷	7	24	甲霜灵	7
5	杀螟硫磷	10	25	甲霜灵锰锌	3
6	吡虫啉(大功臣)	10	26	代森锌	15
7	抗蚜威(辟蚜雾)	7	27	代森锰锌	15
8	炔螨特	7	28	多菌灵	5
9	杀虫双	15	29	甲基硫菌灵	5
10	苯甲·嘧菌酯	7	30	琥胶肥酸铜	3
11	氟啶脲	7	31	络氨铜	7
12	联苯菊酯(天王星)	4	32	百菌清	7
13	溴氰菊酯	2	33	三唑酮	3
14	顺式氯氰菊酯	3	34	乙烯菌核利	4
15	氯氰菊酯	3	35	腐霉利	1
16	氰戊菊酯（速灭杀丁）	5	36	霜霉威	10
17	三氟氯氰菊酯（功夫）	7	37	氢氧化铜	7

序号	农药名称	安全间隔期（d）	序号	农药名称	安全间隔期（d）
18	顺式氰戊菊酯（来福灵）	3	38	异菌脲	7
19	甲氰菊酯(灭扫利)	3	39	炭疽福美	7～10
20	二氯苯醚菊酯	2	40	硫菌灵	5
备注	各种农药安全间隔期因不同蔬菜类型,不同生产季节,不同环境条件而有较大差异,具体时间应根据农药标签标注为准。				

参考文献

[1]别之龙，黄丹枫. 工厂化育苗原理与技术[M]. 北京：中国农业出版社，2008.

[2]戴照义. 西瓜安全生产技术指南[M]. 北京：中国农业出版社，2012.

[3]李瑞格. 西瓜有机生态型无土栽培技术[J]. 现代农业科技，2013，3：94–96.

[4]李小川，张京社. 蔬菜穴盘育苗[M]. 北京：金盾出版社，2011.

[5]林燚，杨瑜斌，朱伟君，等. 设施西瓜长季节栽培关键技术探讨[J]. 中国瓜菜，2009（6）：46–48.

[6]刘春松. 早春大棚西瓜吊营养蔓高产栽培技术[J]. 现代农业科技，2010，19：122–124.

[7]鲁会玲，尤海波，王喜庆. 滴灌技术在农业设施化生产中的应用[J]. 黑龙江水利科技，2006，2（3）：142–143.

[8]吕家龙.蔬菜栽培学各论（南方本,第三版）[M]. 北京：中国农业出版社，2008.

[9]全国农业技术推广服务中心. 蔬菜集约化育苗技术操作规程汇编[M]. 北京：中国农业科技出版社，2014.

[10]孙茜. 西瓜疑难杂症图片对照诊断与处方[M]. 北京：中国农业出版社，2008.

[11]王坚，蒋有条. 西瓜栽培技术[M]. 北京：金盾出版社，1999.

[12]王久兴. 甜瓜安全生产技术指南[M]. 北京：中国农业出版社，2012.

[13]王久兴. 西瓜病虫害诊断与防治图谱[M]. 北京：金盾出版社，2014.

[14]伍琦，田绍仁，赵万荣，等. 西瓜小拱棚双膜覆盖早熟栽培技术规程[J]. 江西农业学报，2012，24（11）：25-27.

[15]谢小玉，邹志荣，江雪飞. 中国蔬菜无土栽培基质研究进展[J]. 园林科学，2005，280-283.

[16]虞轶俊. 西瓜、甜瓜无公害生产技术[M]. 北京：中国农业出版社，2003.

[17]曾凡雄，黄绍先. 无子西瓜栽培实用技术[M]. 武汉：湖北科学技术出版社，2006.

[18]曾凡雄、章金凤. 种瓜必读[M]. 武汉：湖北科学技术出版社，2006.

[19]张彦萍. 设施园艺[M]. 北京：中国农业出版社，2008.

[20]赵廷昌. 西瓜、甜瓜病虫草害防治技术问答[M]. 北京：金盾出版社，2012.

[21]朱林耀，姜正军. 设施蔬菜实用技术[M]. 武汉：湖北科学技术出版社，2013.

[22]邹志荣. 园艺设施学[M]. 北京：中国农业出版社，2009.

[23]黄桂茹，黄振兴，邓玉芬，等. 甜瓜隧道式双膜覆盖栽培技术[J]. 广西农业科学，2006，37（6）：722-724.

[24]羊杏平，徐润芳. 厚皮甜瓜东移研究之进展与展望[J]. 中国西瓜、甜瓜，1994（4）：15-16.

[25]任有凤，孙玉宏，李爱成，等. 江汉平原厚皮甜瓜栽培技术的研究[J]. 中国瓜菜，1997（2）：19-20.

[26]邓士元，付祖科，别士平，等. 荆门市西甜瓜产业发展调查与思考[J]. 上海蔬菜，2012（1）：6-8.

[27]林冠雄，蔡静波，陈健，等. 南方厚皮甜瓜小拱棚栽培技术研究[J]. 中国西瓜、甜瓜，1997（4）：11-13.

[28]陆慧，包卫红，陆瑾. 南通地区厚皮甜瓜大棚双季栽培技术[J].

上海农业科技，2013（1）：69.

[29]国家西甜瓜产业技术体系. 全国甜瓜主要优势产区生产现状（二）[J]. 中国蔬菜，2011（19）：14-17.

[30]国家西甜瓜产业技术体系. 全国甜瓜主要优势产区生产现状（一）[J]. 中国蔬菜，2011（13）：5-9.

[31]郭世荣，孙锦，束胜，等. 我国设施园艺概况及发展趋势[J]. 中国蔬菜，2012（18）：1-14.

[32]周月萍，顾海松. 早春大棚西瓜阴天管理技术[J]. 园艺学现代农业科技，2013（3）：166-177.

[33]应泉盛，王迎儿，王毓洪，等. 浙江设施嫁接西瓜长季节栽培防早衰技术[J]. 长江蔬菜，2014，1：45-46.

[34]林焱，杨瑜斌，朱正斌. 浙江温岭大棚嫁接西瓜长季节栽培技术[J]. 中国瓜菜，2005（6）：36-37.

[35]黄云，廖铁军，欧国武，等. 大棚蔬菜无土栽培固体基质筛选的研究[J]. 西北农业学报，2002，11（1）：87-91.

[36]韩丽娟，王桂玲，祝军岐. 大中棚西瓜生产七项改进措施[J]. 西北园艺，2007，11：42.

[37]刘君璞. 西瓜、甜瓜简约化栽培关键技术[J]. 中国瓜菜，2014，27（1）：67-70.

[38]李凤梅，李文信，王红梅，等. 西瓜简约化栽培研究进展[J]. 中国瓜菜，2012，25（2）：45-48.

[39]李占平. 西瓜保护地栽培[J]. 吉林农业，2012（9）：111.

[40]徐颂涛，陈传翔，缪其松. 不同嫁接方式对西瓜枯萎病防效以及产量和品质的影响[J]. 长江蔬菜，2014（6）：67-68.

[41]赵鑫，苏武峥，丁建国，等. 2012年国内外西甜瓜栽培技术研究状况及产业发展趋势[J]. 农业科技通讯，2013（7）：262-264.

图书在版编目(CIP)数据

西瓜、甜瓜设施栽培／李其友主编. —武汉：湖北科学技术出版社，2014.12（2018.12 重印）

ISBN 978-7-5352-7324-6

Ⅰ.①西… Ⅱ.①李… Ⅲ.①西瓜—瓜果园艺—设施农业②甜瓜—瓜果园艺—设施农业 Ⅳ.①S627

中国版本图书馆 CIP 数据核字（2014）第 282981 号

责任编辑：邱新友　　　　　　　　　　封面设计：戴　旻

出版发行：湖北科学技术出版社　　　　电话：027-87679468
地　　址：武汉市雄楚大街 268 号　　　邮编：430070
　　　　　（湖北出版文化城 B 座 13-14 层）
网　　址：http://www.hbstp.com.cn

印　　刷：湖北大合印务有限公司　　　　邮编：433000

880×1230　1/32　　　　10 印张　6 插页　　248 千字
2014 年 12 月第 1 版　　　　2018 年 12 月第 2 次印刷

定价：20.00 元